水鯉池

Harald Bachmann · Dr. med. vet. Werner Hoedt
Dipl. Ing. Robert Jungnischke · Dr. med. vet. Friederike Weinzierl

Juwelen im Gartenteich

► Herkunft, Geschichte, Zucht

► Teiche, Technik, Wasserwerte

► Koi kaufen, halten und versorgen

KOSMOS

Inhalt

Kapitel 1

Faszination Koi 8

Die bunten Karpfen aus Japan üben eine große Faszination aus. Inzwischen gibt es Koifreunde auf der ganzen Welt, die sich diesem spannenden Hobby widmen. In diesem Kapitel bekommen Sie einen kurzen Überblick über Koi und Koihaltung, der in den nachfolgenden Kapiteln vertieft wird.

Fische mit großer Anziehungskraft 10

Kapitel 2

Kapitel 3

Wasser 16

Wasser ist der Quell allen Lebens. Für Pflanzen, Tiere und Menschen überlebenswichtig,
für Fische und andere Wasserbewohner ein
Lebensraum. Für die Koi ist es unabdingbar,
dass die Wasserparameter stimmen. Wie das
geht, erfahren Sie in diesem Kapitel.

Der ideale Koiteich 44

Ihr Teich fügt sich harmonisch in den Garten
ein, große, farbenprächtige Koi schwimmen
gesund und quietschvergnügt durch glasklares
Wasser, die Pumpen arbeiten unsichtbar und
leise schnurrend im Hintergrund, während Sie
auf der Terrasse sitzen und den Anblick genießen können. Der Traum eines jeden Koihalters.

Kapitel 4

Kapitel 5

Der Ursprung der Koi   80

Koi gibt es schon sehr lange. Die ersten wurden
bereits vor 2 500 Jahren erwähnt. Einst wurden
die Karpfen gehalten, um den Speiseplan zu
bereichern, heute sind sie zu wertvollen Liebhabertieren geworden. In diesem Kapitel erfahren Sie alles über Geschichte, Bewertung und
Varietäten der Koi.

Die Koipflege   104

Koi fühlen sich bei uns pudelwohl, wenn ihre
Lebensbedingungen stimmen. Dazu gehört im
Wesentlichen, dass sich die Wasserwerte im
Optimum befinden. In diesem Kapitel erfahren Sie, welche Handgriffe anfallen, was in
welchem Monat zu tun ist und wie Sie mögliche Probleme rund um den Teich in den Griff
bekommen.

Kapitel 6　　　　**Kapitel 7**

Gesundheit der Koi　136

Für die Gesunderhaltung seiner Koi kann man vieles tun. Die in den vorangegangenen Kapiteln beschriebene optimale Haltung bildet die Grundlage. In diesem Kapitel erfahren Sie alles über die wichtigsten Koikrankheiten, welche Diagnose- und Behandlungsmöglichkeiten es gibt und bekommen eine Übersicht auf den Schnelldiagnosetafeln.

Service　185

In diesem Kapitel finden Sie weiterführende Literatur und Quellen, nützliche Adressen und Homepages sowie das Register zur schnellen Orientierung.

Zu diesem Buch

Geht es Ihnen auch so, dass Sie ganz aus dem Häuschen geraten, wenn Sie Koi sehen? Wollten Sie auch schon Hals über Kopf japanische Koi kaufen oder haben es bereits getan? Wenn Sie diesen Punkt erreicht haben, sind Sie mit dem Koi-Fieber infiziert.

Manche Koihalter planen gezielt und gehen Schritt für Schritt vor, bis der erste Koi einzieht, andere handeln aus dem Bauch heraus und schlagen vor lauter Begeisterung sofort zu, bevor sie im zweiten Schritt überlegen, ob ihr Teich überhaupt zur Koihaltung geeignet ist.

Als ich im Jahr 1990 meine ersten Koi gekauft hatte, war ich sofort von den schönen Fischen fasziniert: Ich bin dem Hobby bis heute treu geblieben – und ich habe damals, wie so viele Anfänger, den zweiten vor dem ersten Schritt getan. Während die Fische in einer Wanne auf der Terrasse standen, habe ich das Loch für den Fertigteich gegraben.

Etwa ein Jahr später wurde der Verein KLAN – Koi Liebhaber am Niederrhein – mit 14 Gleichgesinnten in Krefeld gegründet, der deutschlandweit gewachsen ist und inzwischen zahlreiche Mitglieder in einzelnen Landesgruppen umfasst. Hier können Koi-Interessierte Rat suchen, sich austauschen und viel Fachliteratur finden, die den Koi-Liebhabern grundlegendes Wissen vermittelt.

Mit Harald Bachmann und Robert Jungnischke haben zwei Koi-Experten der ersten Stunde in diesem Buch ihre Erfahrungen festgehalten. Dr. Werner Hoedt und Dr. Friederike Weinzierl steuern mit dem Teil „Gesundheit" die tiermedizinische Beratung bei, die in den frühen Jahren des Koi-Hobbys noch so wenige Veterinäre geben konnten. Es freut mich, dass auch diese Basis an Fachwissen mit den Jahren breiter geworden ist – zum Wohle unserer Koi.

Ihr Willy Quillmann
KLAN-Vorsitzender

Die Autoren

Harald Bachmann

Dr. Werner Hoedt

Robert Jungnischke

Dr. Friederike Weinzierl

Harald Bachmann ist Geschäftsführer der Firma Rhein-Main-Koi-Vertriebs GmbH, ein Großhandelsunternehmen, das sich auf den Import von Koi aus verschiedenen Regionen Japans spezialisiert hat. Daher hält sich Herr Bachmann von Oktober bis Mai überwiegend in Japan auf, um mit seinen Kunden bei verschiedenen japanischen Händlern die besten Koi-Varietäten einzukaufen. Im Lauf der Jahre hat er zahlreiche Kontakte zu namhaften Koihändlern geknüpft, eine Vielzahl an hochwertigen Koi aller Varietäten gesichtet, beurteilt und gekauft. Als Experte für Koi-Varietäten hat er die Kapitel „Koi in der Geschichte", „Bewertung der Qualität" und „Varietäten" im 4. Kapitel geschrieben.

Dr. med. vet. Werner Hoedt betreibt eine eigene Tierarztpraxis in der er sich auf die Behandlung von Fischen spezialisiert hat. Vor der Praxisgründung war er bereits in der Klinik für Fische und Reptilien der Ludwig-Maximilians-Universität beschäftigt und hat dort auch seine Doktorarbeit über Koi geschrieben. Sitz seiner Praxis ist Rosenheim, aber im Rahmen seiner Tätigkeit ist er in ganz Süddeutschland auf Teichbesuchen unterwegs. Zusammen mit seiner Kollegin Dr. Friederike Weinzierl hat er das Kapitel „Gesundheit der Koi" geschrieben.

Robert Jungnischke hatte 1994 seine erste, aber einschneidende Begegnung mit Koi. Die Fische faszinierten ihn vom ersten Tag an und für ihn war klar, dass er tiefer in das Hobby einsteigen wollte. Nach anfänglichen Startschwierigkeiten befasste sich der Diplomingenieur intensiv mit der Koihaltung, testete verschiedene Teich- und Filtersysteme und war ständig auf der Suche nach dem Optimum. 1997 gründete er das Sachverständigen- und Planungsbüro Koi-Consult und bietet seinen Kunden die Erstellung von Gutachten zu allen Belangen rund um die Koihaltung sowie die Planung von Koi- oder Schwimmteichen, die Umsetzung sowie die Betreuung während und nach der Bauphase an. Zudem gibt er Seminare zu den Themen Koihaltung, Pflege, Teichbau, Filtertechniken, Verrohrung, Pumpenberechnung, Pumpenauswahl, Fütterung und vielen anderen Themen. Robert Jungnischke hat die Kapitel „Faszination Koi", „Wasser", „Der ideale Koiteich" sowie „Die Koipflege" geschrieben.

Dr. med. vet. Friederike Weinzierl hatte im Rahmen des Tiermedizinstudiums zum ersten Mal Kontakt mit wechselwarmen Tieren und spezialisierte sich auf diese Tiergruppe. Sie arbeitet seit Jahren an der Klinik für Fische und Reptilien der Ludwig-Maximilians-Universität und schrieb dort auch ihre Doktorarbeit. Mittlerweile ist sie Fachtierärztin für Reptilien und arbeitet eng mit dem Kollegen Dr. Werner Hoedt in seiner Praxis in Rosenheim zusammen und unterhält ihre eigene Homepage www.exoten-tieraerzte.de.

KAPITEL 1

FASZINATION KOI

Die bunten Karpfen aus Japan üben eine große Faszina–
tion aus. Inzwischen gibt es Koifreunde auf der ganzen
Welt, die sich diesem spannenden Hobby widmen.
In diesem Kapitel bekommen Sie einen kurzen Überblick
über Koi und Koihaltung, der in den nachfolgenden Kapi–
teln vertieft wird.

Fische mit großer Anziehungskraft

Koi üben eine große Faszination aus. Die meisten Menschen staunen andächtig oder werden ganz aufgeregt, wenn die großen farbenfrohen Karpfen auf sie zugleiten, vor ihnen im Wasser stehend nach Futter betteln. Immer wieder hört man Begriffe wie „majestätisch" oder „elegant".

Koi werden sehr zutraulich und erkennen ihre Besitzer bereits am Gang. Sie kommen her, fressen aus der Hand und lassen sich zum Teil sogar streicheln. Sie ziehen viele Menschen in ihren Bann und der ein oder andere von ihnen wird mit dem Koi-Virus infiziert: Diese Menschen können sich ein Leben ohne Koi kaum noch vorstellen.

Koi haben immer Hunger. Besonders in den warmen Monaten vertilgen sie viel, wachsen und gedeihen.

Koi ist nicht gleich Koi

Koi gibt es inzwischen fast überall zu kaufen: in Gartencentern, in Baumärkten und bei Koihändlern. Doch Koi ist nicht gleich Koi. Die kleinen bunten Fische, die oft als Massenware angeboten werden, sind gar nicht teuer. Die meisten davon stammen aus Zuchten in Deutschland, Holland oder Israel und sind nicht mit den edlen Japan-Koi zu vergleichen. Die beste Qualität kommt nach wie vor aus Japan. Bei den Koi gibt es bestimmte Bewertungskriterien. Auf Ausstellungen und beim Verkauf werden sie nach Körperbau, Hautqualität und Färbung bewertet. Wie sich ein Koi entwickelt und ob er Potenziale zum „Star" hat, entpuppt sich erst bei 2- bis 3-jährigen Tieren. In diesem Alter kann man auch das Geschlecht bestimmen.

Japan-Koi sind Kult

Die besten Koi stammen immer noch aus Japan. Das sind die, die auch in Presse und Medien Aufsehen erregen, weil sie mit Spitzenpreisen von bis zu 100 000 Euro gehandelt werden. Ein guter Japan-Koi ist mit einem edlen Rennpferd oder einem Formel-1-Auto zu vergleichen. Er ist selten, wertvoll und wunderschön. Koi sind in Japan Prestige-Objekte. Wohlhabende Japaner schicken spezielle Agenten zu den Züchtern, um die edelsten Tiere einzukaufen. Dort werden sie gegen ein entsprechendes Entgeld

Ein Hauch Japan im eigenen Garten: Ein schöner Teich ist ein besonderer Blickfang.

in den besten Teichen untergebracht, wo sie wachsen und gedeihen können, um dann auf den prestigeträchtigsten Ausstellungen möglichst den Titel des Champions zu bekommen.

So ein Champion ist sehr teuer, aber man kann gute Japan-Koi auch bei einem seriösen Koi-Händler in Deutschland erhalten. Dieser lässt die Fische ebenfalls über einen Agenten auswählen und nach Deutschland importieren. Nach einer gewissen Quarantänezeit verkauft er die edlen Fische an seine Kunden.

Ein Koi ist kein Goldfisch

Ein Koi ist kein Goldfisch. Er ist ein hochgezüchtetes Rassetier und hat somit auch besondere Ansprüche an seine Umgebung. Das heißt, dass sich die Koi in einem ganz gewöhnlichen Gartenteich nicht wohlfühlen werden, sofern sie darin lange überleben. Koi stellen gewisse Ansprüche an den Teich. Zum einen benötigen sie Platz, man sollte mindestens 1 000 Liter je Tier rechnen, zum anderen wachsen sie recht schnell, das heißt, sie fressen und verdauen viel und brauchen daher eine aufwendige Filteranlage, um die Wasserwerte im Optimum zu halten. Außerdem ist es den Koi in Deutschland zu kalt. Eine Teichheizung ist sinnvoll, um die Tiere bei bester Gesundheit zu halten.

Koiteich – ein Hauch Japan in Ihrem Garten

Sanft schwimmen farbenprächtige Koi durch das klare Wasser, ein kleiner Bachlauf plätschert beruhigend, eine Japanlampe steht auf dem frisch geharkten Kies neben dem in Form geschnittenen Fächerahorn – ein Hauch von Japan in Ihrem Garten.

Doch bevor es so weit ist, muss der Teich gut geplant werden. Machen Sie sich Gedanken über Form, Lage und Ausstattung. Überlegen Sie, welche Technik benötigt wird, bevor das Japanambiente zum Zuge kommt. Hier finden Sie die wichtigsten Eckdaten für einen gut funktionierenden Koiteich, ausführliche Informationen über Wasser, Technik und Pflege finden Sie in den nachfolgenden Kapiteln. Investieren Sie viel Zeit in die Planung, denn ein schnell ausgehobener Tümpel wird Ihnen und Ihren Fischen auf Dauer keine Freude bereiten.

Laufende Kosten

Eine gute Anlage besteht aus dem eigentlichen Teich, einer Umwälzpumpe, einer UV-C-Lampe, einem mechanischen und einem biologischen Filter sowie einer Heizung.

Die Anlage läuft 365 Tage im Jahr. Dadurch fallen Strom-, Wasser- und Futterkosten an. Für einen 30 m³ großen Teich muss man mit 2 000 bis 3 000 € pro Jahr rechnen. Koihaltung ist ein aufwendiges und kostspieliges Hobby. Wenn Sie die Koi gesund und artgerecht halten wollen, kommen Sie nicht günstiger weg.

Wassermenge

1 000 Liter pro Koi sind das Minimum, besser wären 3 000 Liter. Wenn der Koi noch jung und erst 15 cm groß ist, braucht er noch nicht so viel Platz, aber bei richtiger Fütterung wird aus dem kleinen Koi in 3 bis 4 Jahren ein beachtlicher Fisch von 50 bis 60 cm, der weiterhin wächst. Die Ausmaße des Teiches sind auch von

Elemente wie diese Steinlaterne sorgen für Japan-Ambiente.

Koi halten sich zwar gern in warmen Flachwasserzonen auf, brauchen aber auch tiefe Bereiche.

Ihr Lieblingskoi? Dann schlagen Sie zu!

Bedeutung, denn die Koi sollen die Möglichkeit haben, sich ausreichend zu bewegen. Neben dem Volumen spielt also auch die Form des Teiches eine wesentliche Rolle. Zwar schwimmt der Koi im Sommer auch gerne in Flachwasserzonen, doch er braucht auch einen tiefen Teil, in dem er genügend Platz hat, um sich zu bewegen und bei Gefahr (Reiher) zurückzuziehen. Daher sollten Koiteiche eine ovale, runde oder leicht nierenförmige Form mit steil abfallenden Wänden haben. Darin ist die Wasserströmung optimal, die Fische haben Platz und es kommt nicht zu Verwirbelungen. Der Teich sollte mindestens 10 000 Liter fassen, denn erst ab dieser Größe sind die Wasserparameter stabil. Kein Fisch mag sich schnell ändernde Wasserparameter, dazu gehören neben der Temperatur auch der pH-Wert und der Sauerstoffgehalt.

Anzahl der Fische

Kaufen Sie zu Beginn wenige Fische. Vor lauter Begeisterung wird man schnell dazu verleitet, viele Koi in den Teich zu setzen. Doch die Fische wachsen, der Platz wird knapp und der Filter schafft es kaum noch, das Wasser zu reinigen. Bei dichtem Fischbesatz sind die Fische anfälliger. Parasiten können sich leichter fortpflanzen und von Fisch zu Fisch übersiedeln. Zudem scheiden viele Fische große Mengen an Kot und Urin aus, der abgebaut werden muss.

Filtration

Informieren Sie sich gründlich und kaufen Sie Ihren Filter in einem Koifachgeschäft. Es gibt zwar auch welche im Baumarkt oder in Gartencentern, die auch für Koiteiche angeboten werden, deren Eignung erscheint jedoch mehr als zweifelhaft. Je nach den örtlichen Gegebenheiten, Aufstellort, Fischbesatz und Teichgröße ist das eine oder andere System mehr oder weniger gut geeignet. Alle Filter haben Vor- und Nachteile. Lassen Sie sich von Ihrem Fachhändler gut beraten, um für Ihren Teich das Richtige auswählen zu können.

Grundsätzlich muss ein Koiteichfilter zwei Aufgaben erfüllen. Im ersten Teil wird der Schmutz, der im Wasser schwebt und mit dem Wasserstrom zum Filter gelangt, grob entfernt, sei es, dass er sich absetzen kann oder durch ein Siebelement oder Bürsten zurückgehalten wird. Im zweiten Teil, der nur mit schwebstofffreiem Wasser befüllt werden darf, findet die biologische Reinigung statt. Hier siedeln sich Bakterien an, die die für Fische giftigen Ausscheidungen in zwei Stufen zu Nitrat abbauen, welches für Fische ungiftig ist.

Der Koiteichfilter muss eine große Wassermenge pro Stunde filtern. Dazu ist eine gewisse Größe erforderlich. In der Koiliteratur steht häufig die Empfehlung, dass der Inhalt des Teiches innerhalb von zwei Stunden durch den Filter fließen muss.

Bei einem 20 m³ Teich wären es 10 m³ pro Stunde. Ich empfehle sogar eine Umwälzrate von 100% pro Stunde.

Filter benötigen Platz. Ein vernünftiger Koiteichfilter braucht mindestens 10m² Platz! Leider geht der Handel hier sehr freimütig zu Werke und verkauft oft zu kleine Filtersysteme, die schnell überlastet sind und zu Problemen bei den Fischen führen. Wenn Sie ein Filtersystem kaufen, sollten Sie sich schriftlich bestätigen lassen, dass es für die von Ihnen gewünschte Anzahl Koi geeignet ist.

Belüftung

Die Belüftung spielt eine zentrale Rolle. Ein ausreichender Sauerstoffgehalt im Teich ist sehr wichtig, weil die Fische je nach Größe eine ganze Menge Sauerstoff zum Leben brauchen, aber auch, weil die Filterbakterien nur dann effektiv arbeiten können, wenn im Wasser genügend Sauerstoff gelöst ist, den die Bakterien veratmen können. Oftmals wird die Bedeutung des Sauerstoffs unterschätzt, doch er hat einen erheblichen Einfluss auf die Gesundheit der Fische. Koi benötigen mindestens 5-6 mg/l Sauerstoff.

Wasserwerte

Zur Ermittlung der Wasserwerte gibt es Wassertest-Sets, die jedoch nur bedingt geeignet sind, da sie von den tatsächlichen Wasserwerten oft erheblich abweichen. Bringen Sie zu Beginn eine Wasserprobe in ein Koifachgeschäft und lassen Sie diese auf folgende Werte analysieren: pH-Wert, Ammonium und Nitrit.

Dazu wird eine Wasserprobe in eine Glasflasche gefüllt. Die Flasche wird in den Teich getaucht, um sie luftfrei mit Wasser zu füllen. Anschließend wird sie unter Wasser verschlossen. Damit der Sauerstoffgehalt aussagekräftig ermittelt werden kann, sollte der Transport nicht länger als 30 Minuten dauern. Alternativ gibt es auch gute Wassertest-Sets von Firmen, die sich ebenfalls in der Industrie bewegen, wie Macherey + Nagel und Merck. Die dort angebotenen Test-Sets sind wesentlich teurer als die im Zoo- und Koifachhandel, aber dafür sind die Ergebnisse auch genauer.

Der pH-Wert darf bei dieser Messung zwischen 6 und 8,5 liegen, Ammonium sollte nicht mehr als 0,02 mg/l betragen und Nitrit nicht mehr als 0,5 mg/l. Das sind zwar keine Traumwerte, aber immerhin ein Anfang, mit dem man leben kann.

Bachläufe oder Wasserfälle sind beliebte Gestaltungselemente, doch für eine ausreichende Sauerstoffversorgung reichen sie nicht aus.

Ein buntes Gewusel von Fischleibern: Bei einem Koihändler zur Fütterungszeit kann es hoch hergehen. Doch da, wo viele Fische sind, besteht auch die Gefahr der Krankheitsübertragung.

Fischkauf zu Zeiten des Koi-Herpes-Virus

Bei Koi gibt es eine gefährliche Viruserkrankung, die KHV (Koi-Herpes-Virus) genannt wird. Diese Krankheit ist nicht heilbar. Allerdings sind infizierte Fische nicht auffällig. Früher war es so, dass die Krankheit bei Temperaturen zwischen 18° und 22°C in jedem Fall ausgebrochen ist, doch das ist heute nicht mehr so. Ob und wann KHV ausbricht, ist ein ungeklärtes Rätsel. Gleiches gilt für die Übertragungswege: Auch hier gibt es viele Vermutungen, aber wenig gesicherte Erkenntnis.

In Israel werden die Koi gegen diese Krankheit geimpft. Das wäre nicht so schlimm, wenn sichergestellt wäre, dass

1. die Fische eindeutig identifizierbar sind
2. die Fische keine Gefahr für Koi aus anderen Herkunftsländern darstellen würden.

Leider gibt es hier zwei unterschiedliche Aussagen. Die Fachleute aus Israel behaupten, die geimpften Fische könnten KHV nicht auf andere Koi übertragen, Fachleute aus den anderen Herkunftsländern behaupten das Gegenteil.

Das Problem wird durch die Tatsache verschärft, dass es keinen 100% sicheren Nachweis gibt, ob ein Fisch infiziert ist oder nicht. Seriöse Fachleute können noch nicht einmal sagen, wie sicher und aussagekräftig die Tests sind. Das bedeutet auch, dass kein Koihändler und kein Fischtierarzt sagen kann, ein bestimmter Fisch sei zu 100% KHV-frei. Sollten Sie diese Aussage hören, ist Vorsicht geboten.

Neue Fische

KHV-infizierte Fische kommen mittlerweile von überall her. Auch in Japan grassiert das Virus und wird teils aus Unkenntnis und/oder Unachtsamkeit verbreitet. Umso wichtiger ist es, die Koi ausschließlich im Fachhandel und am besten nur bei einem Koihändler zu kaufen. Zwar kann auch ein seriöser Koihändler nicht ausschließen, einmal infizierte Koi gekauft und damit auch weiterverkauft zu haben, aber er wird Ihnen helfen, sollte sich herausstellen, dass Sie einen infizierten Fisch von ihm gekauft haben.

Ich empfehle meinen Kunden, die mit hochwertigen Japankoi beginnen möchten, ihren alten Bestand komplett zu verschenken und neu mit Koi von einem Händler zu beginnen (um anschließend auch bei diesem Händler zu bleiben). Das ist die beste Versicherung, die Sie abschließen können.

Lust auf Koi

Hoffentlich habe ich Ihnen mit meinen ersten Zeilen nicht die Lust an diesen wunderschönen Fischen genommen, doch es muss von Anfang an betont werden, dass Koihaltung ein anspruchsvolles und kostspieliges Hobby ist. Nur wenn Sie Ihren Teich von Anfang an vernünftig anlegen und mit gesunden Fischen besetzen, werden Sie langfristig Freude an dem Hobby haben.

Ich bin selbst den ganzen steinigen Weg über Baumarkt, Gartencenter, Eurokoi bis hin zum Japankoi gegangen und weiß, wovon ich rede. In meinen ersten 7 Koijahren habe ich wohl jedes neue Filtersystem ausprobiert, in der Hoffnung, ein zuverlässig funktionierendes System zu haben, das mit überschaubarem Aufwand den Teich reinigt und gute Wasserparameter sichert.

Mittlerweile habe ich meinen dritten Teich gebaut und bin am Ziel meiner Wünsche. Es ist mir gelungen, eine Kreislaufanlage zu schaffen, die mit vertretbaren Energiekosten und minimalem Wartungsaufwand so zuverlässig funktioniert, wie ich mir das immer gewünscht habe. Diese Anlage war sicher kein Schnäppchen, aber wenn ich die Beträge betrachte, die ich in den 7 Jahren zuvor ausgegeben habe, mit ständigem Herumbasteln und Nachbessern, ist diese Lösung sicherlich die günstigere Variante; für die Koi ist es in jedem Fall die gesündere.

Zwischenzeitlich sind mehr als 20 Anlagen nach dem gleichen System von mir geplant und gebaut worden. Dabei lege ich großen Wert darauf, auch weiterhin neue Erfahrungen in die neuen Projekte einfließen zu lassen.

Koihaltung und Koipflege ist sehr spannend und entspannend zugleich, die Fische werden sehr schnell zutraulich und erkennen ihren Futterspender schon am Gang. Eines funktioniert leider nicht: Einen Teich zu bauen und sich um nichts mehr kümmern zu müssen. Es erfordert doch einen gewissen Pflegeaufwand, der letztendlich sehr viel Spaß macht.

Die Koihaltung ist ein spannendes und entspannendes Hobby, zu dem auch ein paar tägliche Handgriffe gehören.

Koi werden ziemlich schnell zutraulich und erkennen ihren Halter bereits am Gang.

KAPITEL 2
WASSER

Wasser ist der Quell allen Lebens. Für Pflanzen, Tiere und Menschen überlebenswichtig, für Fische und andere Wasserbewohnern ein Lebensraum.
Für die Koi ist es unabdingbar, dass die Wasserparameter stimmen. Wie das geht und worauf Sie achten sollten, erfahren Sie in diesem Kapitel.

Die Welt des Wassers

Wasser ist auf unserer Erde vorherrschend: 71 % der Erdoberfläche sind mit Wasser bedeckt. Davon besteht der größte Teil aus Salzwasser (96,5 %) und nur ein kleiner Teil (3,5 %) liegt als Süßwasser vor.

Davon ist das meiste Süßwasser in Form von Eis in Gletschern, Polen und Permafrostböden gebunden und somit für die Nutzung unzugänglich. Der größte Anteil ist im Grundwasser, in Binnengewässern und Flüssen vorhanden.

Das Wasser zirkuliert permanent im globalen Wasserkreislauf. Durch Sonneneinstrahlung erwärmt sich die Wasseroberfläche der Weltmeere, verdunstet, steigt auf und kondensiert in kälteren Luftschichten. Dadurch entstehen Wolken. Die Wolken werden durch den Wind ins Landesinnere getrieben. Wenn die Luftmassen gesättigt sind oder an den Flanken der Gebirge abkühlen, kommt es zu Niederschlägen. Das Wasser sickert in den Boden, wird zu Grundwasser, speist Quellen und Flüsse und fließt zurück in die Meere.

Der größte Teil des Wassers ist in den Weltmeeren vohanden.

Wasser aus chemischer Sicht

Das Wassermolekül (H_2O) besteht aus einem Sauerstoffatom und zwei Wasserstoffatomen.

Wassermoleküle wechselwirken miteinander über Wasserstoffbrückenbindungen und besitzen dadurch ausgeprägte zwischenmolekulare Anziehungskräfte. Es handelt sich dabei um keine beständige, feste Verkettung. Der Verbund der über Wasserstoffbrückenbindungen unbeständig verketteten Wassermoleküle besteht nur Bruchteile von Sekunden, wonach sich die einzelnen Moleküle wieder aus dem Verbund lösen und in einem ebenso kurzen Zeitraum erneut verketten. Dieser Vorgang wiederholt sich ständig und führt letztendlich zur Ausbildung eines variablen Clusters. Hierdurch werden wichtige Eigenschaften wie die Dichteanomalie hervorgerufen.

Wasser hat unter Normaldruck bei 3,98° C das kleinste Volumen und die größte Dichte (0,999972 g/cm³). Daher dehnt es sich – wenn man von dieser Anfangstemperatur ausgeht – sowohl bei Erwärmung als auch bei Abkühlung aus (die Dichte sinkt in beiden Richtungen ab). Daher schwimmt das Eis auch an der Wasseroberfläche.

Lebensraum für Pflanzen und Tiere

Wasser ist ein Lebensraum für unzählige Lebewesen. In ihm leben Algen, Bakterien, Zooplankton und es enthält organisches Material. Darin können Fische leben. Leitungswasser hingegen ist aufbereitet: Bakterien werden abgetötet, um es als Trinkwasser für uns Menschen genießbar zu machen. Allerdings ist Leitungswasser „totes" Wasser und kann, wenn es in den Teich gefüllt wird, nicht sofort mit Fischen besetzt werden. Der Teich muss erst eingefahren werden. Das bedeutet, dass sich Bakterien und Kleinstlebewesen erst wieder ansiedeln müssen. Doch dazu später mehr.

Wasser für den Koiteich

Verwenden Sie „kontrolliertes" Wasser für Ihren Teich, also Leitungswasser oder Wasser aus überprüften Brunnen. Lassen Sie das gewünschte Wasser in einem entsprechenden Labor auf seine Fischtauglichkeit testen. Doch nicht nur das Wasser ist ausschlaggebend, dass sich die Koi wohlfühlen. Auch die Materialien, die für den Teichbau verwendet werden und mit dem Teichwasser in Berührung kommen, spielen eine Rolle. Dazu gehört die Teichabdichtung, also die Folie: Es ist wichtig, dass sie chemisch neutral ist, also keine Stoffe in das Teichwasser abgibt. Aber auch Pumpen, UV-Anlagen und alle anderen Bauteile müssen aus korrosionsfesten Materialien sein, entweder hochlegierte Edelstähle, Titan oder Kunststoff ohne Weichmacher.

Es wimmelt nur so vor Leben: Wasser ist ein Lebensraum für Pflanzen und Tiere, auch der Koiteich!

ser, die es verschmutzen oder sogar vergiften können. Dazu gehören Farben und Lasuren, die entweder beim Streichen oder später durch Regen in den Teich gelangen, oder Dünger und Spritzmittel, die durch den Regen in den Teich geschwemmt werden. Das kann verheerende Folgen für Ihren Fischbestand haben. Grundsätzlich müssen alle Stoffe, die im und am Teich verwendet werden, auf ihre Unbedenklichkeit überprüft werden.

Wasser als Lösungsmittel

Wasser ist ein Lösungsmittel. Das heißt, dass sich die wasserlöslichen Stoffe, sobald sie mit Wasser in Berührung kommen, in ihre Bestandteile zerlegen. Man bezeichnet diese Stoffe auch als „hydrophil" (wasserliebend), im Gegensatz zu den hydrophoben (wassermeidenden) Stoffen. Dazu gehören beispielsweise Fette und Öle. Wenn Sie ein ölhaltiges Futter in den Teich geben, bilden sich Ölschlieren auf der Wasseroberfläche. Das Öl wird nicht gelöst.

Oft ist eine Wasserlöslichkeit erwünscht, zum Beispiel bei Medikamenten, Algen- oder pH-Wert verändernden Mitteln, die absichtlich dem Wasser beigefügt werden, doch manchmal geraten auch Stoffe unbeabsichtigt ins Was-

Wasserzusätze

Im Handel werden zahlreiche Mittel angeboten, die man dem Teich zugeben kann, doch ich möchte davon abraten. Oft kennt man die Inhaltsstoffe nicht und weiß nicht, ob es zu Wechselwirkungen mit anderen Mitteln kommt.

Ein weiterer Nachteil von Wasserzusätzen ist, dass sie das Wasser schlagartig in seiner Zusammensetzung verändern. Fische sind zwar sehr anpassungsfähig, aber die Veränderung muss langsam erfolgen. Je schneller sich die Parameter verändern, desto mehr belastet es die Fische.

Ist ein Teich einmal eingefahren und verfügt über eine gute Filteranlage, kommt er in 98 % aller Fälle ohne Wasserzusätze aus.

Wasser für Koi

Das Teichwasser ist der Schlüssel für eine erfolgreiche Koihaltung. Ein gut eingefahrener Teich mit konstanten Wasserparametern ist die beste Gewähr für gesunde Fische. Nur wenn der Lebensraum „Wasser" stimmt, können sich die Koi optimal entwickeln.

Ein neu befüllter Teich braucht einige Zeit, bis er eingefahren ist.

An die physikalischen und chemischen Eigenschaften des Teichwassers sind grundsätzlich zwei Anforderungen zu stellen:

1. Es muss den Fischen und den anderen Teichlebewesen möglichst günstige Lebensbedingungen bieten.

2. Es sollte alle nötigen Nährstoffe und Mineralien enthalten, damit es einen stabilen Zustand einnehmen kann.

Leitungswasser

Als Ausgangswasser für den Koiteich wird in der Regel Leitungswasser verwendet. Wie bereits schon erwähnt, wird das Leitungswasser durch Chlor, Ozon oder UV-Licht keimfrei gemacht, so dass es als Lebensmittel für den Verzehr von Menschen geeignet ist. Dieses Wasser hat mit dem Wasser eines Sees nichts gemein, es ist „tot". Fische benötigen jedoch lebendiges Wasser, das heißt Wasser, das mit Mikroorganismen besiedelt ist. Leitungswasser reizt die schützende Schleimhaut der Koi, was auf Dauer zu parasitärem Befall und Aufbrüchen führen würde.

Brunnenwasser

Wenn Sie die Möglichkeit haben, können Sie Ihren Teich auch mit Brunnenwasser befüllen. Lassen Sie das Wasser zuvor mit Hilfe einer Wasseranalyse überprüfen, ob es für den Koiteich geeignet ist. Es ist auf jeden Fall die kostengünstigere Alternative.

In einem Koiteich sollten pro Woche je nach Wasserbelastung zwischen 10 und 30 % des Wassers gewechselt werden. Das kann auf Dauer ganz schön ins Geld gehen, zumal Sie beim Leitungswasser oft gleich Abwassergebühren mitbezahlen.

Regenwasser ist ungeeignet

Regenwasser ist oft stark belastet, da durch Industrie und Straßenverkehr viele giftige Substanzen als Staub in die Luft gelangen und über den Regen ausgewaschen werden. Wenn Sie dennoch Regenwasser verwenden wollen, sollten Sie nicht das erste Regenwasser nach langer Trockenheit auffangen, da es sehr stark mit Schadstoffen aus der Luft belastet ist.

Abstehen lassen

Egal mit welchem Wasser Sie Ihren Teich erstmalig befüllen, der neue Teich sollte zunächst einige Wochen ohne Fische betrieben werden. So können Sie in aller Ruhe überprüfen, ob alles richtig funktioniert. Wasser und Filter haben Zeit, um einzufahren.

Das Teichvolumen ist aufgrund der Teichform manchmal nur schwer zu berechnen, deshalb ist es hilfreich, die Wassermenge beim Befüllen mit einer Wasseruhr zu messen. Das Teichvolumen spielt beispielsweise eine Rolle, wenn Sie die Fische behandeln und die Medikamente richtig dosieren müssen.

Den Teich einfahren

Bisher ist wiederholt der Begriff „einfahren" gefallen, doch was steht dahinter?

Wie schon beschrieben, wurde Leitungswasser aufbereitet und damit Bakterien und Mikroorganismen abgetötet. Diese Kleinstlebewesen spielen in einem funktionsfähigen Teich jedoch eine große Rolle. Während des Einfahrens können sich Phytoplankton, Zooplankton, Makrozoobenthos, Bakterien, Algen und Kleinstlebewesen wieder ansiedeln. Das geschieht von ganz allein, wenn man den Teich befüllt hat.

Das Leben im Wasser wird durch Auf- und Abbauvorgänge bestimmt. Diese werden im Wesentlichen von Bakterien bewerkstelligt. Diese Bakterien befinden sich überall auf der Welt, in großen Höhen und in tiefen Tiefen, ja sogar in arktischen Regionen, aber unter anderem auch im Boden. Um die Zeit des Einfahrens zu beschleunigen, können Sie eine Schippe Erde und alle paar Tage etwas Futter in den neuen Teich geben. Liegt die Wassertemperatur über 10° C und ist genügend Sauerstoff im Wasser, brauchen Sie nur etwas Geduld und der Rest erledigt sich von allein. Da die Bakterien stark temperaturabhängig arbeiten – unter 10°C findet kaum Bakterienaktivität statt – sollten Sie den Teich im Frühjahr und Sommer einfahren.

Fische ab der vierten Woche

Lassen Sie den Teich ungefähr vier Wochen bei Wassertemperaturen um die 16° C stehen, bevor Sie Fische einsetzen. Wenn die Fische sofort in den Teich gesetzt werden, wird die bakterielle Entwicklung durch die beim Stoffwechsel der Koi entstehenden Stoffe gehemmt.

Dass der Teich eingefahren ist, erkennen Sie daran, dass das Wasser auf einmal ganz klar wird, nachdem es zuvor immer trüber wurde. Jetzt hat sich ein Gleichgewicht zwischen den Auf- und Abbauvorgängen eingestellt. Allerdings ist die Entwicklung des Wassers und des biologischen Filters noch längst nicht abgeschlossen. Der biologische Filter ist ein lebendiges System, das von Jahr zu Jahr immer stabiler wird. Lassen Sie den Teich mitsamt Filtern und Pumpen im Winter weiterlaufen, ansonsten müssten Sie den Teich jedes Frühjahr neu einfahren. Sind während der Einfahrphase schon Fische im Teich, müssen die Wasserparameter regelmäßig überwacht werden. Auf die einzelnen Wasserwerte wird später detailliert eingegangen, hier nur ein kurzer Überblick.

Befinden sich die ersten Fische im Teich, steigt der Ammonium-Wert an. Ammonium ist das erste Abbauprodukt des Fischstoffwechsels.

Ein eingefahrener Teich hat kristallklares Wasser ohne Trübungen.

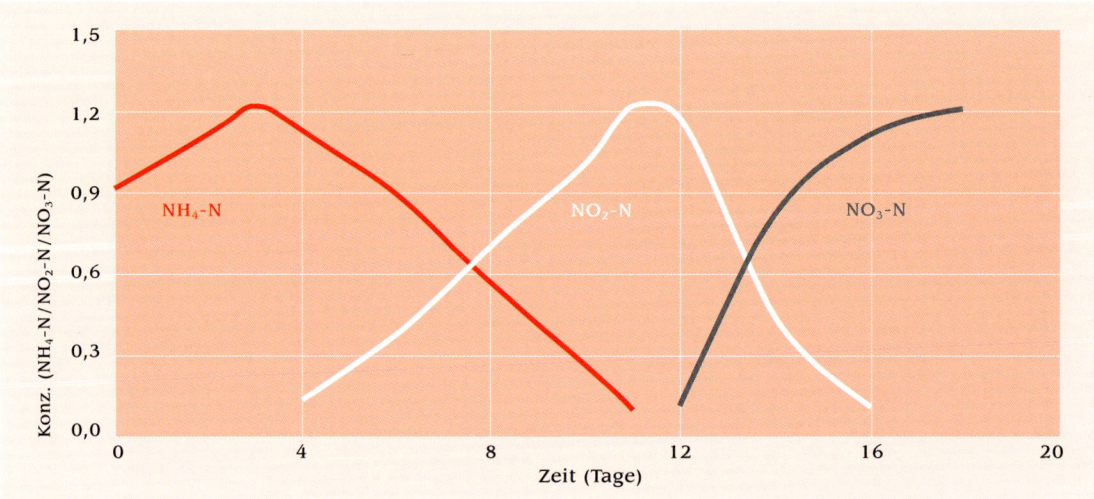

Auf der Grafik erkennt man die Entwicklung der Wasserparameter während der Einlaufphase des biologischen Filters.

Zeitlich versetzt folgt ihm der Nitrit-Wert. Diese Vorgänge sind vom Nahrungsangebot, dem Sauerstoffgehalt, dem pH-Wert und der Wassertemperatur abhängig, finden aber grundsätzlich immer statt.

Der Ammonium-Wert fällt bereits nach wenigen Tagen bis Wochen ab, aber der Nitrit-Wert steigt weiterhin. Nitrit ist jedoch schon in niedriger Konzentration giftig für die Koi.

Fischbesatz

Ist der neue Teich nur mäßig besetzt, wird auch der Nitrit-Wert schnell wieder in den Normalbereich kommen. Werden zu viele Fische in den neuen Teich gesetzt oder ist die Wassertemperatur zu niedrig, hemmt die daraus resultierende Wasserbelastung die Entwicklung der nitrifizierenden Bakterien. Das kann zu Nitrit-Werten über 1 mg/l führen.

Oftmals wird der Fehler gemacht, zu heftig in das System einzugreifen, entweder durch chemische Zusätze oder durch große Wasserwechsel. Fische und Bakterien sind sehr anpassungsfähig, mögen aber keine schlagartigen Veränderungen. Ein großer Wasserwechsel verschlechtert das Millieu ebenfalls, da keine Bakterien im Wasser enthalten sind.

Ich habe die Erfahrung gemacht, dass bei einem pH-Wert von 6,8 bis 8,5 und einer Zugabe von 0,3 % Salz selbst hohe Nitrit-Werte von bis zu 1 mg/l von den Koi schadlos überstanden wurden.

Wassertests

Um aber die Vorgänge im Koiteich verstehen und verfolgen zu können, ist es unumgänglich, die Wasserparameter zu ermitteln. Der Markt bietet eine breite Palette an Tröpfchentests und Messgeräten. Tröpfchentests sind jedoch nur bedingt genau. Oftmals sind sie zu grob abgestuft, was das nachfolgende Beispiel verdeutlichen soll: Beim Einfahren eines Teiches ist es gut zu wissen, ob der Nitrit-Wert steigt oder fällt. Beim Tröpfchentest misst man beispielsweise 0,3 mg/l, bis eines Tages der Farbumschlag zu 0,5 mg/l erfolgt. Mit einem geeigneten Messgerät wird die Entwicklung deutlicher: Der Wert liegt am ersten Tag bei 0,3 mg/l, am nächsten Tag bei 0,32 mg/l, dann 0,36 mg/l und so weiter. Der Trend kann schneller erfasst werden und man kann beizeiten eingreifen. Ein Photometer bietet hier den größten Nutzen, da Sie mit ihm alle wichtigen Wasserparameter genau ermitteln können.

Die wichtigsten Wasserparameter

In diesem Kapitel erfahren Sie alles über die Zusammenhänge im Koiteich, welche Wssserparameter von Bedeutung sind und wie sie sich auf die Gesundheit der Fische auswirken, wenn Sie sich nicht im für die Koi optimalen Bereich befinden.

Nachfolgende Tabelle gibt Ihnen einen Überblick über die wichtigsten Wasserparameter.

Im Folgenden wird zwischen den Wasserwerten differenziert, die wir so hinnehmen sollten, wie sie sich einstellen, und denen, die wir durch eine entsprechende Filteranlage beeinflussen können. Eingegangen wird im Nachfolgenden nur auf die Wasserparameter, die üblicherweise in einem Koiteich von Belang sind. Der Gehalt an Schwermetallen z.B., der nur bei akuten Vergiftungssituationen relevant ist, ist im Normalfall nicht von Bedeutung, da sie nur in Konzentrationen ins Wasser gelangen sollten, wie sie für Trinkwasser zulässig sind.

Gegebene Wasserwerte

Zu den vorgegebenen Wasserwerten, die wir nicht beeinflussen können oder sollten, gehören

▶ der pH-Wert, wenn er zwischen 6 und 8,5 einen stabilen Wert einnimmt,

▶ die Wasserhärte, wenn es sich nicht um ein sehr weiches Wasser handelt,

▶ und der CO_2 Gehalt. Dieser wird durch die Belüftung, den Verbrauch durch das Phytoplankton und die Freisetzung durch Bakterien beim Abbau organischer Stoffe beeinflusst.

Wasserwert	Maßeinheit	kritischer unterer Bereich	eingeschränkter unterer Bereich	optimaler Bereich	eingeschränkter oberer Bereich	kritischer oberer Bereich
Sauerstoff O_2	mg/l	Bis 2	4...4,9	5,0...8,0*	31...35	bis 40
pH-Wert		Bis 5,5	6,0...6,9	7,0...8,3	8,4...10	bis 10,5
Kohlendioxid CO_2	mg/l	Bis 0,5	1...6	7...18	19...20	bis 25 je nach SBV
Stickstoff N	%/Sättigung	-	-	<100	100...103	bis 105
Ammoniak NH_3	mg/l	-	-	<0,02	0,02...0,1	bis 0,2
Salpetrige Säure HNO_2	mg/l	-	-	<0,0004	0,0004...0,001	bis 0,004
Nitrit NO_2	mg/l	-	-	<1,0	1,0...3,0	bis 5,0
Nitrat NO_3	mg/l	-	-	<200	200...300	bis 800

* Ich habe den Wert des Sauerstoffgehalts in der Tabelle geändert, weil ich es für gefährlich halte, wenn Werte über 10 mg/l im Wasser mittels Technik eingestellt werden.

Tabelle: Physiologische Ansprüche der Karpfen an die Umweltbedingungen (Schreckenbach et al. 1987, 2001)

Zu den Wasserwerten, die wir beeinflussen können, gehören u.a. Stickstoffwerte, d.h.

► Ammonium,
► Nitrit,
► Nitrat,
► Phosphat,
► Sauerstoffgehalt.

Der pH-Wert

Der pH-Wert ist eine Maßzahl der Konzentration an Wasserstoff-Ionen (H^+) im Wasser. Auf der pH-Skala gilt der Wert 7 als Neutralpunkt. Bei diesem Wert zeigt das Wasser eine geringfügige Aufspaltung in Wasserstoff-Ionen (H^+) und Hydroxyl-Ionen (OH^-). Der neutrale Wert gilt in natürlichen Gewässern allerdings nicht als Normalwert und ist für Fische nicht unbedingt der günstigste pH-Wert!

In natürlichen Gewässern, z.B. in Seen, stellt sich bei normaler Wetterlage (z.B. Frühjahr und Herbst mit mäßigen Temperaturen und Sonnenschein) ein pH-Wert von etwa 8,3 ein, resultierend aus einem Gleichgewicht von CO_2 (freier Kohlensäure), Hydrogencarbonat und Carbonat.

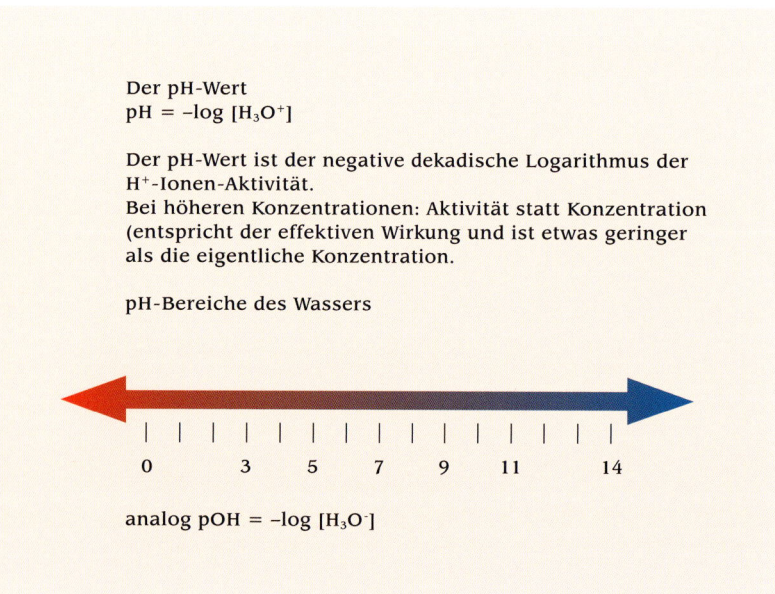

Der pH-Wert
$$pH = -\log [H_3O^+]$$

Der pH-Wert ist der negative dekadische Logarithmus der H^+-Ionen-Aktivität.
Bei höheren Konzentrationen: Aktivität statt Konzentration (entspricht der effektiven Wirkung und ist etwas geringer als die eigentliche Konzentration.

pH-Bereiche des Wassers

0   3   5   7   9   11   14

analog $pOH = -\log [H_3O^-]$

Der pH-Wert des Wassers

Die Wasserhärte

Als Wasserhärte wird die Konzentration der im Wasser gelösten Ionen der Erdalkalimetalle bezeichnet. Zu diesen zählen: Calcium, Magnesium, Strontium und Barium. Die Härte natürlicher Gewässer wird hauptsächlich von Magnesium und Calcium gebildet, Strontium und Barium spielen eine untergeordnete Rolle. Die Erdalkalimetalle werden pauschal auch als „Härtebildner" bezeichnet.

Die Ionen der Erdalkalimetalle können als Wasserhärte gelöst vorkommen. Sie können aber auch unlösliche Verbindungen bilden, vor allem Kalk (Calciumcarbonat, $CaCO_3$). Die Wasserhärte hat in 99 % aller Koiteiche keine Bedeutung, ist sie doch in ausreichendem Maße vorhanden. Lediglich in ganz weichen Gewässern treten Probleme auf, weil dort der pH-Wert sehr stark schwanken und damit auch kritische Werte annehmen kann. In diesen Fällen muss das Wasser künstlich aufgehärtet werden.

Der Kohlendioxid-Gehalt (CO_2)

Der Kohlendioxidgehalt des Wassers ist wie der Sauerstoffgehalt von mehreren Faktoren abhängig. Der Ein- und Austrag von Kohlendioxid geschieht unter anderem über den Ausgleich mit der Luft. Zusätzliche Kohlendioxidquellen sind die Atmungsvorgänge aller im Wasser befindlichen Lebewesen, vor allem die der Koi und der Unterwasserpflanzen. Pflanzen und Algen benötigen für ihre Photosynthese Kohlendioxid, das sie dem Wasser tagsüber entziehen. Der Verbrauch kann so stark sein, dass der pH-Wert tagsüber messbar ansteigt. Dabei können pH-Werte von über 8,5 erreicht werden. Nachts produzieren auch die Pflanzen und Algen Kohlendioxid mit der Folge, dass der pH-Wert wieder abfällt. Kohlendioxid löst sich wesentlich leichter im Wasser als Sauerstoff, da es zusammen mit Wasser die gut lösliche Kohlensäure bildet.

Im Sommer, wenn das Wasser sehr warm ist und die Koi viel Futter bekommen, kann es passieren, dass die CO_2-Konzentration im Wasser so weit ansteigt, dass es den Koi nicht mehr möglich ist, CO_2 abzuatmen. Das kann trotz ausreichend vorhandenem Sauerstoffgehalt passieren!

Die Koi liegen apathisch auf dem Boden, vor allem nach der Fütterung. Nun muss der Teich stark belüftet werden, um das CO_2 auszutreiben.

Das Kalk-Kohlensäure-Gleichgewicht

Das Kalk-Kohlensäure-Gleichgewicht ist definiert als das chemische Gleichgewicht zwischen den Ionen der Kohlensäure (Kohlensäure-Ion HCO_3^-), dem Kohlendioxid (CO_2) und dem Calciumcarbonat (Carbonat CO_3^{2-}). Das Kalk-Kohlensäure-Gleichgewicht lässt sich durch folgende Gleichung beschreiben:

$$CO_2 + H_2O \ll H_2CO_3 \ll H^+ + HCO_3^- \ll 2H^+ + CO_3^{2-}$$

Die relativen Konzentrationen der 3 Kohlensäureformen bestimmen im Wesentlichen den pH-Wert des Wassers. Außerdem wird durch diese Konzentrationen („Alkalität") die Pufferkapazität des Wassers bestimmt. Unter der Pufferkapazität einer Flüssigkeit versteht man ihre Fähigkeit, Säuren bzw. Basen aufzunehmen, ohne dass sich der pH-Wert ändert. Sie ist für alle biologischen Vorgänge in einem Gewässer von großer Bedeutung.

In Abhängigkeit vom pH-Wert kommen Kohlensäure (Hydogencarbonat HCO_3^-), Kohlendioxid (CO_2) und Calciumcarbonat (Carbonat CO_3^{2-}) in unterschiedlichen Mengen gelöst im Wasser vor. Bei ganz niedrigen pH-Werten gibt es kein Carbonat und bei hohen pH-Werten kein Kohlendioxid im Wasser, entsprechend stellt sich ein pH-Wert ein.

Hieraus ergibt sich, dass das Beeinflussen eines der drei Parameter immer auch Auswirkungen auf die anderen beiden hat!

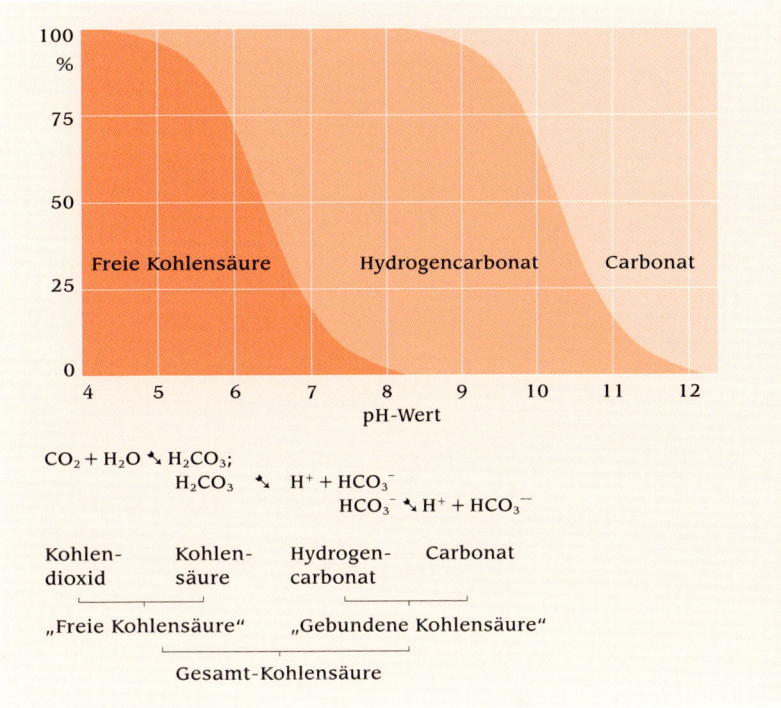

In dieser Grafik wird die Abhängigkeit im Kalk-Kohlensäure-Gleichgewicht dargestellt.

Stickstoffverbindungen

Von den im Prozess der mikrobiellen Ammonifikation, Nitrifikation und Denitrifikation in natürlichen Gewässern, Teichen sowie Anlagen der Aquakultur und Aquaristik entstehenden oder von außen eingetragenen Stickstoffverbindungen können Fische insbesondere durch Ammoniak (NH_3) und salpetrige Säure (HNO_3) geschädigt werden. Die Bedeutung von Amiden bzw. Aminen, die kurzzeitig im Wasser auftreten, ist für Fische noch nicht ausreichend geklärt. In Untersuchungen führten aber erst sehr hohe Konzentrationen (FERRARO et al. 1977), wie sie im Wasser meist nicht auftreten, zu Schädigungen. Nitrate (NO_3^+) sind von untergeordneter Bedeutung und werden von den meisten Fischarten in hohen Konzentrationen toleriert. In geschlossenen Kreislaufanlagen haben selbst Konzentrationen bis zu 1 500 mg Nitrat/l bei Karpfen keine negativen Folgen (KNÖSCHE und RÜMMLER 1988). Der bei der mikrobiellen Nitratreduktion bzw. Denitrifikation entstehende molekulare Stickstoff (N) entweicht in die Luft.

Ammonium

Ammoniak (NH_3) liegt im Wasser in einem vom pH-Wert, der Temperatur, der Wasserhärte, dem Salzgehalt sowie dem hydrostatischen Druck abhängigen Dissoziationsgleichgewicht mit dem Ammonium (NH_4^+) vor (WUHRMANN und WOKER 1949; TRUSSEL 1972; WHITHFIELD 1974; EMERSON et al. 1975).

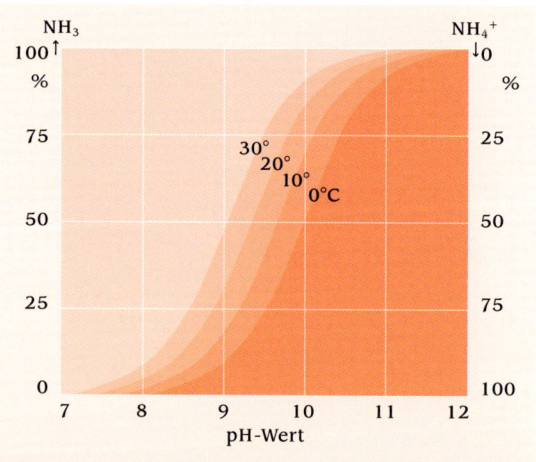

ph-Wert	Anteil des Ammoniaks in %	Anteil des Ammoniums in %
6	0	100
7	1	99
8	4	96
9	25	75
10	78	22
11	96	4

Gleichgewicht zwischen Ammonium und Ammoniak in Abhängigkeit vom ph-Wert

Es verhält sich im Wasser wie ein gelöstes Gas. Aufgrund seiner außerordentlich hohen Löslichkeit und des guten Durchdringungsvermögens kann Ammoniak über die Kiemen in den Fischorganismus eindringen. Außerdem wird diese Stickstoffverbindung von allen Fischarten, die Ammoniak als Stoffwechsel-

endprodukt des Eiweißstoffwechsels über die Kiemen ausscheiden, in das Wasser abgegeben. Die Ausscheidung an den Kiemen ist maßgeblich von den Ammoniakkonzentrationen und den pH-Werten des Wassers abhängig (SCHRECKENBACH et al. 1975).

Untersuchungen weisen nach, dass sich bei ansteigenden NH_4^+-Gehalten im Wasser die NH_4^+/NH_3-Konzentration im Blut der Fische erhöht (THURSTON et al.1981; SPANNHOF et al. 1985). In Abhängigkeit von der Ernährung und Gesamtbelastung treten Schädigungen bei NH/NH_3^{4+}-Konzentrationen > 0,22 mmol/l im Blut auf (SCHRECKENBACH et al. 1975, SCHRECKENBACH 1994). Dabei kommt es zu einem Anstieg des Sauerstoffbedarfes, der Herzfrequenz und des Blutdruckes sowie einer Verringerung des Sauerstoffdruckes im Blut, umfangreichen Blutschädigungen (KÖRTING 1965; SCHRECKENBACH und SPANGENBERG 1978) sowie Störungen des Energiestoffwechsels insbesondere im Gehirn (SMART 1978). Da die Toxizität des Ammoniaks durch verschiedene Einflüsse erheblich verstärkt oder vermindert wird, werden recht unterschiedliche Grenzwerte angegeben. Während energetisch ausreichend versorgte Fische auch höhere NH_3-Konzentrationen schadlos vertragen, tritt in Energiemangelsituationen sowie bei der Einwirkung anderer Belastungen eine erhöhte Anfälligkeit auf. Unter Berücksichtigung der höchsten Empfindlichkeiten werden Sicherheitsgrenzwerte von 0,02 mg/l für Karpfen empfohlen (US EPA 1977; SCHRECKENBACH und SPANGENBERG 1978; 1983; SCHRECKENBACH et al. 1987), die auch bei einer Dauereinwirkung Schädigungen der Fische ausschließen.

Nitrit

Salpetrige Säure (HNO_2) liegt im Wasser in einem vom pH-Wert, der Temperatur, der Wasserhärte, dem Salzgehalt sowie dem hydrostatischen Druck abhängigen Dissoziationsgleichgewicht mit dem Nitrit (NO_2) vor (COLT und TSCHOBANOGLOUS 1976; WEDEMEYER und YASUTAKE 1978).

Ihr Anteil nimmt im Gegensatz zum Ammoniak bei sinkenden pH-Werten zu. HNO_2 gelangt über die Kiemen in das Blut der Fische, wenn der pH-Wert des Wassers niedriger als der des Blutes ist und dissoziiert dann im Organismus zu Nitrit. Da HNO_2 aber nicht nur proportional zur Konzentration im Wasser in den Fischorganismus gelangt, wird auch von einer Aufnahme über andere Wege bzw. in Form des dissoziierten NO_2^- ausgegangen (CALAMARI et al. 1984). So werden im Blut bis zu 70fach höhere Nitritkonzentrationen als im Wasser erreicht (MARGIOCCO et al. 1983). Eine Schlüsselrolle kommt dabei den Chloridzellen in den Kiemen zu, die sich gegenüber Nitrit ähnlich verhalten, wie gegenüber Chlorid (LAURENT und DUNEL 1980; GAINO et al. 1984; JENSEN et al. 1987). Es ist daher wahrscheinlich, dass sowohl HNO_2 als auch NO_2^- für Fische toxisch sind (WEDEMEYER und YASUTAKE 1978; RUSSO et al. 1981; SCHRECKENBACH und SPANGENBERG 1983). Die Fischtoxizität beider N-Verbindungen sowie die toxizitätsbeeinflussenden Faktoren werden eingehend von MEINELT et al. (1997) dargestellt.

Für die Beurteilung der Schadwirkung von NO_2^-/HNO_2 für Fische in den Gewässern, Teichen, Anlagen und Aquarien hat die Ermittlung des HNO_2-Anteils entscheidende Bedeutung. Bei Einhaltung der Sicherheitsgrenzwerte von 0,0004 mg HNO_2/l (Karpfen) (SCHRECKENBACH und SPANGENBERG 1983, SCHRECKENBACH et al. 1987, Tabelle 1) kann selbst bei NO_2^- Konzentrationen bis zu 40 mg/l keine Beeinträchtigung des Gesundheitszustandes der Fische festgestellt werden. Die Toxizität des HNO_2 hängt auch wesentlich vom physiologischen Zustand der Fische ab. So erweisen sich Karpfen bei hohen Wassertemperaturen vor der Überwinterung als wesentlich empfindlicher gegenüber HNO_2 als während der Abkühlung. Die HNO_2-Toxizität wird beim Wechsel von Alkalosen und Azidosen des Blutes verstärkt, wie das z.B. bei Sauerstoffmangel, pH- und Chloridveränderungen, Kohlendioxidmangel oder -überschuss bzw. Stress auftritt.

Salpetrige Säure und Nitrit verursachen im Organismus der Fische eine Methämoglo-

Ist der Ammoniakgehalt zu hoch, können die Fische nicht mehr genügend Sauerstoff aufnehmen.

Die Fische geraten in Stress, wenn die Wasserparameter nicht optimal sind.

Koi fressen im Sommer große Mengen und scheiden entsprechend viel aus. Wenn der biologische Filter mit dem Abbau nicht hinterher kommt, verschlechtern sich die Wasserwerte rapide.

binämie, die den Sauerstofftransport im Blut beeinträchtigt. Normalerweise liegen im Blut von Forellen und Karpfen etwa 5 % des Gesamthämoglobins als Methämoglobin vor, das ständig enzymatisch wieder zu Hämoglobin reduziert wird. Ein Anstieg >10 % weist auf HNO_2/NO_2^--Vergiftungen hin, obwohl erst bei Konzentrationen von > 25 % Beeinträchtigungen der Fische deutlich werden. Dabei kommt es zu Schädigungen der Leberzellen, zur Verringerung der Energiereserven sowie zur Erhöhung des Laktatgehaltes (JENSEN et al.1987; MENSI et al. 1982). Schwere Vergiftungen äußern sich in Blutzellschädigungen, einer Schwellung sowie Violett- bzw. Braunfärbung der Kiemen (SCHRECKENBACH und SPANGENBERG 1983, MEINELT et al. 1997).

Bei ausreichender Sauerstoffversorgung, hohem Ascorbinsäureangebot im Futter sowie Methylenblau bzw. Cloridkonzentrationen (NaCl, $CaCl_2$) bis zu einem Cl^-/NO_2 -N- Verhältnis von 1:8 (Karpfen) im Wasser wird die HNO_2/NO_2^- Toxizität weitestgehend gehemmt (CALAMARI et al. 1984).

Nitrat

In Boden und Gewässern wird Nitrat durch die Nitrifikation gebildet. Als Endprodukt dieses Prozesses entstehen sie im Zuge der Zersetzung insbesondere eiweißhaltiger Stoffe über die Oxidation gebildeten Ammoniaks durch Bakterien der Gattung Nitrosomonas zu Nitrit, welches durch Bakterien der Gattung Nitrobakter zum Nitrat oxidiert wird. In der Landwirtschaft wurde in den vergangenen Jahrzehnten die Gülle-Wirtschaft forciert. Dadurch wurden die Böden in erheblichem Umfang mit leicht nitrifizierbaren Stickstoffverbindungen belastet und die Eutrophierung von Gewässern gefördert. Die Folge war ein drastischer Anstieg des Nitratgehaltes im Grundwasser. In vielen Gegenden wurde dadurch die Gewinnung von Trinkwasser gefährdet, da hierfür ein Grenzwert von 50 mg/l gilt. Das Nitrat kann direkt von pflanzlichen Organismen als Stickstoffquelle aufgenommen und verwertet werden. Unter sauerstoffarmen Verhältnissen, wie sie in Kläranlagen und in tieferen Schichten von

Seen auftreten, kommt es zu einer bakteriellen Nitratreduktion zu Nitrit. Der häufigere Weg bei fast vollständigem Mangel an Sauerstoff ist jedoch die bakterielle Denitrifikation zu gasförmigem Stickstoff.

Nitrat selbst ist weitgehend ungiftig. Für Trinkwasser gilt in der EU ein Grenzwert von 50 mg/l.

In der Koihaltung bedeutet ein zu hoher Nitrat-Wert des Wassers keine Gefahr. Für die Fische sind auch mehrere Hundert mg/l ungefährlich. Nitrat ist ein Pflanzendünger und wird von Wasserpflanzen und Algen aufgenommen, bzw. begünstigt deren Wachstum.

Phosphor

Phosphorverbindungen sind für die Lebensfunktionen aller Lebewesen essentiell. Phosphorverbindungen sind Bestandteil der DNA- und RNA-Moleküle. Die stark phosphorhaltige Verbindung ATP dient als Energieträger und Treibstoff im Stoffwechsel der Zellen. Phosphor wird dem Teich über das Futter zugeführt. Phosphor ist genau wie Nitrat ein Pflanzendünger und wird über die Wasserpflanzen und Algen aufgenommen, bzw. begünstigt deren Wachstum.

Stickstoff (N)

Aufgrund des hohen Gehaltes von Stickstoff in der Luft kann beim Wasser-Luft-Kontakt in Abhängigkeit von der Temperatur und dem Druck reichlich Stickstoff gelöst werden. Bis zur Sättigungskonzentration (0° C: 23,04 mg/l; 10° C: 18,14 mg/l; 20° C: 14,88 mg/l; 30° C: 12,58 mg/l bei 760 mm Hg, COLT 1984) hat das keine Bedeutung für Fische. Bei einer N-Übersättigung > 100 %, wie sie z. B. durch das Pumpen von Wasser unter erhöhtem Druck, das Erwärmen von Wasser, das vorher mit der Luft im Lösungsgleichgewicht stand, das Mischen von unterschiedlich warmen Wasser oder durch die biologische Freisetzung von Stickstoff aus Nitraten bei bakterieller Denitrifikation entsteht

(KNÖSCHE 1985, RÜMMLER 1986), bestehen Gefahren einer Gasblasenkrankheit. Da das Blut der Fische bei erhöhtem Gasdruck mit N gesättigt ist, kommt es beim Absinken des Druckes im Atemwasser zur bläschenförmigen Gasausfällung im Organismus (SCHÄPERCLAUS 1990). In schweren Fällen treten bei Gasübersättigungen von > 110 % äußerlich sichtbar Bläschen auf der Haut, am Auge und an den Kiemen auf. Mitunter sind sie nur mikroskopisch in den Blutgefäßen der Organe nachweisbar. Die Ansammlung von Gasbläschen führt häufig zur Zerreißung von Blutgefäßen und Blutergüssen, zur Erweiterung des Herzens, zur Überdehnung der Schwimmblase, zur Hämolyse der Erythrozyten sowie zur Vakuolisierung des Nierentubuliepithels (PAULEY und NAKATANI 1967). Zahlreiche Untersuchungen dokumentieren das Bild der akuten Gasblasenkrankheit bei unterschiedlichen Übersättigungsbedingungen (GOLOWIN 1983; HEGGEBERT 1984; JENSEN et al. 1985; KUHLMANN 1988 u.a.).

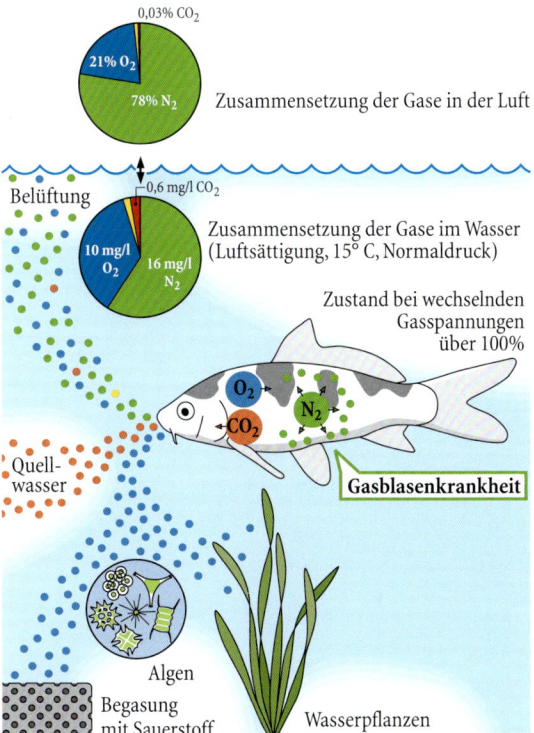

Diese Abbildung verdeutlicht, wie die Gasblasenkrankheit entsteht.

Bereits bei geringradigen Stickstoffüber-sättigungen des Wassers >101 % können Druckschwankungen, insbesondere bei Fisch-brut, chronische Schädigungen verursachen (KNÖSCHE 1985; BAATH et al. 1989). So füh-ren bereits Gesamtgassättigungen zwischen 101-103 % bei der Erbrütung von Forellen zu früheren Schlupfterminen und bei der weiteren Aufzucht zu Augenschädigungen (Katarakte, Trübungen, Exophthalmus). Zwei- und dreijäh-rige Forellen stehen infolge einer Überfüllung und Überdehnung der Schwimmblase dicht unter der Wasseroberfläche. Bei mikrosko-pischen Untersuchungen fallen feine Gas-tröpfchen in den Blutgefäßen der Kiemen auf. Obwohl die Druckschwankungen bei gering-fügigen Gasübersättigungen nicht zum Tod der Fische führen, provozieren sie eine erhöhte Anfälligkeit gegenüber Infektionskrankheiten mit nachfolgenden Verlusten.

Über die Beteiligung der verschiedenen Gase (Stickstoff, Argon, Sauerstoff, Kohlen-dioxid) an der Gasblasenkrankheit bestehen unterschiedliche Auffassungen. In Amerika und im westlichen Europa wird eine Überschrei-tung des Gesamtgasdruckes aller im Wasser gelösten Luftgase (TGP=Total Gas Pressure) für

die Entstehung verantwortlich gemacht. Nach Ansicht anderer Wissenschaftler (GOLOWIN 1983; KNÖSCHE 1985; RÜMMLER 1986) ist nur die Übersättigung des Wassers mit Stick-stoff unabhängig vom Gesamtgasdruck für das Auftreten der Gasblasenkrankheit bedeutend. Die letztere Auffassung bestätigen praktische Untersuchungen in einer Forellenzucht, in der erhebliche Sauerstoffübersättigungen (ca. 180 %) und Gesamtgassättigungen (ca. 120 %) kei-nen Einfluss auf das Wohlbefinden der Forellen hatten und erst bei zusätzlichen Stickstoff-übersättigungen (ca. 106 %) Verluste auftraten (HOFER 2001). Da Sauerstoff als biologisch aktives Gas im Fischorganismus verbraucht wird, liegt der Grenzwert für Sauerstoff bei 250-300 % des Sättigungswertes der Luft (GOLOWIN 1983). Kohlendioxid wird aufgrund seines geringen Gehaltes in der Luft bei einer N- und O-Übersättigung des Wassers ausge-tragen, so dass meist ein CO_2-Mangel vorliegt. Für Stickstoff (+Argon) als inertes Gas werden geringere Grenzwerte von 102...105...120 % des Sättigungswertes der Luft zur Vermeidung der Gasblasenkrankheit bei verschiedenen Fischar-ten und -größen angegeben (GOLOWIN 1983; KNÖSCHE 1985). Die größte Sicherheit bietet vollständig entspanntes Wasser mit einer Stick-stoffsättigung < 100 % (Tabelle 1).

Gasspannungen

Die Gasspannungen der im Wasser gelösten Gase Stickstoff (N), Sauerstoff (O), Argon (Ar) und Kohlendioxid (CO_2) unterliegen in den Gewässern, Teichen, Anlagen der Aquakultur erheblichen Schwankungen. Sie werden beim Wasser-Luft-Kontakt an der Oberfläche oder durch spezielle Belüftungseinrichtungen in Abhängigkeit von der Temperatur, den Druck-verhältnissen und dem Salzgehalt in das Wasser ein- oder ausgetragen. Aufgrund ihrer Volumenanteile in der Luft von 78,084 % (N); 20,946 % (O_2); 0,934 % (Ar) und 0,032 % (CO_2) entstehen für die einzelnen Gase sehr unter-schiedliche Sättigungswerte im Wasser (z.B.

Während des Tages produzieren die photoaktiven Organismen Sauerstoff, nachts verbrauchen sie ihn.

bei 15° C und 760 mm Hg: 16,36 mg/l N; 10,072 mg/l O_2; 0,6160 mg/l Ar; 0,6304 mg/l CO_2) (COLT 1984). Sowohl der Gesamtgasdruck (TGP=Total Gas Pressure) als auch der Druck der einzelnen Gase beeinflusst die Lebensvorgänge der Fische.

Der für die Fische besonders bedeutende Sauerstoffgehalt wird vorrangig durch die Bilanz zwischen den Einträgen aus der Luft und der Photosynthese der Algen und Wasserpflanzen sowie dem Verbrauch durch biologische und chemische Oxidation bestimmt. Durch technische Sauerstoffbegasung können heute ständig hohe O_2-Gehalte aufrechterhalten werden. Der Kohlendioxidgehalt ergibt sich aus der Bilanz zwischen der CO_2-Zufuhr aus dem Wasser, dem Abbau organischer Substanz und der Atmung der Fische sowie dem Verbrauch durch die Photosynthese und dem Austrag in die Luft bei technischer Belüftung. Eine wesentliche Rolle für den Verbleib von CO_2 im Wasser spielt die Bindung der freien Kohlensäure im Kalk-Kohlensäure-Gleichgewicht.

Stickstoff und Argon gehören zu den inerten Gasen, die nicht oder nur in seltenen Fällen an den biologischen und chemischen Vorgängen im Wasser teilnehmen und von den Fischen nicht benötigt werden. Aufgrund des ähnlichen Verhaltens von molekularem Stickstoff und Argon sowie der geringen Konzentration von Ar gegenüber N_2 wird der N-Ar-Gehalt oft zusammen betrachtet.

Sauerstoff

Der Sauerstoff (O_2) kann aufgrund seines im Vergleich zum Stickstoff wesentlich geringeren Gehaltes in der Luft nur begrenzt im Wasser gelöst werden. Selbst bei O_2-Sättigung (0° C: 14,602 mg/l; 10° C: 11,277 mg/l; 20° C: 9,077 mg/l; 30° C: 7,539 mg/l bei 760 mm Hg, COLT

Besonders an warmen Tagen kann es zu Sauerstoffmangel im Wasser kommen.

Seerosen verbrauchen CO_2 und produzieren Sauerstoff.

1984) steht den Fischen im Vergleich zu landlebenden Organismen weniger Sauerstoff für die Atmung zur Verfügung. Obwohl sie den vorhandenen Sauerstoff mit einem hohen Ausnutzungsgrad von 60-80 % (Mensch: 34 %) bis zur äußersten Grenze nutzen können (ITAZAWA 1970), ist akuter oder chronischer Sauerstoffmangel eine häufige Schädigungsursache.

Sauerstoffdefizite entstehen hauptsächlich bei längerem Luftabschluss des Wassers (z.B. Quell- und Leitungswasser), bei unzureichendem Wasserdurchstrom bzw. ungenügender Belüftung, bei herabgesetzter Photosynthese der Wasserpflanzen, bei starken mikrobiellen Abbauprozessen von Wasserpflanzen, Laub, Futter- und Kotresten sowie durch die Atmung der Fische.

Der Sauerstoffbedarf der Koi hängt maßgeblich von der Wassertemperatur sowie der Stoffwechselintensität der Fische ab. So beträgt der temperaturabhängige Sauerstoffverbrauch von Karpfen im Grundstoffwechsel 0,5 bis 100 mg/kg/Stunde während er im Aktivitätsstoffwechsel auf 150 bis 470 mg/kg/Stunde ansteigt (SCHÄPERCLAUS 1990).

Bei Sauerstoffgehalten < 4 mg/l (Karpfen) wird die Sauerstoffversorgung der Fische eingeschränkt, weil der Partialdruck des Gases für den Übergang vom Wasser in das Blut an den Kiemen nicht mehr ausreicht. Wie Untersuchungen zeigen, können z.B. nüchterne Karpfen ihren Sauerstoffbedarf von 90 mg/l bei

*Eine gute Belüftung des Teiches ist wichtig, beson-
ders während der Sommermonate.*

*Wasserfälle reichern das Wasser nur zu einem gerin-
gen Teil mit Sauerstoff an.*

20° C und 45 mg/l bei 10° C bei einem Partialdruck von > 80 mm Hg vollständig decken,
ohne dass ihr O_2-Verbrauch bei höherem Sauer-
stoffangebot im Wasser weiter ansteigt. Bei O_2-
Spannungen < 80 mm Hg (ca. 4 mg/l) nimmt
dagegen der Sauerstoffverbrauch ab, weil
der im Wasser gelöste Sauerstoff nicht mehr
ausreichend in den Organismus gelangt. Im
Aktivitätsstoffwechsel kann das zu einer Sauerstoffunterversorgung der Fische führen, die
sie durch eine Erhöhung der Atemfrequenz und
des Atemvolumens ausgleichen. Dabei kommt
es zu einer verstärkten Abatmung von Kohlendioxid (respiratorische Alkalose) und einem
erhöhten Energieverbrauch. Da Fische bereits
im Ruhestoffwechsel ca. 50 % ihrer Energie
für die Atmung benötigen (NELLEN 1983), sind
Sauerstoffunterversorgungen in Teichen oder
Anlagen häufige Ursachen für Wachstumsde-
pressionen, eine schlechte Kondition sowie
eine erhöhte Anfälligkeit gegenüber Belastungen und Infektionen.

Bei akutem Sauerstoffmangel < 2 mg/l
(Karpfen) reagieren die Fische mit sichtbarer
Unruhe, Nahrungsverweigerung, Masseiver-
lusten und Notatmung. Trotz hervorragender
Anpassungsmechanismen an niedrige Sau-
erstoffgehalte durch Erhöhung der Erythro-

zytenzahl und des Hämoglobingehaltes,
Schwellung der Erythrozyten, pH- und Elektro-
lytverschiebungen im Blut sterben die Fische
letztlich am Energiemangel (Karpfen < 0,5 mg/l
SCHÄPERCLAUS 1990).

Eine Sauerstoffunterversorgung der Fische
muss nicht immer durch einen äußeren Sauerstoffmangel verursacht werden, sondern kann
auch die Folge von Störungen der inneren
Atmungsprozesse infolge unphysiologischer
Wasserparameter (pH, CO, NH, HNO, Schadstoffe) oder Kiemenschädigungen sein. Überlagern
sich niedrige Sauerstoffgehalte mit hohen pH-
Werten und niedrigen Kohlendioxid-Konzentra-
tionen im Wasser, entsteht eine respiratorische
Alkalose mit umfangreichen physiologischen
Störungen, die durch hohe Sauerstoffkonzen-
trationen kompensiert wird. Umgekehrt kann
die Überlagerung hoher Sauerstoff- und
Kohlendioxidkonzentrationen bei niedrigen
pH-Werten zur respiratorischen Azidose und
Nephrokalzinose führen.

Der Ausnutzungsgrad geringer O_2-Gehalte
wird durch ausreichende CO_2-Spannungen
im Kiemenlamellenbereich verbessert. Die so
bedingten Wechsel von Alkalosen und Azidosen
verschärfen häufig die Schadwirkungen von
Ammoniak bzw. salpetriger Säure.

Größere Fische sind mit den atmungsregulatorischen Vorgängen in der Lage, trotz ungünstiger Umweltbedingungen bei erhöhtem Energieverbrauch die Lebensvorgänge lange aufrechtzuerhalten.

Temperatur

Die Wassertemperatur beeinflusst die Lebensvorgänge der Fische, die Wirkungen anderer Umweltfaktoren sowie die Widerstandsfähigkeit gegenüber Belastungen und Krankheitserregern fundamental. Koi können sich im Jahresverlauf an Wassertemperaturen von ca. 0,5 bis 30° C anpassen. Als optimal muss jedoch eine Temperatur von 23° – 25° C angesehen werden. Stark erhöhte oder sehr niedrige Wassertemperaturen bzw. extreme Temperaturwechsel können bei den Fischen zu Stressreaktionen, zu Schädigungen oder sogar zum Tode führen. Selbst Fischarten mit einer hohen Temperaturtoleranz vermögen sich nur bei einer allmählichen Abkühlung an niedrige Wassertemperaturen anzupassen. Plötzliche Temperatursenkungen um mehr als 10° C führen bei warmadaptierten Koi im Verlaufe von ein bis zwei Wochen zu Kälteschäden mit Haut- und Darmschädigungen, zu Wassersucht sowie zu symptomlosen Todesfällen (ALBRECHT 1974). Bei einer Temperatursenkung auf 3 bis 5° C verenden die Fische meist rasch am Kälteschock infolge einer Lähmung des Atemzentrums. Die Störungen durch zu schnelle Temperatursenkungen beruhen auf einer unzureichenden Anpassung der Isoenzyme zur Protein-, Glykogen- und Fettsynthese, die sich nur langsam auf niedrige Wassertemperaturen einstellen können und zugleich die Temperaturtoleranzgrenzen der Fischarten bestimmen (SCHÄPERCLAUS 1990). Um derartige Schädigungen zu vermeiden, sind bei der Umstellung der Fische von 10 bis 25° C auf 2 bis 4° C Anpassungszeiten von mindestens 23 bis 50 Tagen erforderlich (ALBRECHT 1974 SCHÄPERCLAUS 1990, SCHRECKENBACH et al. 1998). Es ist noch unklar, ob die Anpassung nach dieser Zeit völlig abgeschlossen ist.

An Temperaturerhöhungen können sich die meisten Fischarten unter hohem Energieverbrauch innerhalb von wenigen Stunden bis Tagen anpassen. So erfordert z. B. eine Temperaturerhöhung von 3° C auf 20° C innerhalb von vier Stunden bei Koi einen Verbrauch bis zu 50 % ihres Körperfettes in den folgenden 14 Tagen. Derartige Temperaturwechsel werden daher nur in größeren Abständen toleriert. Sind keine ausreichenden Energiereserven für die Temperaturanpassung vorhanden, sterben die Fische am Energiemangel (SPANGENBERG und SCHRECKENBACH 1984). Die Temperaturtoleranz wird somit entscheidend von der Kondition der Fische bestimmt. Verwirrend ist für den Koihalter in diesem Zusammenhang oft, dass diese Fische augenscheinlich gut genährt sind und keine Anzeichen einer Erkrankung besitzen und doch sterben.

Koi gelten zwar gemeinhin als Kaltwasserfische, doch wer sich näher mit diesen wunderschönen Tieren befasst, lernt sehr schnell, dass sich Koi bei Temperaturen von 23 – 25° C am wohlsten fühlen, sofern alle anderen Wasserparameter und im Besonderen der Sauerstoffgehalt stimmen. Nachfolgende Grafik veranschaulicht das:

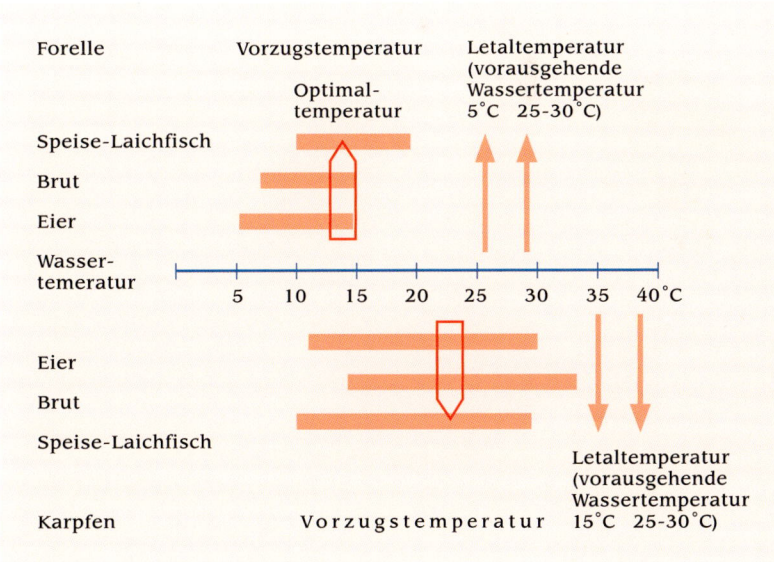

Bereiche der Vorzugs-, Optimal- und Letaltemperatur von Forelle und Karpfen

In einem unbeheizten Koiteich wird das Temperaturoptimum höchstens einen Monat im Jahr erreicht, oft liegen die Temperaturen über viele Monate unter 18° C. Verglichen mit der Wohlfühltemperatur wird deutlich, warum eine Teichheizung für hochwertige japanische Koi unumgänglich ist. Nur bei optimaler Wassertemperatur entwickeln sich die Koi entsprechend ihreR Möglichkeiten.

Neben den absoluten Temperaturen sind es vor allem die Temperaturschwankungen, die den Fischen zu schaffen machen. Wenn es beispielsweise im Januar plötzlich warm wird und sich der unbeheizte Teich auf 10-12° C erwärmt, werden die Fische munter, dann fallen die Temperaturen und der Teich kühlt sich wieder auf 4-6° C ab. Diese Erwärmung und Abkühlung kostet die Koi Energie, die sie auf Grund ihres bei niedrigen Temperaturen nur langsamen Stoffwechsels nicht bereitstellen können. Gerade kleine Koi können daran verhungern, was als Energiemangelsyndrom bezeichnet wird.

Die Temperaturschwankungen belasten auch das Immunsystem der Koi, sie werden dadurch anfälliger für Parasiten und krankmachende Bakterien.

Um Ihren Koi beste Bedingungen zu ermöglichen, sollten Sie den Teich von April/Mai an bei 18° C halten, ihn im Sommer für ein bis zwei Monate auf 20-23° C erwärmen und im Herbst möglichst lange bei 18° C halten. Ein zügiges Abkühlen innerhalb weniger Wochen auf 6° C ist dann kein Problem mehr. Wenn sich der Teich im Frühjahr auf Grund der Witterung aufheizt, sollten Sie die Heizung zuschalten, damit das Wasser eine Temperatur von 16° C erreicht. Bei diesem Temperaturmanagement bleiben die Fische am gesündesten.

Photosynthese

Bei der Photosynthese wird die Energie (in Form von Licht) unter Verwendung von Farbstoffen (Chlorophyll) absorbiert. Im zweiten Schritt erfolgt die Umwandlung in chemische Energie. Und im dritten Schritt wird die che-mische Energie für den Stoffwechsel zur Synthese organischer Verbindungen und für das Wachstum genutzt.

Der bei der Synthese neuer organischer Verbindungen benötigte Kohlenstoff stammt aus Kohlenstoffdioxid (CO_2). Photoautotrophe Organismen, zu denen z.B. alle Landpflanzen und Algen gehören, treiben mit ihrem Photosynthese-Stoffwechsel (direkt und indirekt) nahezu alle bestehenden Ökosysteme an, da sie mit der Fixierung von anorganischem CO_2 den Aufbau organischer Verbindungen betreiben.

Algen und Unterwasserpflanzen (Makrophyten) erzeugen am Tag Sauerstoff.

Der bei der Photosynthese freigesetzte Sauerstoff wird an das Wasser abgegeben. An sonnigen Tagen kann dieser Prozess an den Makrophyten beobachtet werden: Man erkennt, wie sich kleine Gasperlen an der Pflanze bilden und in Abständen zur Wasseroberfläche aufsteigen, besonders intensiv an einem abgebrochenen Blatt oder Stiel. Diese Bläschen bestehen allerdings nicht aus reinem Sauerstoff, sondern enthalten auch Stickstoff und andere Gase.

Bei Sonneneinstrahlung und ausreichend hoher Bestandesdichte der Algen und Wasser-

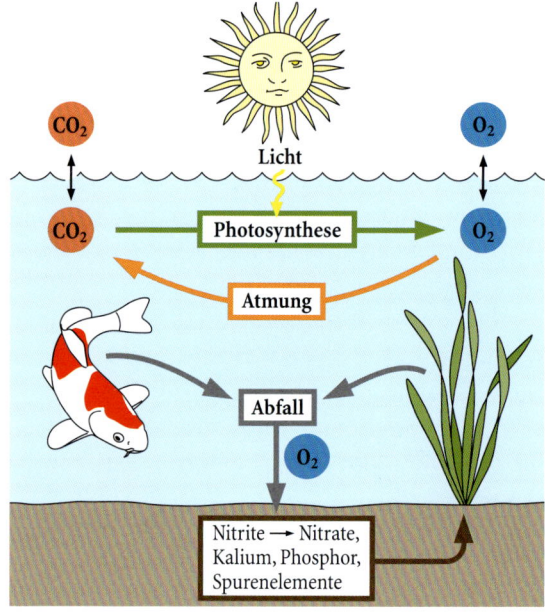

Diese Abbildung verdeutlicht die Abläufe im Koiteich.

pflanzen erreicht die Sauerstoffkonzentration des Wassers durch die Photosynthese höhere Werte, als in der Luft („Sättigung").

Der pH-Wert kann bei intensiver Photosynthese und massivem Algenvorkommen wegen des Verbrauchs an CO_2 ansteigen (bis über 9). Algen und Wasserpflanzen, die Hydrogencarbonat (HCO_3^-) verwerten können (z.B. *Zygenema*, *Spirogyra*), erhöhen den pH-Wert durch Abspaltung von Hydroxidionen lokal sogar bis 11. Das ist in gut besetzten Koiteichen mit entsprechender CO_2-Produktion durch das Abatmen der Fische eher unwahrscheinlich.

In der Nacht findet keine Photosynthese statt. Die Pflanzen schalten von der Assimilation zur Dissimilation um, wodurch Sauerstoff verbraucht wird.

Die für Japan typischen Mudponds zeichnen sich durch trübes Wasser mit zahlreichen Grünalgen aus.

Schwebealgen

Grünalgen, Kieselalgen, Goldalgen, Dinoflagellaten und andere werden unter dem Begriff Phytoplankton zusammengefasst. Wenn der Teich ohne eine UV-C-Lampe betrieben wird, dauert es je nach Jahreszeit und Sonneneinstrahlung einige Tage bis Wochen, bis der Teich grün wird.

Die Grünalgen bauen durch Photosynthese mit Hilfe von Licht aus Kohlendioxid und Nährstoffen ihre Körpersubstanz (Biomasse) auf (Primärproduktion). Das Phytoplankton ist die Basis der Nahrungspyramide in stehenden Gewässern.

Phytoplankton wird vom Zooplankton gefressen und VON vielen Tieren, die am Boden der Binnengewässer leben.

Alle planktischen Organismen, die keine Photosynthese betreiben, sondern sich von anderen Organismen ernähren, werden zum Zooplankton gezählt. Dabei wird zwischen herbivorem und carnivorem Zooplankton unterschieden. Zum herbivoren Zooplankton zählen jene Arten, die sich direkt vom Phytoplankton ernähren. Zooplankton, das sich von anderem Zooplankton ernährt, wird als carnivor bezeichnet. Diese Fraßbeziehungen sind in der Nahrungskette miteinander gekoppelt.

In Japan werden die Koi im Sommer in große Mudponds gesetzt. Wenn sie im Herbst gefangen werden, sind sie deutlich gewachsen und viel farbenprächtiger. Das liegt sicher an der „Naturnahrung" von Phyto- und Zooplankton, aber auch an den Mineralien, die die Koi in den Mudponds aufnehmen können. Das Plankton kann sich allerdings nur in Gewässern mit ausreichender Größe bilden.

Nichtsdestotrotz ist es von Nutzen, den Koiteich im Sommer grün werden zu lassen. Zum einen nehmen die Koi die Grünalgen auf, das ist gut für die Hautqualität, zum anderen filtern die Algen das UV-Licht der Sonne und schützen die Koi vor Sonnenbrand. In einem grünen Teich ist auch die Wundheilung am besten.

Belüftung von Koiteichen

Sauerstoff ist für alle heterotrophen Organismen und für die Pflanzen bei Dunkelheit lebensnotwendig. Er gelangt durch Eintrag aus der Luft und durch biogene Prozesse (Assimilation der Unterwasserpflanzen und des Phytoplanktons) ins Wasser.

In Koiteichen ist es auf Grund der geringen Wassermenge und des hohen Fischbesatzes in der Regel notwendig, mit technischen Mitteln den Sauerstoffwert auf einem für die Lebewesen notwendigen Niveau zu halten.

Wurde früher der Fokus bei der Teichbelüftung nur auf die Anreicherung mit Sauerstoff und die ausreichende Versorgung der Koi mit diesem gelegt, möchte ich auf den Aspekt der Teichbelüftung hinweisen. Teichbelüftung bedeutet Wasserbewegung und damit Gasaustausch:

▶ In einem natürlichen Gewässer strebt der Sauerstoffgehalt dem Normalwert zu, das heißt, dass sich der Sättigungswert einstellt. Dieser ist abhängig von der Wassertemperatur.

▶ Der Normalwert ist von der Wetterlage abhängig. Entscheidend sind Bewölkung, Luftdruck, Wind etc.

▶ Demgegenüber hat das Wasser einen Dampfdruck, der dem Gasdruck entgegenwirkt.

▶ Der Dampfdruck ist umso größer, je höher die Wassertemperatur ist. Daher kann wärmeres Wasser weniger Sauerstoff binden.

▶ Das bedeutet, dass die Löslichkeit des O_2 von der Wassertemperatur, der Bewölkung und dem Luftdruck abhängig ist.

▶ Beispiel: Luftdruck 1013 hPa
 – 20° C 9,09 mg/l O_2
 – 40° C 6,41 mg/l O_2
 – Auch Salze haben einen Einfluss auf die Löslichkeit.
 – 1 % NaCl reduziert die Löslichkeit von 9,09 auf 8,54 mg/l bei 20° C.

Bei großen Teichen und geringem Fischbesatz ist die Sauerstoffkonzentration in der Regel in Ordnung.

Die Atmung der Fische

Damit die Fische Sauerstoff aufnehmen können, ist die Druckdifferenz des Sauerstoffs beiderseits der trennenden Membran (Kieme) entscheidend.

▶ Je größer die Differenz ist, umso leichter können sie den Sauerstoff aufnehmen. Das geschieht zum einen durch die Blutzirkulation auf der Innenseite der Membran und zum anderen durch die ständige Erneuerung des Atemmediums (Wasser) auf der Außenseite durch Ventilation (mit Hife der Kiemenbewegung).

▶ Die Atmung erfolgt dabei immer über Diffusion, d.h. den Versuch eines Konzentrationsausgleiches durch das respiratorische Epithel (Kieme).

▶ Die Diffusion ist abhängig von der Dicke der Membran und deren Fläche.

▶ Für eine maximale Aufnahme von O_2 ist die Kieme sehr stark durchblutet und extrem dünn.

Durch zusätzliche Belüftung kann ein ausreichend hoher Sauerstoffwert gewährleistet werden.

Bedeutung des Sauerstoffs für den Koi:

▶ Vergleicht man die Atmung von Fischen mit der von Luft atmenden Tieren, stellt man gravierende Unterschiede fest. Luftatmer haben relativ stabile Verhältnisse von O_2 in der Atemluft.

▶ Im Wasser unterliegen die Gaskonzentrationen starken natürlichen Schwankungen durch biogene Prozesse (Assimilation der Unterwasserpflanzen).

▶ Trotzdem muss der Fisch für eine ausreichende O_2-Aufnahme sorgen und den respiratorischen Teil der Säure-Basen-Regulation zeitgleich erledigen.

▶ Für die Atmungsvorgänge im Koi ist nicht nur O_2 verantwortlich, sondern auch die Konzentration von CO_2 im Blut und im umgebenden Wasser.

▶ CO_2 beeinflusst den pH-Wert im Blut und damit die O_2-Bindung an das Hämoglobin.
  – Ist der Anteil von CO_2 zu niedrig, spricht man von respiratorischer Alkalose.
  – Ist der Anteil von CO_2 zu hoch, spricht man von respiratorischer Acidose.

▶ Normal ist ein Blut-pH von 7,6 – 7,8.

▶ Das Hämoglobin transportiert das aufgenommene O_2 in alle Körperregionen.

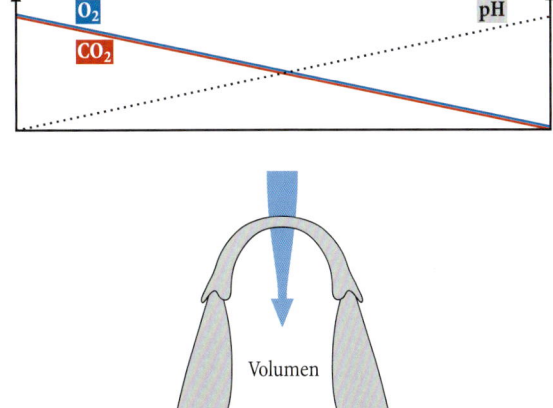

Diese Abbildung verdeutlicht die Atmungsvorgänge an der Kieme.

Dieser Teich wird mit Ausströmern belüftet.

▶ Das Blut verlässt mit einer 100 %igen O_2-Sättigung die Kiemen.

▶ Die Abgabe des Sauerstoffs im Gewebe des Fisches ist maßgeblich abhängig vom pH-Wert des Blutes:
Bei zu niedrigem CO_2-Gehalt führt dies zur verminderten Freisetzung von Sauerstoff und das, obwohl ausreichend Sauerstoff im Wasser ist!

▶ Auf dem Rückweg nimmt das Blut CO_2 und $NH4^+$ aus den Zellen auf und scheidet beides an den Kiemen aus.

Störung der Atmung

▶ Die Konzentration des CO_2 im Wasser wirkt über die Atmung (Diffusion/Konzentrationsgradient) direkt im Fisch, ohne dass der pH-Wert des Wassers von Bedeutung ist.

▶ Die Dreiecksbeziehung zwischen CO_2-Gehalt, pH-Wert und SBV wirkt über den pH-Wert des Wassers auf das Dissoziationsgleichgewicht von NH_3/NH_4^+ und damit auf die NH_3-Ausscheidung des Fisches, vereinfacht gesagt, bei hohem Ammoniak im Wasser kann der Fisch sein im Blut befindliches Ammonium nicht mehr abatmen.

▶ Störung des Blut-pH-Wertes (Acidose, Alkalose) macht sich besonders an den Kiemen bemerkbar:
  – Der chemische Reiz führt zu Abwehrreaktionen wie
    • geschwollenen Kiemen,
    • Zunahme der Schichtdicke des Kiemenepithels.
  – Daraus folgt eine längere Diffusionsstrecke und eine Veränderung der Strömungsverhältnisse in den Kiemen.
  – Veränderung des Gasaustausches.

▶ Führt zu idealen Bedingungen für Parasiten.

Wie Sie sehen, ist eine ausreichende Menge an Sauerstoff im Wasser nicht ausreichend, um die Atmung des Koi zu gewährleisten. Der CO_2-Gehalt entscheidet, wie leicht der Fisch das im Blut gelöste CO_2 abatmen kann. Gleiches gilt auch für Ammoniak!

Teichbelüftung

Für die Sauerstoffversorgung würde es theoretisch reichen, den Teich mit einem geringen Luftvolumen zu belüften. Allerdings erlangt man dadurch kaum Bewegung im Wasser und durch die mangelnde Wasserbewegung wird wenig CO_2 ausgetrieben. Dadurch kann es zu Störungen im Gasaustausch kommen, die zu einer Immunschwächung, schlechterer Futterverwertung und im schlimmsten Fall zu einer Erstickung (oder Eigenvergiftung) der Koi führen kann. Daher bietet sich ein High Blow an, um den Gasaustausch zu gewährleisten.

Ich belüfte den Teich und den Biofilter mit einem High Blow. Während des Sommers läuft eine kleine High Blow 40 über die Regelung und schaltet sich immer dann zu, wenn der Sauerstoffwert unter 6 mg/l fällt. Eine große High Blow 120 läuft immer für 15 Minuten. Nachts, zwischen 20 und 6 Uhr, ist sie ausgeschaltet und in der Mittagszeit zwischen 11 Uhr und 16 Uhr läuft sie permanent. Im Frühjahr und Herbst bei niedrigeren Wassertemperaturen belüfte ich entsprechend weniger.

Diese Belüftung über die Mittagszeit dient auch dazu, die Wasseroberfläche zu bewegen. Durch die Oberflächenbewegung wird das Sonnenlicht gebrochen und beschädigt die Fischhaut nicht so sehr. In der Mittagszeit füttere ich auch kein Schwimmfutter, damit die Rücken der Koi beim Fressen nicht der prallen Mittagssonne ausgeliefert sind.

Ausfall von technischen Geräten

Jedes technische Gerät kann einmal ausfallen. An Teichen, die mit Sauerstoff belüftet werden, ist normalerweise nur ein Sauerstoffkonzentrator angeschlossen. Fällt dieser aus, ist die Sauerstoffversorgung nicht mehr gewährleistet.

Wenn der Teich durch zwei High Blows belüftet wird, die an verschiedenen Stromkreisen hängen, ist es nicht so dramatisch, wenn einer kaputt geht oder eine Sicherung herausspringt, da der andere weiterarbeitet.

Koi kommen mit O_2-Werten von 5-6 mg/l gut aus. Ohne technische Belüftung lässt sich dieser Wert in einem Koiteich nur schwer halten.

Die Werte im kritischen unteren sowie im kritischen oberen Bereich sind auf Dauer für die Fische tödlich. Die eingeschränkten Bereiche überstehen gesunde Koi in guter Verfassung kurzfristig ohne Schaden.

Japanische Teiche

Die meisten Koizüchter und -halter in Japan haben keine Sauerstoffkonzentratoren an ihren Teichen. Bei meiner letzten Japanreise 2005 besuchte ich ungefähr 20 Koizüchter und keiner von ihnen hatte eine Sauerstoffbelüftung.

In der Nichirin wurde der Koiliebhaber Kenichi Ogata mit seinem 65-t-Teich für Jumbo Koi vorgestellt. Auch er hat keine Sauerstoffbelüftung, doch dafür nutzt er 3 High Blow 60, um den Fischen Bewegung zu verschaffen.

Fazit: Die Teichbelüftung dient dazu, dass der Teich mit ausreichenden Mengen Sauerstoff versorgt wird. Der Wert sollte im optimalen Bereich liegen. Des weiteren fördert sie den Gasaustausch durch ausreichende Wasserbewegung. Die Züchter der Koi benutzen immer noch und in erster Linie High Blows zur Teichbelüftung.

Eine Sauerstoffregelanlage ist sinnvoll, denn sie gleicht die tages- und nachtzeitlichen Schwankungen durch die biogene Sauerstoffproduktion aus. Stabile Werte mit geringen Schwankungen ermöglichen die Haltung vitaler Fische.

Mikrobiologische Wasserqualität

Der Lebensraum Wasser wird durch eine Vielzahl physikalisch-chemischer und biologischer Faktoren bestimmt. Eine Veränderung dieser Parameter hat immer auch Einfluss auf die

Karpfen	ME	kritischer unterer Bereich	eingeschränkter unterer Bereich	optimaler Bereich	eingeschränkter oberer Bereich	kritischer oberer Bereich
Sauerstoff O_2	mg/l	Bis 2	4...4,9	5,0...8,0*	31...35	bis 40
pH-Wert		Bis 5,5	6,0...6,9	7,0...8,3	8,4...10	bis 10,5
Kohlendioxid CO_2	mg/l	Bis 0,5	1...6	7...18	19...20	bis 25 je nach SBV
Stickstoff N	%/Sättigung	-	-	<100	100...103	bis 105
Ammoniak NH_3	mg/l	-	-	<0,02	0,02...0,1	bis 0,2
Salpetrige Säure HNO_2	mg/l	-	-	<0,0004	0,0004...0,001	bis 0,004
Nitrit NO_2	mg/l	-	-	<1,0	1,0...3,0	bis 5,0
Nitrat NO_3	mg/l	-	-	<200	200...300	bis 800

* Ich habe den Wert des Sauerstoffgehalts in der Tabelle geändert, weil ich es für gefährlich halte, wenn Werte über 10 mg/l im Wasser mittels Technik eingestellt werden.

Tabelle: Physiologische Ansprüche der Karpfen an die Umweltbedingungen (Schreckenbach et al. 1987, 2001)

Füttern Sie in Maßen: Die Koi sollen die Mengen vertilgen können, ohne dass sich Futterreste ablagern und vergammeln.

Bewohner des Lebensraumes. In Fischteichen können die Ursachen hierfür z.B. ungünstige Umweltbedingungen, minderwertiges Futter, falsche Fütterung, zu dichter Besatz, unpassende Kombination verschiedener Fischarten und vor allem eine schlechte Wasserqualität sein. Dies spiegelt sich in hohen Keimzahlen und dem vermehrten Auftreten von krankheitsverursachenden Mikroorganismen wider, die auf Dauer zu einer Beeinträchtigung des Gesundheitszustandes der Fische führen. Wie auch Trinkwasser bestimmte Voraussetzungen erfüllen muss, um für den Menschen genießbar zu sein, kann sich ein gesunder Fisch nur in einem entsprechend guten Wasser entwickeln.

Die Qualität des Wassers hängt neben den physikalisch/chemischen Bedingungen auch von den im Wasser vorkommenden Mikroorganismen ab. Ist deren Anzahl zu hoch oder treten bestimmte Krankheitserreger vermehrt auf, übersteigt dies die Abwehrkräfte der Fische und erhöht das Risiko ernster Erkrankungen.

Bestimmung der Keimzahl im Wasser

Der Keimdruck im Wasser ist das wichtigste mikrobiologische Kriterium für die Wasserqualität. Mit der Bestimmung der Koloniezahl (KBE/ml) werden die vermehrungsfähigen Keime nachgewiesen, die sich aus der zu untersuchenden Wasserprobe im sogenannten Plattengussverfahren bei einer festgelegten Bebrütungstemperatur innerhalb eines bestimmten Zeitraumes unter aeroben Bedingungen entwickeln.

Die Koloniezahl wird als Indikator für die organische Gewässerbelastung verwendet. Entsprechend dem Gehalt an organischen, bakteriell abbaubaren Substanzen steigt die Koloniezahl der saprophytischen Keime. Die Koloniezahl steht daher in direkter Beziehung zur Gewässergüte.

Nachweis von Indikatororganismen

Indikatororganismen sind Mikroorganismen, die aufgrund ihres Vorkommens, insbesondere durch die Häufigkeit ihres Auftretens, Rückschlüsse auf die Wasserqualität und Kontaminationen ermöglichen. Dazu gehören Enterobakterien, Aeromonaden, Pseudomonaden.

Enterobakterien
Die große Gruppe der Enterobakterien ist Teil der natürlichen Darmflora, die von den Fischen ins Wasser ausgeschieden werden. Viele Mitglieder dieser Bakteriengruppe sind medizinisch von großer Bedeutung, da sie unterschiedlichste Krankheiten auslösen oder übertragen können. Bei immungeschwächten Tieren können sonst „harmlose" Enterobakterien sogenannte opportunistische Infektionen auslösen, andere sind wiederum höchst aggressiv und lösen schwerwiegende Krankheiten aus, die zum Tod des Wirtsorganismus führen.

Aeromonaden/Pseudomonaden
Aeromonaden und Pseudomonaden sind natürlich vorkommende Umweltkeime, die in gerin-

gen Mengen stets in allen Binnengewässern vorhanden sind. Hohe Temperaturen mit gleichzeitig hohem Nährstoffangebot begünstigen die explosionsartige Vermehrung der Bakterien. Eine Massenentwicklung führt zu vermehrt auftretenden Wundinfektionen, da sich der Infektionsdruck im Wasser erhöht. Fleckenartige Hautrötungen, Ablösung der Schuppen und schwere Entzündungen sind die Folge.

Eine entsprechende Wasseranalyse sollte in jedem Koiteich im Frühjahr und im Sommer erfolgen. So hat man die Sicherheit, dass die Bedingungen optimal sind.

Stellt sich heraus, dass die Keimraten bzw. Bakteriendichten der krankmachenden Arten zu groß sind, muss gegengesteuert werden. Hier ist zunächst eine verbesserte Teichhygiene anzustreben.

Das kann bedeuten, dass die Rohre öfter gespült werden müssen, der mechanische und/oder biologische Filter öfter zu reinigen ist oder das Wasser häufiger gewechselt werden muss. Die Bakterien können sich auch in einem Pflanzenstreifen, in dem die Wasserpflanzen in Erde stehen, vermehrt haben oder an einer unzugänglichen Stelle, wo sich Futter abgelagert hat und sich zersetzt.

Können die oben genannten Ursachen ausgeschlossen werden, ist die Fischdichte vermutlich zu hoch. Trennen Sie sich von einigen Fischen oder installieren Sie eine größere UV-C-Lampe, die entkeimend auf das Wasser wirkt.

Abschließend sei noch einmal zusammengefasst: Koi sind als Karpfen sehr anpassungsfähig und können die Wasserwerte der Tabelle auf Seite 39 gut tolerieren.

Werden viele Fische auf engem Raum gehalten, besteht erhöhte Infektionsgefahr.

Schnelle Veränderungen

Was Koi jedoch gar nicht gut vertragen, sind schnelle Veränderungen eines Wasserparameters. So kann ein Wert, der unter normalen Umständen problemlos verkraftet wird, bei plötzlicher Veränderung zu großen Problemen bis hin zum Tod des Koi führen.

Veranschaulicht sei dies am Beispiel Sauerstoff. Werden Koi z.B. im Sommer bei Wassertemperaturen von 23° C und Sauerstoffwerten von 10 mg/l gehalten, führt ein Stromausfall zu erheblichen Problemen. Die Koi haben sich an den hohen Sauerstoffwert gewöhnt. Durch den Stromausfall und die hohe Wassertemperatur fällt der Sauerstoffgehalt in einem gut besetzten Koiteich schnell auf Werte um 5-6 mg/l ab. Die Fische, die an den hohen Sauerstoffgehalt im Wasser gewöhnt sind, leiden sofort an einer Sauerstoffunterversorgung!

Ermittlung der Wasserqualität

Die Wasserparameter sollten in regelmäßigen Abständen gemessen werden. So weiß man, ob sich das Teichwasser noch innerhalb der optimalen Grenzwerte bewegt oder ob man Maßnahmen ergreifen muss, um die Wasserqualität zu verbessern. Zur Ermittlung der Wasserparameter, die weiter oben beschrieben wurden, werden Chemikalien verwendet.

In der Regel werden ein oder zwei Chemikalien einer Wasserprobe zugeführt. Nach einer gewissen Zeit kann der Wasserwert abgelesen werden. Tröpfchenteste, die unter Zuhilfenahme einer Farbkarte einen Wert ermitteln, sind viel ungenauer, als eine Messung mit dem Photometer. Deshalb sollte nach Möglichkeit auf eine photometrische Messung zurückgegriffen werden, denn hier sind die Werte viel genauer.

Stimmen die Wasserwerte, danken es die Koi, indem sie wachsen und gedeihen.

Kontinuierliche Messsysteme

Über diese Messmittel hinaus gibt es kontinu-ierliche Messsysteme, hier vor allem für Sauer-stoff, pH-Wert, Leitwert und Redox. Eine Sau-erstoff- und pH-Regelung kann sehr hilfreich sein. Dem Photometer sollte jedoch der Vorzug gegeben werden, da mit ihm mehrere Werte ermittelt werden können. Die kontinuierlichen Messsysteme müssen regelmäßig kalibriert werden, damit sie genaue Werte anzeigen. Die Haltbarkeit der Elektroden differiert von Her-steller zu Hersteller. Länger als ein Jahr sollte keine Elektrode benutzt werden.

Wasserzusätze

Ein guter Koiteich kommt ohne Wasserzusätze aus. Wasserzusätze werden im Handel in einer unendlichen Anzahl angeboten, z.B. pH-minus, KH-plus, Torfprodukte, Rindenextrakte usw.

Generell unterscheidet man zwischen Mit-teln, die die Wasserqualität verbessern sollen, das sind die oben Genannten, und solchen, die z.B. gegen Fadenalgen eingesetzt werden.

Meiner Meinung nach kommt ein gut gefil-terter Koiteich ohne diese Produkte aus. Nur in Teichen mit sehr weichem Wasser ist eine Was-seraufhärtung notwendig.

Die Dosierung der Zusätze ist nicht ganz einfach, da das Wasser im Koiteich regelmäßig gewechselt wird. Man sollte je nach Wasserbe-lastung zwischen 10 und 30 % des Wassers pro Woche austauschen beziehungsweise das ver-dunstete ersetzen.

Gibt man einen Zusatz ins Wasser, kann man die Konzentration nach Wasserwechsel und Verdunstung nicht überprüfen. Daher weiß man auch nicht, wie viel nachdosiert werden muss. Bei Mitteln, die die Qualität verbessern sollen, ist das nicht so schlimm, doch bei Mit-teln gegen Fadenalgen spielt es eine Rolle.

Zudem kann es zu möglichen Wechselwir-kungen zwischen den Mitteln kommen, die auf Grund der unendlichen Vielzahl der Produkte nicht untersucht sind.

Die Wasserparameter werden regelmäßig mit Hilfe von Wassertestsets und Photometer überprüft.

Ein gut angelegter Teich läuft solide, macht weniger Arbeit und bereitet viel Freude.

KAPITEL 3
DER IDEALE KOITEICH

Ihr Teich fügt sich harmonisch in den Garten ein, große, farbenprächtige Koi schwimmen gesund und quietschvergnügt durch glasklares Wasser, die Pumpen arbeiten unsichtbar und leise schnurrend im Hintergrund, während Sie auf der Terrasse sitzen und den Anblick genießen können. Der Traum eines jeden Koihalters.

Überlegungen vor dem Baubeginn

Bevor Sie mit dem Teichbau beginnen, sollten Sie sich Zeit nehmen und Ihren Koiteich genau planen, um Fehler zu vermeiden. Ein guter Teich kostet sehr viel Geld und beim Bau gemachte Fehler sind im Nachhinein nur schwer zu beheben, wenn überhaupt.

Die Lage, Größe und Form des Teiches, die Auswahl der Baumaterialen, die Anlage der Filter und Pumpen – all das hat direkte Auswirkungen auf die Wasserqualität, die Gesundheit der Fische und den zeitlichen Aufwand an Wartungs- und Reinigungsarbeiten sowie die Kosten des Teiches, sowohl beim Bau als auch im Unterhalt. Und mal ehrlich, wer hat schon Lust, den Teich jede Woche aufwendig zu reini-

gen? Es macht doch viel mehr Spaß, am Teich zu sitzen und Fische zu füttern, als Filter auseinanderzunehmen. Lassen Sie sich von Ihrem Händler beraten und schriftlich garantieren, dass der Filter Ihrer Wahl mit dem von Ihnen gewünschten Zeitaufwand zu reinigen ist.

Geeignete Materialien

Überlegen Sie sich auch, aus welchem Material Ihr Teich gebaut werden soll. Zur Auswahl stehen unterschiedliche Folien (PVC, PE, PP, HDPE, Kautschuk uvm.), GFK-Materialien und Beton. Auf naturnahe Materialien wie Ton verzichte ich hier bewusst, weil sie sich nicht für Koiteiche eignen.

Ich persönlich favorisiere drei Möglichkeiten:
1. die günstige, aber durchaus langlebige Variante mit PVC-Folie (die Folie sollte 1mm stark sein),
2. einen gemauerten Teich, der mit GFK laminiert wird
3. oder einen gemauerten Teich, der mit thermisch verschweißter HDPE-Folie ausgelegt wird.

Diese Varianten halten ein Leben lang.

Bevor Sie den Teichbau in Angriff nehmen, sollten Sie genaue Vorstellungen über Lage, Form und Materialien haben.

Planung der Teichform und Teichgröße

Neben der eigentlichen Planung des Teiches sollte er sich auch harmonisch in das Gesamtbild des Gartens einfügen. Hier sind Ihre gestalterischen Fähigkeiten gefragt.

Wenn Sie nicht so kreativ sind oder Zweifel haben, können Sie sich von Fachleuten beraten lassen. Viele Garten- und Landschaftsbauer bieten Ihnen ihre Dienste an, um den Teich optimal in den Garten zu integrieren. Suchen Sie sich einen Fachmann für Koiteiche, der Sie bei der Planung unterstützt und das entsprechende Know how über Teiche, Bedürfnisse der Fische und Filteranlagen mitbringt. Denn Teich ist nicht gleich Teich. Eigentlich hat ein Koiteich nichts mit dem landläufigen Gartenteich gemein. Flachwasserzonen und üppiger Bewuchs sind bei einem Koiteich unerwünscht. Der Begriff Hälterungsanlage wäre passender.

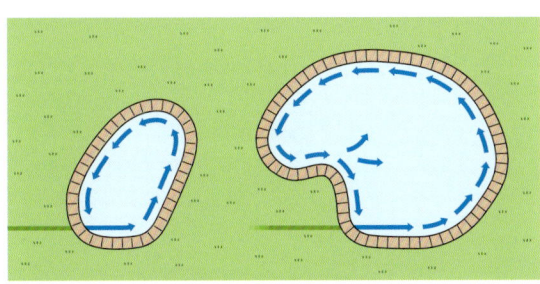

geeignete Beckenformen

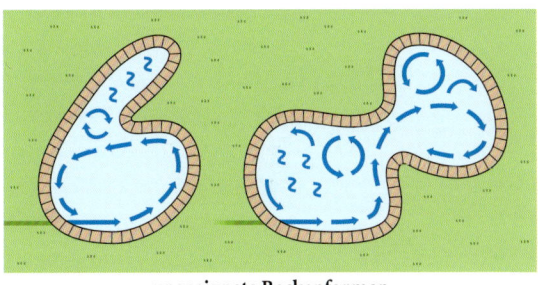

ungeeignete Beckenformen

→ Guter Wasserfluss   ⟨ Turbulenzen

Hier werden verschiedene Teichformen vorgestellt.

Die optimale Teichform

Die Teichform sollte so gewählt werden, dass sich eine kreisförmige Strömung einstellt. Diese Strömung kommt nur zustande, wenn der Teich eine runde, ovale oder leicht nierenförmige Form hat. Von sehr komplizierten Formen kann ich nur abraten, denn dadurch entstehen Turbulenzen und Verwirbelungen. Die Kreisströmung hat mehrere Funktionen: Sie sorgt dafür, dass sich die Koi bewegen müssen und die Fische mögen es. Zudem werden dadurch unerwünschte Wasserwirbel vermieden. Das ist wichtig, denn Wasserwirbel führen dazu, dass sich Schwebeschmutz absetzt und im Teich verbleibt. Eine gute laminare Strömung hält den Schmutz in der Schwebe.

Teichwände

Die Teichwände sollen senkrecht sein. Dadurch erhalten Sie mehr Wasservolumen und es wird verhindert, dass sich Reiher an Ihren Fischen vergreifen können. Reiher fischen, indem sie im Wasser stehen und blitzschnell mit ihrem Schnabel ins Wasser tauchen, um den Fisch zu erbeuten. Wenn keine Flachwasserzone vorhanden ist, hat der Reiher keine Möglichkeit, Fische zu fangen.

Die senkrecht abfallenden Teichwände haben den Nachteil, dass kaum Anpflanzflächen zur Verfügung stehen. Im Teichrand kann man Aussparungen für Pflanzen einplanen, Seerosen werden eingehängt. 90 % der Teichfläche sollten 2 Meter tief und nur 10 % 1 m tief sein.

Die Pflanzen im Teich sorgen für den Nitratabbau und produzieren bei Tageslicht Sauerstoff.

Pflanzen

Pflanzen sind eine wertvolle Unterstützung für den Koiteich, da sie das Wasser filtern und sich ansammelndes Nitrat und Phosphat in Biomasse umwandeln. Deshalb empfiehlt es sich, entweder einen Teil des Teiches als Pflanzenteich zu gestalten und für Koi unzugänglich zu machen oder einen reinen Pflanzenteich anzulegen, der durch einen Bachlauf mit dem Koiteich verbunden ist.

> Extra Wasserkreislauf
Wasserfall und Bachlauf sollten nicht in den Filterkreis einbezogen werden, sondern ein eigenständiges System bilden, das zur Zierde eingeschaltet werden kann, wenn es gewünscht ist.

Wasservolumen

Das zu erzielende Wasservolumen sollte man vorher wählen. In einer Umfrage auf www.koi-hobby.de wurden die Leser befragt, wie groß ihr Teich sei. Die meisten Stimmen entfielen auf weniger als 20 Kubikmeter, gefolgt von 20 bis

30 und weniger als 10 Kubikmeter. Aus Erfahrung kann man sagen, dass ein Koiteich nicht kleiner als 15 Kubikmeter sein sollte. Bewährt hat sich eine Größe zwischen 30 und 50 Kubikmetern. Die Teiche sind von den Wasserwerten stabil, bieten den Fischen ausreichend Platz und sind von den Kosten her noch gut zu tragen.

Bei steigendem Wasservolumen erhöhen sich auch die Kosten für Pumpenleistung, Heizung, Medikamentierung, Wasser etc. entsprechend. Große Teiche benötigen zudem geeignete Filteranlagen mit hoher Umwälzrate, die zudem mit einem erhöhten Volumenstrom zurechtkommen. Hier bietet der Handel keine vorgefertigten Lösungen, man ist auf individuell angefertigte angewiesen.

Die Randgestaltung

Bedenken Sie bei der Randgestaltung, dass Koi in der Saison zwischen drei- und fünfmal am Tag gefüttert werden. Da so viel gefüttert wird, damit alle Fische etwas bekommen, muss man aufpassen, dass sich das Futter nicht in unzugänglichen Ecken und Winkeln absetzt. Deshalb sollte der Teich so konzipiert werden, dass das Futter nicht zwischen Steine treibt und damit für die Koi unerreichbar ist. Sonst fängt es an zu faulen und verschlechtert die Wasserqualität.

Der Bachlauf

Viele wünschen sich einen Bachlauf oder einen Wasserfall. Das sieht zwar sehr schön aus, doch leider kühlt das Wasser dadurch zusätzlich aus. Demnach sollten Wasserfall und Bachlauf nur laufen, wenn die Außentemperatur mindestens so warm ist wie die Temperatur des Wassers. Beim Wasserfall wird oft das Plätschern beziehungsweise Rauschen unterschätzt. Manchmal stört es die Nachbarn, zum Teil sogar den Teichbesitzer selbst. Und ein imposanter Wasserfall, der die meiste Zeit ausgeschaltet ist, sieht nicht besonders gut aus.

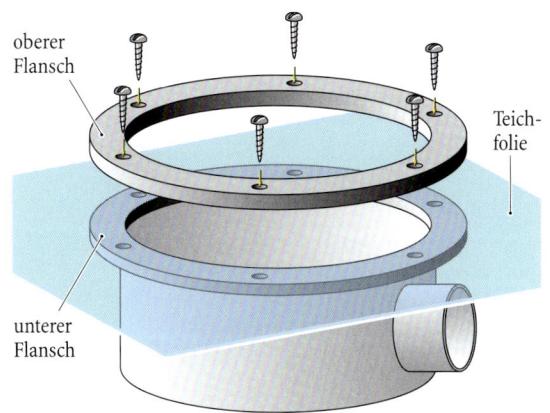

oberer
Flansch

Teich-
folie

unterer
Flansch

*Auf dieser Abbildung wird gezeigt, wie der Boden-
ablauf richtig eingebaut wird.*

Der Bodenablauf

Der Bodenablauf ist aus dem Koiteich nicht
mehr wegzudenken.

Viele, die mit einem Gartenteich beginnen,
behelfen sich, indem sie eine Tauchpumpe in
den Teich legen und über einen Schlauch einen
Filter betreiben.

Vorteilhaft ist, dass dieses Pumpsystem in
einen bereits bestehenden Teich eingesetzt werden kann. Allerdings sind Pumpe und Schlauch
zu sehen und der Schmutz wird in der Pumpe
zerkleinert, und lässt sich dadurch schwerer
entfernen. Ein Bodenablauf ist besser geeignet.
Das mit Schwebeschmutz behaftete Wasser
fließt über den Bodenablauf und den Skimmer
in den mechanischen Filter. Dahinter befindet
sich eine Pumpe, die das Wasser in den biologischen Filter drückt. Von dort wird es mit Hilfe
der Schwerkraft zurück in den Teich befördert.

Der Boden des Teiches

Der Boden des Teiches sollte ein leichtes Gefäl-
le in Richtung der Bodenabläufe haben. Bei
einer Teichgröße bis zu 20 Kubikmeter reicht
ein Bodenablauf aus, beinhaltet der Teich eine
größere Wassermenge, sind entsprechend mehr
Bodenabläufe angebracht.

Der Filterplatz

Jeder Koiteich benötigt ein gut funktionierendes Filtersystem. Gut geeignet sind Systeme,
bei denen das Wasser per Schwerkraft in den
Filter strömt. Der Filter wird auf Teichniveau in
die Erde eingelassen. Planen und bestimmen
Sie den dafür vorgesehenen Platz. Es ist nicht
einfach, die benötigte Filtergröße zu bestimmen, daher ist es sinnvoll, den doppelten Platz
zu reservieren um ggf. einen zweiten Filter
neben den ersten zu stellen. Meistens werden
es später mehr Fische, als zunächst geplant!

Der Teichbau in der Übersicht

Grundsätzlich sollte eine Koiteichanlage durch-
geplant werden. Dazu gehört die Festlegung
folgender Parameter:
- ▶ Lage des Teiches: sonnig, halbschattig,
  schattig, Baumbestand (Laubeintrag)
- ▶ Positionierung des Teiches zum Haus
- ▶ Höhe des Teiches über dem Bodeniveau
- ▶ Entfernung zu Strom, Wasser, Abwasser
- ▶ Stromanschluss, 230 V und 400 V
- ▶ Teichvolumen

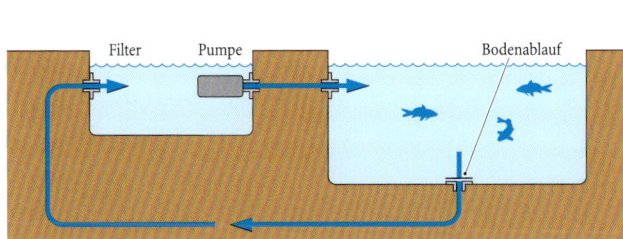

Diese Abbildung zeigt ein Schwerkraftsystem ...

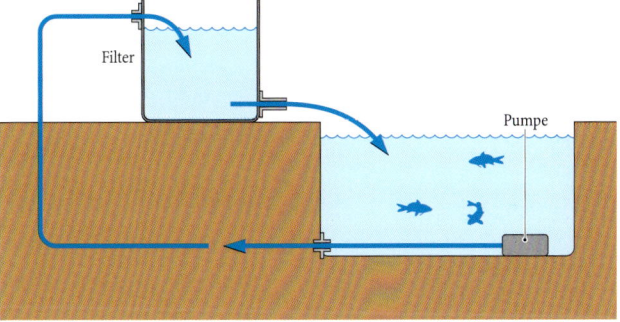

... und diese ein gepumptes System.

► Art der Teichheizung
► Frischwasserquelle
► Maximale Anzahl Koi, daraus resultiert die Wasserbelastung
► Möchte man in dem Teich auch schwimmen, eventuell kombinierter Koi - Schwimmteich.

Ebenso gehört dazu die Planung und Dimensionierung des Volumenstromes, der Rohrleitungen und der Filtergröße.

Erdarbeiten

Ist die Planung abgeschlossen, und es steht fest, wo der Teich und der Platz für die Filteranlage angelegt werden sollen, kann mit der Arbeit begonnen werden. Zuvor müssen Sie noch das spätere Wasserniveau festlegen, da sich alle Maße auf die spätere Teichwasseroberfläche beziehen.

Teich und Filterkeller werden ausgehoben. Beim Aushub stellt sich heraus, um welche Bodenstruktur es sich handelt. Von Sand bis Fels reicht die ganze Bandbreite, und nicht wenige Teichbauprojekte sind bei den ersten Spatenstichen gescheitert oder zumindest deutlich erschwert worden. Am ungünstigsten ist ein felsiger Untergrund, denn hier wird es schwierig, ein Loch in den Boden zu graben. Treffen Sie bei Ihren Grabungsarbeiten auf Fels, können Sie den Teich alternativ in die Höhe mauern, anstatt mühsam zu graben. Die gemauerten Teiche bezeichnet man als englischen Stil. Ihr Vorteil ist, dass man einen Rand hat, auf dem man sehr schön sitzen kann.

Aushub zum Auffüllen
Behalten Sie genug Aushub zurück, damit Sie später Material zur Verfügung haben, um Löcher aufzufüllen.

Der krasse Gegensatz zum Fels ist sandiger Boden. Er lässt sich zwar leicht graben, ist aber auch nicht ideal, weil das Loch mit starken Abböschungen erstellt werden muss, damit die Seitenwände nicht abrutschen oder einstürzen. Bedenken Sie auch, dass der Teich vielleicht einmal geleert werden muss. Dann darf er auch nicht einstürzen.

Der Aushub

Ein Wort zum Aushub: Bei der Planung wird oft das Volumen des Loches mit dem anfallenden Aushub gleichgesetzt. Dies führt dann zur Kostenkalkulation bezüglich der benötigten Container. Das Volumen des Aushubs erhöht sich jedoch durch das Graben, etwa um den Faktor 1,5, sodass mehr Container benötigt werden!

Isolierung und Bodenabläufe

Da für japanische Koi ein beheizter Teich sinnvoll ist, wird der Teichboden mit einer geeigneten Isolierung ausgelegt.

Nun platziert man die Bodenabläufe und legt die Rohre, die später unter der Teichsohle liegen werden. Je nach Form und Größe werden die Bodenabläufe positioniert, in den Boden eingelassen und bis hin zum Filter verrohrt.

Ich nehme grundsätzlich nur KG-Rohr zum Bau von Koiteichen. Sie sind preisgünstig und in jedem Baustoffhandel erhältlich. KG-Rohre sollten zwar laut Norm nicht als Wasserleitungen, die unter Druck stehen, verwendet werden, die Praxis hat jedoch gezeigt, dass das Rohrsystem bei fachgerechter Verlegung dicht ist. Vorteilhaft ist, dass keinerlei Klebearbeiten im Erdreich anfallen und dass es eine Vielzahl von Nennweiten und Bauteilen gibt, um alles optimal miteinander zu verbinden.

Bodenplatte und Mauerarbeiten

Dann wird die Bodenplatte gegossen. Ist diese fertig, beginnen die Mauerarbeiten. Die Teichwände werden senkrecht nach oben gemauert. Entweder werden die Rohre für Skimmer und

Rücklaufleitungen hinter diesen Mauern entlanggeführt oder sie wurden vorab unter der Bodenplatte verlegt. Beides ist möglich. Ca. 70 cm unter dem späteren Wasserniveau kommen diese dann in den Teich.

Die Mauern werden ebenfalls von außen mit einer geeigneten Isolierung gegen Feuchtigkeit und Wärmeleitung versehen.

So wird alles wasserdicht

Wenn die Wände fertig sind, gilt es, alles wasserdicht zu machen. Hier gibt es mehrere Möglichkeiten, die sich seit Jahren bewährt haben.

Abdichten mit Folie

Am einfachsten ist es, das erstellte Becken mit einer Folie auszulegen. So sind außer bei den Bodenabläufen und beim Skimmer keine Klebearbeiten erforderlich. Je nach Teichgröße und Teichform ist es allerdings gar nicht so einfach, die Folie zu verlegen und Falten lassen sich oft nicht vermeiden, die später beim Reinigen des Teiches stören könnten. Im Handel erhältlich sind Folien aus PVC, Kautschuk und PE. Es gibt sogar Hersteller, die Folien nach Maß anbieten. Diese sind zwar etwas teurer, aber man hat später weniger Falten im Teich. Mit etwas Übung und Geschick können Sie die Folie selbst verlegen.

Langlebiger ist HDPE-Folie. Sie wird in Bahnen geliefert und thermisch vor Ort verschweißt. Dazu brauchen Sie einen Fachmann, der Ihnen diese Arbeiten abnimmt. Dadurch ist es etwas teurer als die selbst verlegte PVC-Folie. Der Vorteil: Die Folie enthält keine Weichmacher, die an das Wasser abgegeben werden können. Auch der Faltenwurf wird vermieden. Solche Folien werden heute im Bereich der Deponieabdeckung eingesetzt und sind sehr lange haltbar.

Häufig werden Teiche mit Glasfaser verstärktem Kunststoff (GFK) abgedichtet. Dazu muss der Untergrund glatt sein. Er wird mit einer Grundierung bestrichen, die als Wasser-

1 *Zuerst wird die Teichform abgesteckt.*

2 *Dann wird ein Graben für den Ringanker erstellt und danach werden die Rohre verlegt.*

3 *Anschließend wird der Ringanker gegossen.*

4 *Im nächsten Schritt kann der Teich ausgehoben werden.*

5 *Nun wird der Bodenablauf verlegt.*

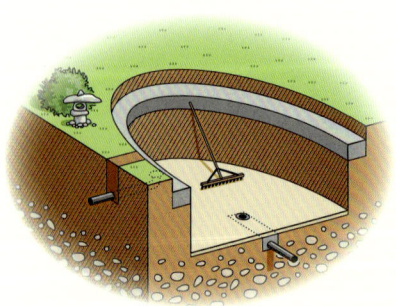

6 *Nun ist der Ringanker fertig. Der Boden wird geglättet und eventuell mit einem Vlies ausgelegt.*

7 *Als Nächstes wird die Folie verlegt. Befüllen Sie den Teich mit etwas Wasser, damit sich die Folie setzen kann.*

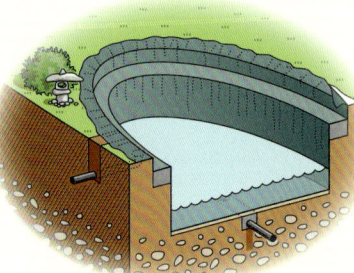

8 *Nun wird die Folie befestigt, das Wasser abgelassen und die restlichen Rohre verlegt.*

9 *Im letzten Schritt wird der Rand verkleidet und der Teich befüllt.*

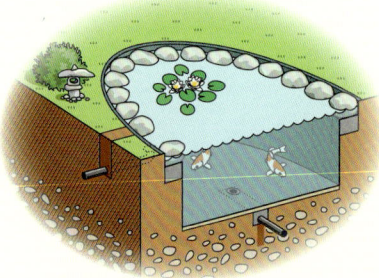

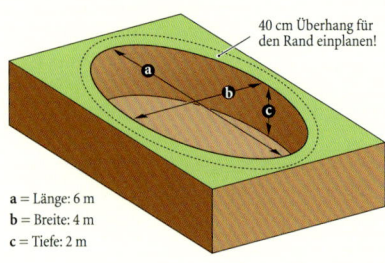

40 cm Überhang für den Rand einplanen!

10 *Diese Maße brauchen Sie, um den Bedarf an Teichfolie zu berechnen.*

a = Länge: 6 m
b = Breite: 4 m
c = Tiefe: 2 m

sperre gegen das Erdreich dient. Anschließend werden die einzelnen Lagen aus Glasfasermatten und Kunststoff darauf laminiert. Zum Schluss wird das ganze mit Topcoat versiegelt. Für die Randgestaltung einer Koianlage ist das sicher die beste Methode, den Teich abzudichten, weil dadurch die meisten Gestaltungsmöglichkeiten gegeben sind. Man kann den ganzen Teich anlegen und am Ende bis kurz über die Wasserlinie laminieren. Oder man laminiert ein Becken und setzt die Steine später.

Bei Feuchtigkeit treten beim Laminieren Probleme auf. Man muss darauf achten, dass die einschlägigen Verarbeitungsvorschriften eingehalten werden, sonst ist die Haltbarkeit gefährdet.

Ich werde hier nicht im Einzelnen auf die Verarbeitung der Folie und des GFK eingehen, dazu bekommen Sie beim Lieferanten zahlreiche Informationen, sodass Sie mit etwas handwerklichem Geschick selbst zu Werke gehen können.

Zusammenfassung: Ein Koiteich benötigt eine einfache runde Form, ein oder mehrere Bodenabläufe und Skimmer, einen Überlauf (für Starkregen), eine Frischwassereinspeisung und eine Belüftung (die wird später eingebaut).

Bei der Randgestaltung gibt es zahlreiche Möglichkeiten: zum Beispiel Pflastersteine.

Die Findlinge stabilisieren das Ufer und werden durch Bepflanzung aufgelockert.

Hier sorgen große Steine dafür, dass die Folie beschwert und verdeckt wird.

Randgestaltung

Hier gibt es viele Möglichkeiten. Je nach verwendeter Teichabdichtung ist die eine oder andere zu bevorzugen.

Schwimmteich

Kann man im Koiteich schwimmen? Warum nicht? Haben sich die Koi erst mal an die menschliche Gesellschaft gewöhnt, fressen sie dem Schwimmer sogar aus der Hand.

Wird der Koiteich offiziell als Schwimmteich gebaut, gibt es Bauvorschriften, die aus Sicherheitsgründen eingehalten werden müssen. Das betrifft die zulässige Wasserbelastung mit Keimen, aber auch Ausstiegshilfen und nicht zuletzt die elektrische Anlage.

Grundsätzlich sollte beim Bau eines Koiteichs immer eine Ausstiegsmöglichkeit eingeplant werden. Das muss nicht unbedingt eine Treppe sein, ein paar ins Erdreich modellierte Stufen tun es auch schon.

Unterwasserbeleuchtung

Bei einem Koiteich mit gemauerten Wänden können Sie auch Unterwasserscheinwerfer einbauen. Ob das die Koi stört, vermag ich nicht zu sagen. Wenn sie nicht jeden Tag angemacht beziehungsweise schon vor Einbruch der Dunkelheit eingeschaltet werden, glaube ich jedoch, dass es vertretbar ist. Es sieht auf jeden Fall wunderschön aus, wenn man an einem lauen Sommerabend auf der Terrasse sitzt und den Fischen zusehen kann.

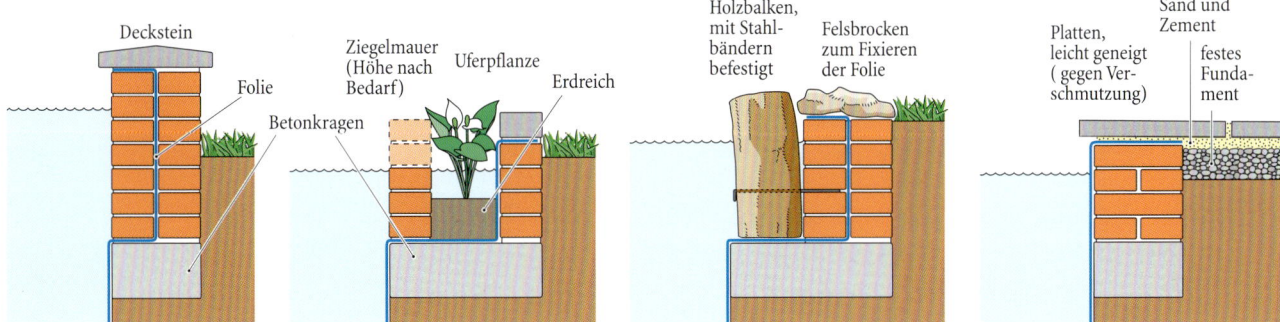

In dieser Abbildung werden verschiedene Möglichkeiten der Randgestaltung vorgestellt.

Filtersysteme

Das Filtersystem ist das Herz der Teichanlage. Es sorgt dafür, dass Schmutz herausgefiltert und schädliche Stoffe im Wasser durch Bakterien abgebaut werden. Der Handel bietet eine Fülle an Filtersystemen an.

Auch wenn der Wunsch verständlich ist, dem Filter möglichst wenig Platz im Garten einzuräumen, kann nur davor gewarnt werden, den Filter nach Platzbedarf auszuwählen. Kaufen Sie lieber auch kein Filtersystem, das gerade neu auf den Markt gekommen ist. Der Filter muss 365 Tage im Jahr zuverlässig funktionieren und das müssen neue Fabrikate erst beweisen.

Um den richtigen Filter auszuwählen, sind die nachfolgenden Parameter wichtig.

Die Umwälzrate

Bei einem Koiteich handelt es sich um eine Kreislaufanlage. Das heißt vereinfacht gesagt, dass das Wasser vom Teich durch den Filter und wieder zurück in den Teich fließt. Die Umwälzrate bezeichnet die Menge Wasser pro Zeiteinheit, mit der das geschieht. Früher wurde eine Umwälzrate von einmal in zwei Stunden empfohlen, das heißt, bei einem Teich von 20 m³ Inhalt sollen 10 m³ pro Stunde umgewälzt werden, in einem mit 40 m³ Inhalt wären es 20 m³ usw. Heute gibt es Erkenntnisse, dass eine höhere Umwälzrate z.B. von einmal pro Stunde besser ist. Um das zu verstehen, ist es wichtig, sich klarzumachen, wie die Wasserbelastung zustande kommt. Zum einen haben die Koi einen Grundumsatz, der zu einer annähernd konstanten Wasserbelastung führt. Diese ist nach einer Anpassungsphase des Filters mit nahezu jeder Umwälzrate abbaubar. Zum anderen kommt die Wasserbelastung durch die Fütterung der Koi hinzu. Dies geschieht mehrfach am Tag und führt zu einer sprunghaft ansteigenden Wasserbelastung, die in Systemen mit hoher Umwälzrate deutlich schneller abbaubar ist. Dabei laufen die biologischen Prozesse besser ab, aber auch weil mehr Strömung im Teich entsteht, die zu einem besseren Abtransport des Schwebeschmutzes führt. Ein Filtersystem mit hoher Umwälzrate kann kleiner ausfallen, als eines mit geringer. Fazit: Mit hoher Umwälzrate geplant, kommt das System besser mit Schwankungen zurecht und ist somit stabiler. Wenn Sie allerdings Ihr System mit einer niedrigen Umwälzrate konzipiert haben, können Sie es im Nachhinein nicht einfach umrüsten.

Der auszuwählende Filter muss die Umwälzrate auch bewerkstelligen können. Für kleine Teiche gibt es eine ganze Reihe Filter, die mit 10 bis 15 m³ pro Stunde betrieben werden können, bei Filtern mit höheren Leistungen wird die Auswahl geringer. Das bedeutet, dass Sie bei größeren Teichen mehrere Filter parallel betreiben oder den Filter selbst bauen sollten. Gehen Sie keine Kompromisse ein, später sind diese nur noch mit viel Aufwand und Geld korrigierbar.

Wichtig: Es ist immer möglich, ein System, das mit einer hohen Umwälzrate betrieben werden kann, mit einer kleinen laufen zu lassen, umgekehrt funktioniert das nicht.

Checkliste zum Filterkauf

1. Teichgröße X in m³, daraus resultierende Umwälzrate X in m³/h
2. Gewünschter Fischbesatz
3. Reinigungsaufwand des Filtersystems, täglich, wöchentlich oder vollautomatisch?
4. Elektrische Pumpenleistung?

Der Trommelfilter eignet sich als mechanischer Filter hervorragend.

Die Kontrollstation des Teiches: eine professionelle Mess- und Regelanlage.

Wartungsaufwand

Filtersysteme unterscheiden sich erheblich in ihrem Wartungsaufwand. Es gibt Systeme, die so konzipiert sind, dass sie jeden Tag, manchmal sogar zweimal am Tag, gereinigt werden müssen. Auf der anderen Seite gibt es Systeme, die vollautomatisch arbeiten. Der Teichbesitzer muss sich vorher darüber klar werden, was er in Hinblick auf die Kosten und auf den Zeitaufwand investieren möchte.

Grundsätzlich sollten Sie ein Filtersystem vorziehen, bei dem das Teichwasser über Schwerkraft in den mechanischen Filter fließt. Je größer die Schmutzpartikel bleiben, umso leichter lassen sie sich entfernen. Wenn das Wasser zum mechanischen Filter gepumpt werden muss, wird der Schmutz automatisch zerkleinert, ein Teil löst sich sogar im Wasser.

Verrohrung

Bei der Planung der Teichanlage sollten Sie immer die Unterhaltskosten berücksichtigen. Die Förderung von Wasser benötigt Energie und bei den heutigen Stromkosten macht es einen erheblichen Unterschied, ob man den Teich mit 500 Watt pro Stunde betreiben kann, oder ob man 1 kW und mehr benötigt.

Hier ein Beispiel:
► alte Anlage vor Umbau: 35 m³, 5 m Rohrleitungen 110 Rohrdurchmesser
► Beadfilter UB 140
► Pumpe ITT Marlow 1,4 kW, UV-C-Lampe
► Maximale Pumpenleistung 27 m³
► ausgeliterte Pumpleistung 15 m³/h
Nach dem Umbau:
► neue Anlage 93 m³, Rohrlängen 18 m, Rohrdurchmesser 200 und 150
► Schwerkraftsystem mit Trommelfilter
► Umwälzrate etwa 100 m³/h mit zwei Rohrpumpen á 250 Watt

Durch die Auswahl der geeigneten Rohre wurde der Rohrwiderstand so weit gesenkt, dass das größere Volumen mit einer sparsameren Pumpe gefördert werden konnte. Das ist jedoch nur bei einem Neubau möglich! In Altanlagen kann man den Volumenstrom nur durch größere Pumpen erhöhen, verbunden mit erheblich höheren Stromkosten.

Pumpen

Jede Pumpe hat eine sogenannte Pumpenkennlinie. Diese ergibt sich aus der maximalen Förderhöhe und dem maximalen Volumenstrom, den die Pumpe fördern kann.

Wenn Höhen überwunden werden müssen, geht das zu Lasten der Fördermenge. Will man die Fördermenge bei gegebener Höhe steigern, muss man eine größere Pumpe wählen oder die Widerstände der Rohrleitungen durch ein Vergrößern des Rohrquerschnittes vermindern.

Das Fördervolumen unterliegt bestimmten physikalischen Gesetzmäßigkeiten. Jede Pumpe hat eine maximale Förderhöhe. Wird diese überschritten, liegt der Volumenstrom bei null, das heißt, die Pumpe schafft es nicht mehr, den Widerstand zu überwinden.

Man kann diese Widerstände berechnen. In die Berechnung fließen der Querschnitt der Rohre, die Rohrform und der gewünschte Volumenstrom ein. Für die Auswahl der Pumpe muss zu dieser errechneten Verlusthöhe noch die geodätische Höhendifferenz addiert werden.

Zusammenfassung:

▶ Wasser unterliegt in einer Rohrleitung und Einbauteilen einer Reibung.
▶ Diese Reibung wird umgerechnet in eine sog. **Verlusthöhe**.
▶ Die Höhe der Reibung ist abhängig vom Volumenstrom, d.h. die Menge, die pro Zeiteinheit umgewälzt werden soll, und der Länge der Rohrleitung.
▶ Je größer die Rohrleitung (Nennweite), umso geringer die Reibungsverluste und damit die Verlusthöhe.
▶ Die Verlusthöhe steigt stark an, wenn die Leitungen Winkel aufweisen.
▶ 90° Bogen DN 50 Verlusthöhe bei 15 m³/h 0,1m
▶ 90° Winkel DN 50 Verlusthöhe bei 15 m³/h 0,3 m

Beispielrechnung zur Ermittlung der Verlusthöhe: 15 m Rohrleitung, 5 x 90° Winkel, Volumenstrom 15 m³/h

1.) Verlusthöhe einer 32er Leitung ca. 19 m, das bedeutet, dass bei einer Sequenz 17 000 nichts mehr ankommt.
2.) Verlusthöhe einer 50er Leitung ca. 3,6 m, das bedeutet, dass bei einer Sequenz 17 000 nur ca. 9 000 l ankommen.

3.) Verlusthöhe einer 100er Leitung ca. 0,2 m, das bedeutet, dass bei einer Sequenz 17 000 annähernd 17 000 l gefördert werden können!

Zu den Verlusthöhen durch Einbauteile und Rohrleitung kommt in der Regel auch immer noch eine geodätische Höhendifferenz. Ebenfalls hinzu kommen die Verlusthöhen durch Einbauteile wie UV-C-Lampen.

Mechanische Filter

Es gibt mehrere Filtersysteme, um den Schwebeschmutz herauszufiltern. Dabei sind Systeme vorzuziehen, bei denen die Abtrennung des Schwebeschmutzes separat von der biologischen Filterung erfolgt.

Der Vortex

Eines der ältesten Filtersysteme für Schwebeschmutz ist der Vortex.

Ein Vortex ist ein zylinderförmiger Behälter mit einem konischen Boden, an dessen Ende ein Auslauf ist. Das Wasser fließt vom Teich über eine tangentiale Öffnung in den Filter hinein. Es entsteht eine Drehbewegung des

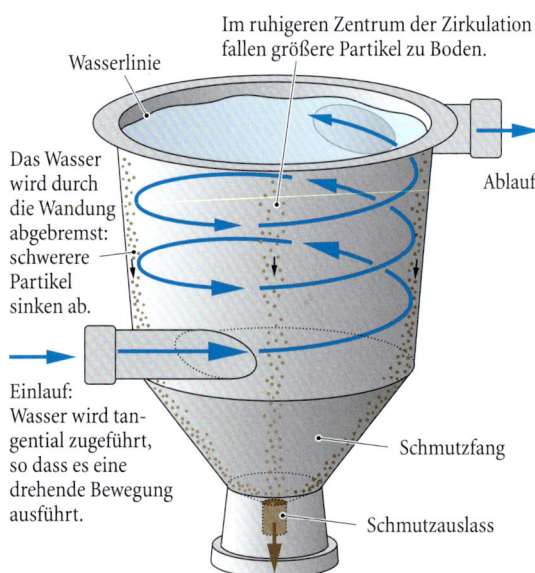

Im ruhigeren Zentrum der Zirkulation fallen größere Partikel zu Boden.

Wasserlinie

Das Wasser wird durch die Wandung abgebremst: schwerere Partikel sinken ab.

Ablauf

Einlauf: Wasser wird tangential zugeführt, so dass es eine drehende Bewegung ausführt.

Schmutzfang

Schmutzauslass

In dieser Abbildung wird die Funktionsweise eines Vortex-Filters erklärt.

Wassers, die außen langsamer ist als in der Mitte. Die im Wasser befindlichen Schwebestoffe werden nun nach außen getrieben und sinken dort langsam ab. Im Idealfall sinken sie in die Mitte des Konus. Oben ist ein Auslauf in die nächste Kammer angeordnet, durch den das nun von Schwebeteilchen gereinigte Wasser in die nächste Kammer fließen kann.

Wenn der Durchmesser des Vortex groß genug ist und das Wasser langsam fließt, funktioniert er sehr gut. Um den abgelagerten Schmutz aus dem Filter zu bekommen, muss der Vortex abgelassen werden. Da sich der Schmutz nicht nur in der Mitte absetzt, sondern auch auf den Wänden des Behälters hängen bleibt, kommt man meist nicht umhin, das ganze Wasser aus dem Vortex abzulassen und das können schnell ein paar Kubikmeter sein – aus Kostensicht nicht optimal. Oftmals sind die Vortexe zu klein, oder werden zu klein gewählt, weil es an Platz mangelt.

Die Absetzkammer

Die Absetzkammer funktioniert nach einem ähnlichen Prinzip wie der Vortex. Hier handelt es sich um ein langes Becken, durch das das Wasser langsam hindurchfließt.

Die Schwebeteilchen sinken zu Boden und lagern sich ab. Die langsame Fließgeschwindigkeit des Wassers ist für die optimale Funktion der Absetzkammer entscheidend. Nachteil: Die Reinigung der Kammer ist noch schwieriger als beim Vortex.

Die Bürstenkammer

Zusätzlich zum Vortex oder zur Absetzkammer, aber auch manchmal ausschließlich, wird die Bürstenkammer als mechanischer Filter verwendet. Es handelt sich um eine Kammer, die mit Bürsten gefüllt ist.

Diese Kammer kann horizontal oder vertikal durchströmt werden. Die Bürstenkammer arbeitet ganz hervorragend, doch leider ist es eine Drecksarbeit, die Bürsten wieder zu reinigen.

Ein weiterer Nachteil: Man sieht den Dreck nicht so gut. Und Schmutz, den man nicht sieht, macht man oft nicht weg. Das kann zu gesundheitlichen Problemen der Koi führen.

Spaltsiebe

In den letzten Jahren haben sich die Spaltsiebe bei den mechanischen Filtern durchgesetzt, und das zu Recht. Beim Spaltsieb fällt das Wasser durch ein Sieb. Das Sieb ist so konstruiert, dass es den Schwebeschmutz weitgehend zurückhält. Das saubere Wasser wird dann mittels Pumpe oder Schwerkraft der nächsten Kammer zugeführt.

Zwar muss man das Spaltsieb einmal am Tag reinigen, aber die Arbeit ist mit wenigen Handgriffen innerhalb kurzer Zeit erledigt. Idealerweise installieren Sie hinter dem Spaltsieb zusätzlich noch eine Bürstenkammer, um auch die feinen Schwebeteilchen herauszufiltern.

Die Umwälzraten der Spaltsiebe sind eher begrenzt, in der Regel ist bei 10-15 m³/h Schluss. Zu Beginn lässt das Sieb mehr Wasser durch, aber mit zunehmender Betriebsdauer setzt es sich mit kleinen Algenpartikeln zu

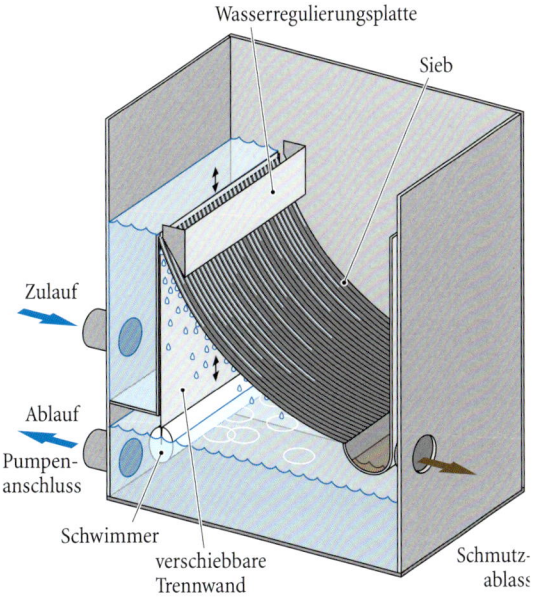

In dieser Abbildung wird das Spaltsieb dargestellt.

Filter benötigen Platz. Mit etwas Geschick kann man sie in die Terrasse integrieren.

Trommelfilter im Detail. Wer ein selbstreinigendes Filtersystem möchte, sollte sich für einen Trommelfilter entscheiden.

und auf der Unterseite des Spaltsiebes bildet sich ein dichter Bakterienrasen, der den Durchlass des Wassers verringert.

Der Beadfilter

Zur Vervollständigung wird noch der Beadfilter als mechanischer Filter erwähnt.

Unter der Beadschicht sammelt sich der Schwebeschmutz, der durch Ablassen des Beadfilters entfernt werden soll. Leider bleiben meistens Rückstände, die im Hinblick auf die biologische Filtration, die ebenfalls in diesem Filter stattfindet, für Probleme sorgt. Zudem kann man den Zustand des Filters schlecht kontrollieren, da es schwierig ist, hineinzuschauen.

Pflegeaufwand

Die bisher genannten Filter funktionieren alle, allerdings ist je nach Schmutzanfall eine tägliche Reinigung von Hand bzw. Entfernung des Schmutzes nötig. Ist man dazu bereit, spricht nichts dagegen, sich für eines dieser Systeme zu entscheiden.

Wenn Sie ein System möchten, das Ihnen die Handreinigung erspart, sollten Sie sich für einen Trommel- oder Vliesfilter entscheiden. Beide arbeiten vollautomatisch bei geringstem Wasser- und Stromverbrauch.

Der Vliesfilter

Der Vliesfilter arbeitet mit einem Papier- oder Textilvlies. Das Wasser wird durch das Vlies geleitet. Mit zunehmender Verschmutzung des Vliesstoffes steigt der Wasserstand an. Dies steuert den Weitertransport des Stoffes. Nachteile des Filters sind die Kosten für das Filtergewebe und der daraus resultierende Abfall, der entsorgt werden muss. Auch diese Systeme werden industriell eingesetzt, was einen zuverlässigen Betrieb garantiert.

Der Trommelfilter

Beim Trommelfilter fließt das Wasser durch ein feinmaschiges Siebgewebe aus Kunststoff. Ist ein gewisser Verschmutzungsgrad erreicht, wird die Trommel gedreht und von außen mit Wasser gespült. Unterhalb des Düsenstockes befindet sich eine Schmutzwasserrinne, durch die der Schmutz in den Kanal abläuft. Die Vorteile des Filters liegen in den geringen Betriebskosten, dem geringen Wartungsaufwand und der Anpassung an nahezu jede Teichgröße beziehungsweise Umwälzrate. Zudem braucht er relativ wenig Platz. Allerdings sind die Anschaffungskosten recht hoch. Wenn Sie die tatsächliche Umwälzrate als Entscheidungskriterium zugrunde legen, ist die Preisdifferenz bei Teichen über 30 m³ längst nicht so hoch, wie es

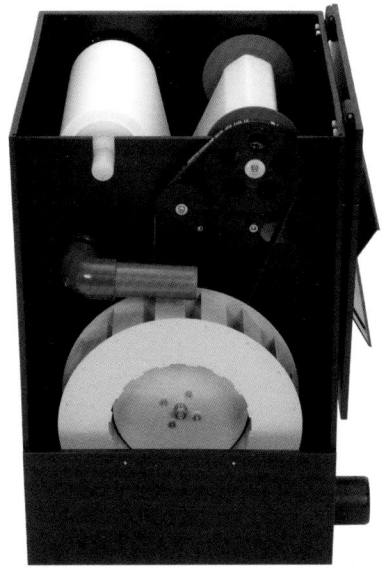

Der Papierfilter kombiniert die mechanische und biologische Reinigung.

auf den ersten Blick erscheint. Spaltsieb, Vortex und Co müssen auch recht groß sein oder mehrfach geschaltet werden (Platz und Kosten). Und wenn Sie ein wartungsfreies, selbstreinigendes Filtersystem möchten, ist der Trommelfilter das Nonplusultra.

Biologische Filter

Der biologische Filter wandelt die giftigen Stoffe der Ausscheidungsprodukte der Koi in ungiftiges Nitrat um. Dies geschieht mit Hilfe von Bakterien. Die Bakterien benötigen eine Ansiedlungsfläche, Nahrung (Futter und Umwälzrate), eine entsprechende Wassertemperatur, den passenden pH-Wert und Sauerstoff, um optimal arbeiten zu können.

Nitrifikation

Als Nitrifikation bezeichnet man die bakterielle Oxidation von Ammoniak (NH_3) bzw. Ammonium-Ionen (NH_4^+) über Nitrit (NO_2^-) zu Nitrat (NO_3^-).

Die Nitrifikation ist ein Teilprozess des Stickstoffkreislaufs. Das durch die Fische freigesetzte Ammoniak bzw. Ammonium wird durch nitrifizierende Bakterien in zwei Schritten zu Nitrat oxidiert. Dazu ist Sauerstoff (O_2) aus der Umgebung erforderlich.

Im ersten Schritt nehmen Nitritbakterien (Nitrosofizierer, z.B. der Gattungen Nitrosomonas, Nitrosospira oder Nitrosococcus) aus der Umgebung Ammoniak auf und oxidieren ihn zu Nitrit-Ionen, die nach außen abgegeben werden:

$$NH_3 + 1\frac{1}{2}\, O_2 = NO_2^- + H^+ + H_2O$$

Im zweiten Schritt nehmen Nitratbakterien (Nitrifizierer, z.B. der Gattungen Nitrobacter, Nitrospira oder Nitrococcus), die mit den Nitritbakterien vergesellschaftet auftreten, die Nitrit-Ionen auf und oxidieren diese zu Nitrat-Ionen. Diese Art der Symbiose ist zwingend erforderlich, da das im ersten Schritt gebildete Nitrit in höheren Konzentrationen toxisch wirkt und zur Selbstvergiftung führen würde, wenn es nicht durch Nitrifizierer weiteroxidiert würde. Nach Ausscheidung der Nitrat-Ionen stehen diese den Pflanzen als stickstoffhaltiger Mineralnährstoff zur Verfügung:

Bei der Nitrifikation fällt ein Sauerstoffverbrauch von 4,33 g O_2 je g NO_3-N an. Es wächst Nitrifikatenbiomasse im Ausmaß von 0,24 g CSB je g NO_3-N. 1,42 Gramm CSB (Chemischer Sauerstoffbedarf) entsprechen einem Gramm organischer Trockenmasse.

Die Nitrifikation ist mit einer Produktion von Säure (H^+-Bildung) verbunden, der pH-Wert wird abgesenkt. Das belastet die Pufferkapazität des Wassers und kann das Wasser versäuern. Da Nitrifizierer nur im neutralen bis leicht alkalischen Bereich stoffwechseln, kann durch die Versäuerung die vollständige Umwandlung des fischtoxischen Ammoniums/Ammoniaks in Wasser verhindert werden, dies geschieht regelmäßig beim Einfahren einer neuen Teichanlage, wo ein hoher Nitritwert die zweite Stufe der Nitrifikation behindert.

Bakterien sterben relativ schnell ab. Es muss sichergestellt werden, dass die abgestorbene Biomasse mit der Wasserströmung aus dem biologischen Filter entfernt wird. Sonst verschlammt der Filter und kippt irgendwann um. Mit Umkippen ist das schlagartige Absterben des biologischen Filters mit der daraus resultierenden schlechten Wasserqualität des Teiches gemeint.

Der Verschlammungsprozess schreitet im Übrigen auch fort, wenn der mechanische Filter nur unzureichend arbeitet, denn dann gelangt der Schwebeschmutz aus dem Teich in den biologischen Filter. Überprüfen Sie die Filter regelmäßig.

> ### Leistungsfähigkeit der Filterbakterien
> *Die Leistungsfähigkeit der Filterbakterien ist neben dem Sauerstoffgehalt auch stark abhängig von der Wassertemperatur!*

Temperaturoptimum

Filterbakterien arbeiten bei einer Temperatur von 25-35° C am besten. Dann haben sie den höchsten Stoffwechsel und können am meisten Schadstoffe abbauen. Im Frühjahr, Herbst und Winter ist der Stoffwechsel der Bakterien stark herabgesetzt und hört bei etwa 10° C ganz auf. D.h., dass für die Berechnung der Filtergröße die Jahreszeit gewählt werden sollte, in der die Leistungsfähigkeit der Bakterien am geringsten ist. Deshalb sind die Angaben der Filterhersteller mit Vorsicht zu genießen, da sie sich meistens auf die optimalen Bedingungen im Sommer beziehen.

Theoretisch könnte man die Größe eines biologischen Filters berechnen, wenn man die Wasserbelastung, die Temperatur, den Sauerstoffgehalt und den Wert einiger weiterer Wasserparameter wüsste, doch meistens fehlen diese Werte. Als Faustregel gilt: Wählen Sie den Biofilter doppelt so groß wie vom Hersteller des Filters empfohlen.

Hier ein paar Eckdaten, die bei einem eingefahrenen Filter, Wassertemperaturen von ca. 20° C und ausreichend Sauerstoff normalerweise ausreichen! Grundlage für diese Angaben ist eine Futterrate von 2 %/kg Körpergewicht/Tag.

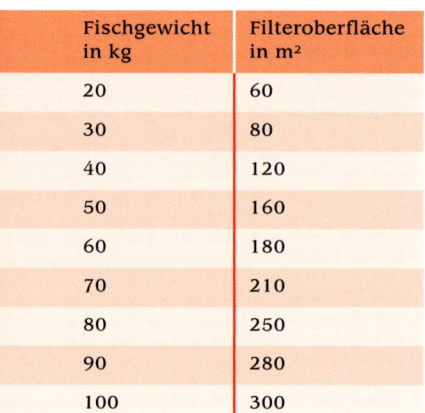

Fischgewicht in kg	Filteroberfläche in m²
20	60
30	80
40	120
50	160
60	180
70	210
80	250
90	280
100	300

Damit der Oberflächenbedarf ermittelt werden kann, benötigt man das Fischgewicht. In der Regel baut man den Filter vor dem Fischkauf. Die folgenden Angaben sind zwar ungenau, reichen aber für eine Überschlagsrechnung aus.

Größe (cm)	Gewicht (g)	Größe (cm)	Gewicht (g)
10	15	45	1300
13	45	50	2400
15	70	55	3000
20	150	60	4000
30	350	65	5500
35	600	70	7000
40	900	80	11000

Mit diesen Informationen ist es möglich, den Oberflächenbedarf näherungsweise zu ermitteln. Allerdings sollte der Fischzuwachs schon frühzeitig eingeplant werden. Berechnen Sie also die Größe des Filters bei maximal geplantem Fischbesatz oder wählen Sie ein Filtersystem, das ohne Probleme erweitert werden kann.

Viele Koifreunde wählen wohlmeinend das Material mit der größten Oberfläche, bedenken jedoch nicht, dass die Nitrifikation nur im sauerstoffreichen Milieu (aerob) stattfindet. Materialien mit sehr großen Oberflächen haben oft einen Teil dieser Oberfläche im Innern. Spätestens nach dem Absterben der ersten Bakterien setzen sich die inneren Poren zu, der nötige Sauerstoff gelangt nicht mehr dorthin, und somit kann auch keine Nitrifikation mehr stattfinden. Dimensionieren Sie den Filter großzügig und wählen Sie ein Filtermaterial, das etwa eine Oberfläche zwischen 300 und 500 m²/m³ hat. So ist gewährleistet, dass eventuell abgelagerter Schwebeschmutz wieder hinausgeschwemmt wird, aber auch, dass abgestorbene Biomasse aus dem biologischen Filterteil entfernt wird. Nur so hat ein Biofilter, wenn er eingefahren ist, eine konstante Leistung. Im Zweifel ist das gröbere Filtermaterial das bessere.

Mehrkammerfilter benötigen zwar Platz, aber man kann sie gut und kostengünstig selbst bauen.

Filtermaterial und Oberfläche Referenzwerte		
Bürsten in dichter Packung	100	m²/m³
Rohrabschnitte 80 mm	100	m²/m³
Kies 20-40 mm	120	m²/m³
Rohrabschnitte (Durchmesser 4 cm)	127	m²/m³
Rohrabschnitte 40 mm	130	m²/m³
HDPE-Lamellenstangen 70 mm	140	m²/m³
Japanmatte	210	m²/m³
Fasermatten	230	m²/m³
Flocor	230	m²/m³
HDPE-Lamellenstangen 40 mm	270	m²/m³
Kies 10-20 mm	280	m²/m³
Schaumstoff grob	300	m²/m³
Schaumstoff mittel	450	m²/m³
Schwimmbettfiltermaterial	500	m²/m³
Schaumstoff fein	700	m²/m³
HDPE-Lamellenstangen 17 mm	770	m²/m³
Pellets im Bubble Bead Filter	1300	m²/m³
Siporax	210000	m²/m³

Die Oberblächenangaben sind Herstellerangaben.

Der Mehrkammerfilter

Der Mehrkammerfilter ist sicherlich das am meisten verbreitete Filtersystem für Koiteiche.

Seine Leistung wird durch die Menge an Wasser, die pro Stunde hindurchfließen kann, begrenzt. Der Mehrkammerfilter alter Ausführung ist ein Festbettfilter. In den einzelnen Kammern können die unterschiedlichsten Filtermaterialien verwendet werden. Sie sind fest angeordnet und werden vertikal oder horizontal durchströmt. Fertige Mehrkammerfilter gibt es für Umwälzraten bis 20 Kubikmeter pro Stunde sowohl als gepumpte aber auch als Schwerkraftsysteme. Weil dieses Filtersystem so häufig eingesetzt wird, hat es ein sehr gutes Preis-Leistungs-Verhältnis. Den Mehrkammerfilter kann man auch selbst bauen, da er aus mehreren hintereinander geschalteten Becken besteht, durch die das Wasser entweder vertikal oder horizontal strömt. Das hat den Vorteil, dass Sie die Becken besser an die räumlichen Möglichkeiten anpassen können. Wichtig ist ein großer Durchmesser von Kammer zu Kammer.

Nexusfilter

Beim Nexusfilter handelt es sich um einen Schwimmbettfilter. Wie der Name schon sagt, bewegt sich das Filtermedium im Wasserstrom. Diese Filter sind Komplettsysteme, die sich sowohl für gepumpte als auch für Schwerkraftsysteme eignen. Die Umwälzrate ist mit etwa 10 m³ nicht besonders hoch, sodass der Einsatz auf eher kleine Teiche begrenzt bleibt. Der Vorteil dieser Filtersysteme: Einmal eingefahren arbeiten sie mit konstanter Leistung, denn ein Verschlammen des Materials ist nicht möglich. Auch abgestorbene Bakterien werden unvermittelt vom Trägermaterial entfernt.

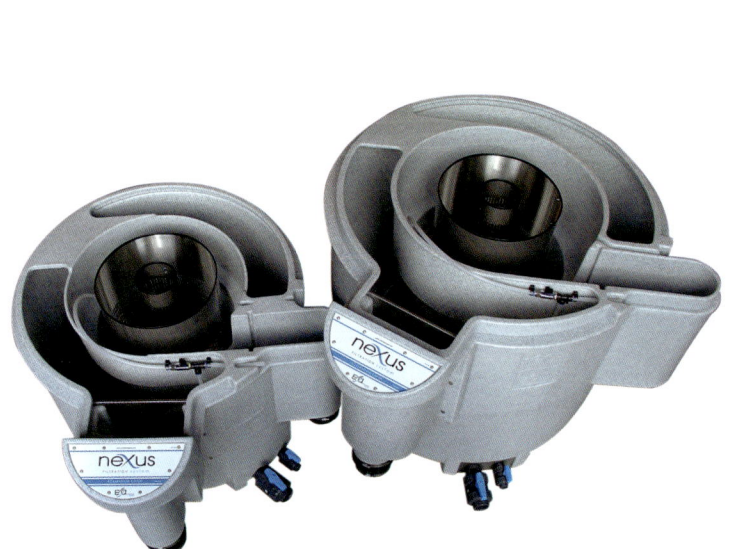

Der Nexusfilter ist ideal geeignet für kleinere und mittlere Teiche.

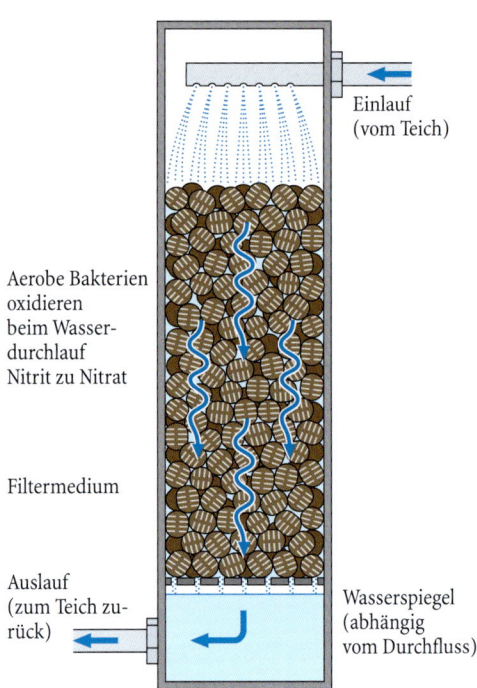

Einlauf
(vom Teich)

Aerobe Bakterien
oxidieren
beim Wasser-
durchlauf
Nitrit zu Nitrat

Filtermedium

Auslauf
(zum Teich zu-
rück)

Wasserspiegel
(abhängig
vom Durchfluss)

Diese Abbildung stellt die Funktionsweise eines Rieselfilters dar.

Der Rieselfilter

Rieselfilter sind Systeme, bei denen das Wasser von oben durch eine Säule aus Filtermedium rieselt. Dies sind oftmals Kunststoffträger, aber auch Lava, Aquarock und Kiesel finden Verwendung. Rieselfilter haben den Vorteil, dass auf jede zusätzliche Belüftung verzichtet werden kann. Das von oben einströmende Wasser ist mit Luft angereichert und befördert diese zum Filtermaterial. Rieselfilter sind zudem sehr unempfindlich gegen Störungen. Da das Filtermaterial nicht im Wasser steht, stirbt es auch nicht gleich ab, wenn das System einmal steht. Nachteil dieser Filter: Das Wasser muss entsprechend hoch gepumpt werden und die Filter sind laut. Der Rieselfilter ist leicht selbst zu bauen. Ein 300er KG-Rohr, 2 m lang, wird unten mit einem Deckel versehen, seitlich ein Auslauf gebohrt und von oben ein Zulauf, das Ganze wird mit Lava in der Körnung 30-40 mm gefüllt und fertig ist der Rieselfilter. Besser eignet sich ein Kunststoffmedium mit 200 bis 300 m^2/m^3.

Der Patronenfilter

Bei Patronenfiltern wird das Wasser von außen nach innen durch Patronen gesogen. In den verschiedenen Schichten der Filterpatronen siedeln sich entsprechend der dort ankommenden Stoffe unterschiedliche Bakterien an. Im Idealfall findet im Patronenfilter nicht nur die Nitrifikation sondern auch die Denitrifikation statt. Der Patronenfilter hat jedoch auch einige erhebliche Nachteile: Zunächst ist sein Bau recht aufwendig. Durch seine Bauform braucht er mehr Pumpenleistung als andere Filter. Ist die Umwälzrate nicht optimal auf die Anzahl der Patronen abgestimmt, wird der Sog zu groß und Schwebeschmutz wird in die Patronen gesaugt und verstopft diese. Im Idealfall soll die Durchströmung so langsam sein, dass der Schmutz außen an den Patronen herunterrieselt. Doch anschließend liegt er unter den Patronen und muss aufwendig entsorgt werden. Patronenfilter werden für die angestrebten Umwälzraten bei Teichen ab 30 m^3 recht groß, ein weiterer Nachteil.

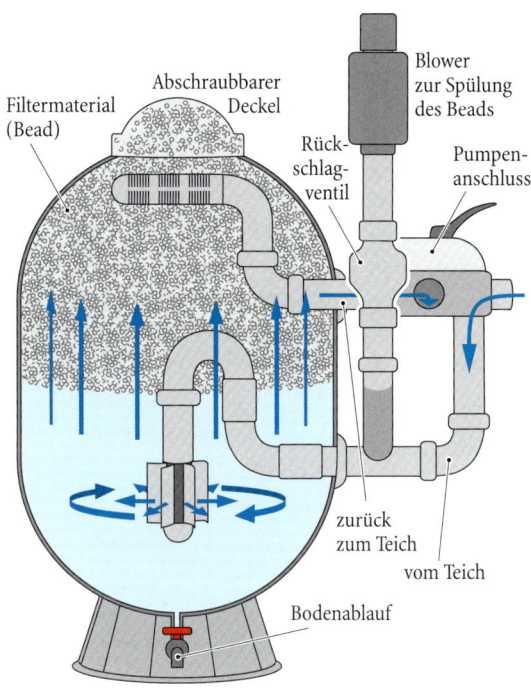

Filtermaterial (Bead) — Abschraubbarer Deckel — Blower zur Spülung des Beads — Rückschlagventil — Pumpenanschluss — zurück zum Teich — vom Teich — Bodenablauf

In diesem Schema wird beschrieben, wie der Bead-filter funktioniert.

Der Beadfilter

Seid einigen Jahren sind Beadfilter im Handel erhältlich. Hierbei handelt es sich um ein tonnen- oder fassförmiges Gehäuse, das zu etwa 30 % mit einem 3-5 mm starken Kunststoffgranulat gefüllt wird. Im Betrieb schwimmt das Kunststoffgranulat vor dem Auslass des Filters. Das Teichwasser muss durch das Material und wird dabei von Schwebstoffen gereinigt. Auf dem Trägermaterial bildet sich ein Biofilm, der den Abbau der Schadstoffe übernimmt. Dabei hängt die Leistungsfähigkeit von der Umwälzrate und dem Anteil an Schwebeschmutz ab. Je höher der Anteil an Schwebeteilchen, umso schwieriger wird die Nitrifikation. Ein großer Nachteil dieser Filtersysteme besteht darin, dass man kaum die Möglichkeit hat, sich vom Verschmutzungsgrad im Inneren zu überzeugen. Zudem benötigt ein Beadfilter bei vorgegebener Umwälzrate die größte Pumpenleistung verglichen mit den vorherigen Systemen, was bei den heutigen Stromkosten sicher zu überlegen ist. Allerdings brauchen sie kaum Platz.

Der Schwimmbettfilter

Am einfachsten und wahrscheinlich auch am preiswertesten ist es, sich eine Filterkammer zu mauern und mit Folie auszukleiden. Diese sollte ca. 10 % des Teichvolumens haben. Wichtig ist, dass der Wasserstrom eine drehende Bewegung im Biofilter erzeugt, dies führt dann zu einer Drehbewegung des Filtermaterials. Gefüllt wird er mit einer ausreichenden Menge schwimmfähigen Filtermaterials und fertig ist der selbstgebaute Schwimmbettfilter.

Im Handel wird eine Fülle an Filtersystemen angeboten, sodass die Entscheidung schwer fällt. Egal, für welches Sie sich entscheiden, Sie sollten nicht das Kleinste nehmen und auf eine ausreichende Durchflussrate achten, schließlich soll der Teichinhalt einmal pro Stunde durch den Filter. Wenn Sie ein größeres nehmen, haben Sie ein wenig Puffer.

> **Händlergarantie**
> *Lassen Sie sich schriftlich bestätigen, dass das Filtersystem zu Ihren Anforderungen passt. Dann haben Sie auch die Möglichkeit, zu reklamieren, falls es nicht klappt.*

UV-C-Systeme

Durch UV-Bestrahlung des Wassers kann die Keimrate auf ein gesundes Maß gesenkt werden und die Entstehung von Schwebealgen, die zu grünem Wasser führen, unterbunden werden. Voraussetzung ist eine weitgehende Partikelfreiheit des Wassers.

Durch eine geeignete Vorfiltration ist eine Transmission von 90 bis 98 %/cm zu erzielen. Unter Transmission ist das Durchdringungsvermögen der Strahlung durch das Wasser gemeint. Nur in klarem Wasser ist diese so groß, dass Bakterien und Schwebealgen abgetötet werden können. Die Wirksamkeit einer UV-C-Lampe in einem Koiteich hängt von folgenden Parametern ab:

▶ Beckeninhalt

▶ Besatz mit Fischen nach Anzahl und Größe

▶ Bepflanzung des Beckens

▶ Nährstoffeintrag aus der Umgebung

▶ Umwälzrate

In der Regel werden keine mikrobiologischen Anforderungen gemäß EG-Badewasserverordnung an den Beckeninhalt gestellt, es sei denn, es handelt sich offiziell um einen Schwimmteich. Die Umwälzung des Beckeninhaltes ist auf die Belastung nach Maßgabe der oben genannten Parameter abzustimmen. Bei hoher mikrobiologischer Belastung sollte eine höhere Umwälzrate gewählt werden.

Die UV-Lampenleistung ist nicht entscheidend, um die mikrobiologische Belastung zu verringern, sondern die installierte UV-Dosis in J/m², die die jeweilige Durchflussleistung und Transmission des Wassers berücksichtigt. Diese sollte bei einer Transmission von 90 %/cm mindestens 700 J/m² betragen. In der Praxis hat sich eine zehnfache Umwälzung des Beckeninhaltes pro Tag als Richtwert bewährt. Bei einer höheren Umwälzleistung, wie im Koiteich üblich, kann die Bestrahlung entsprechend niedriger ausfallen.

Hinzu kommen noch unterschiedliche Techniken wie Hochfrequenz- und Niederfrequenz-UV-C, Hochdruck und Niederdrucklampen. Im Folgenden werden die Funktionen und Einsatzgebiete erläutert.

Wirkung der UV-Lampe
Die Auswahl und Wirkung einer UV-Lampe hängt von vielen Faktoren ab.
◇ Wasserdurchsatz
◇ Wassertemperatur
◇ Strömungsgeschwindigkeit
◇ Wasserverschmutzung mit Schwebstoffen
◇ Abstand des Wassers zur UV-Quelle
◇ Alter der Lampe
◇ Leistung der Lampe
◇ Technik der Lampe

UV-C-Systeme sorgen dafür, dass die Keimrate gering bleibt und sich weniger Algen bilden.

Hochfrequenz-UV-C

Hochfrequenz UV-C bezeichnet keine Lampenart, sondern bezieht sich auf die Ansteuerung der Röhre. Hier handelt es sich um ein anderes Netzteil, das die Röhre schonender ansteuert, bei ansonsten gleicher Strahlungsintensität. Daraus resultiert eine etwas erhöhte Lebensdauer der Röhre. Das Bestrahlungsergebnis ist das Gleiche wie bei einer konventionell angesteuerten Röhre.

Hochdrucklampen

Quecksilberdampf-Hochdrucklampen haben zwar einen nennenswerten Anteil an kurzwelligem UV-Licht (Wirkungsgrad ca. 10-15 %), doch sie strahlen auch viel mehr mittel- oder langwelliges UV sowie sichtbare Strahlung ab. Ihre Ausbeute ist für die Bakterientötung nicht optimal. Es werden große Leistungen benötigt, wenn man ein gutes Ergebnis erzielen möchte.

Niederdrucklampen

Anders ist es bei der Quecksilber-Niederdruckentladung. Als Primärstrahlung entsteht fast ausschließlich eine Spektrallinie bei 254 nm und liegt somit im Maximum der Bakterientötung mit einem Wirkungsgrad von ca. 30 %. Durch ein geeignetes Kolbenglas muss dafür gesorgt werden, dass die Strahlung möglichst ohne Schwächung nach außen tritt.

Die Firma Philips hat ein Patent darauf, ein Glas herzustellen, das diese Strahlung durchlässt. Die Philips TUV-Lampen aus klarem Spezialglas entsprechen den bekannten Leuchtstofflampen und werden genau wie diese an einer Drosselspule betrieben und mit Starter gezündet. Seit Anfang 1989 sind diese Lampen mit einer speziellen Innenbeschichtung versehen, die das Einlagern von Stoffen der Lampenfüllung in das Lampenglas verhindert (sozusagen das Blindwerden von innen). Damit erreicht man eine außergewöhnlich hohe Lebensdauer von teilweise über 8 000 Stunden bei geringem Strahlungsrückfall.

TUV-Lampen

Wie bei allen Entladungslampen besteht auch bei TUV-Lampen ein Zusammenhang zwischen Temperatur und UV-Ausbeute. Die HG-Niederdruck-Resonanzlinie 253,7 nm wird dann erzeugt, wenn der richtige Dampfdruck im Entladungsrohr herrscht. Dieser Druck richtet sich praktisch nur nach der Temperatur und stellt sich bei einer Umgebungstemperatur von ca. 20° C ein. In einem offenen System beträgt die Kolbentemperatur etwa 40° C. Der Dampfdruck richtet sich immer entsprechend einem physikalischen Gesetz nach der kühlsten Stelle der Lampe (und sei diese noch so klein). Zu hohe oder zu niedrige Temperatur führen insoweit zu Dampfdruckänderungen und daher zu niedrigeren UV-Ausbeuten.

Die Wahl der Lampe

Achten Sie beim Kauf einer UV-Lampe darauf, welche Röhre darin ist. Handelt es sich um eine Niederdruck- oder um eine Hochdruckröhre? Um das gleiche Strahlungs-, und damit Entkeimungsergebnis zu erzielen, benötigen Sie bei einer Niederdruckröhre z.B. eine elektrische Leistung von 55 Watt, 30 % Strahlungsleistung davon entsprechen 16,5 Watt. Bei einer Hochdruckröhre brauchen Sie für 16,5 Watt Strahlungsleistung sage und schreibe 110 Watt elektrischer Leistung.

Die Lebensdauer der Röhren beträgt 8000 Betriebsstunden, danach geht die Strahlungsleistung deutlich zurück und die Lampe sollte ausgewechselt werden.

Als Faustregel gilt, dass eine UV-C-Lampe mit 55 Watt für einen Teich mit 30 m³ ausreicht, um diesen an einem halbschattigen Standort von Grünalgen freizuhalten, an einem sonnigen Standort benötigen Sie eine 110-Watt-Lampe. Wie viel UV-C-Leistung für die Entkeimung des Wassers benötigt wird, hängt von den oben schon beschriebenen Parametern ab. Es ist sinnvoll, im Frühjahr, sobald die Wassertemperatur bei 18° C angelangt ist, eine Wasseranalyse machen zu lassen. Sie kostet etwa 50 €. Anschließend wissen Sie genau, wie stark das Wasser belastet ist. Ist die Keimbelastung zu hoch, sollten Sie die UV-C-Leistung erhöhen. Wählen Sie die UV-C-Lampe mit möglichst großem Querschnitt, um den Volumenstrom so wenig wie möglich zu reduzieren. Ich favorisiere Tauchlampensysteme mit einer Amalgamlampe. Sie hat eine ca. 30 % höhere Leistung als die herkömmlichen Philipslampen und schränkt den Volumenstrom nicht ein.

Tauchlampensysteme schränken den Volumenstrom nicht ein und haben eine hohe Leistung.

Pflanzenfilter

Unter einem Pflanzenfilter versteht man einen Filter, in dem die Pflanzen und deren Substrat die komplette biologische Reinigung übernehmen. Diese „Kleinkläranlagen" werden häufig in Gegenden eingesetzt, die keinen Anschluss an das öffentliche Kanalnetz haben.

Für Koiteiche sind diese Anlagen ungeeignet, weil Pflanzenkläranlagen diskontinuierlich beschickt werden und der Durchfluss durch diese Anlagen sehr langsam erfolgt.

Ein Pflanzenfilter für Koiteiche hat eine andere Aufgabe, er soll Nitrat und Phosphat aus dem Teich filtern. Deshalb ist er höchstens als Ergänzung zum oben genannten biologischen Filter zu sehen.

Im einfachsten Fall wird neben dem Teich oder an einem anderen geeigneten Platz ein flaches Becken ausgehoben. Nach Möglichkeit eher länglich, um eine möglichst lange Verweilzeit in diesem Becken zu gewährleisten. In dieses Becken werden nun entsprechende Pflanzen gesetzt, die Nitrat und Phospat in Biomasse umwandeln. Geeignete Pflanzen sind z.B. Rohrkolben, Flatterbinse, Schwertlilien, Schilf und Flechtbinse.

Der Pflanzenfilter sollte mit einer eigenen Pumpe versorgt werden und im Bypass während der Wachstumsperiode betrieben werden. Wachsen die Pflanzen nicht, macht es keinen Sinn, Wasser durch den Filter zu pumpen.

Ob man die Pflanzen nun in Körbe setzt oder ob man das ganze Becken mit feinkörnigem Kies füllt, ist Geschmackssache und ändert nichts an der Wirksamkeit des Filters. Erde sollte allerdings nicht als Substrat verwendet werden.

Belüftung

Die Belüftung gehört zum Teichbau, weil sie sinnvoll in das System eingepasst werden muss.

Der Belüftung kommen zwei Aufgaben zu:
► 1. das Wasser mit Sauerstoff anzureichern,
► 2. und Stickstoff sowie Kohlendioxyd auszutreiben.

Koiteiche müssen belüftet werden, um die Sauerstoffversorgung der Fische zu gewährleisten. Des Weiteren benötigt der Biofilter Sauerstoff, um richtig zu arbeiten. Fehlt dieser, können die Bakterien den Abbau der Stoffwechselprodukte nur noch unzureichend oder nicht mehr bewerkstelligen.

Ob diese Belüftung mit einem Belüfter erfolgt oder ob ein Sauerstoffkonzentrator nötig ist, hängt von der Wasserbelastung und der Wassertemperatur ab. Der Belüfter hat den Nachteil, dass er die Umgebungsluft ansaugt und ins Wasser drückt, diese hat nur einen Sauerstoffanteil von 21 %. Ein Sauerstoffkonzentrator konzentriert den Sauerstoff der Umge-

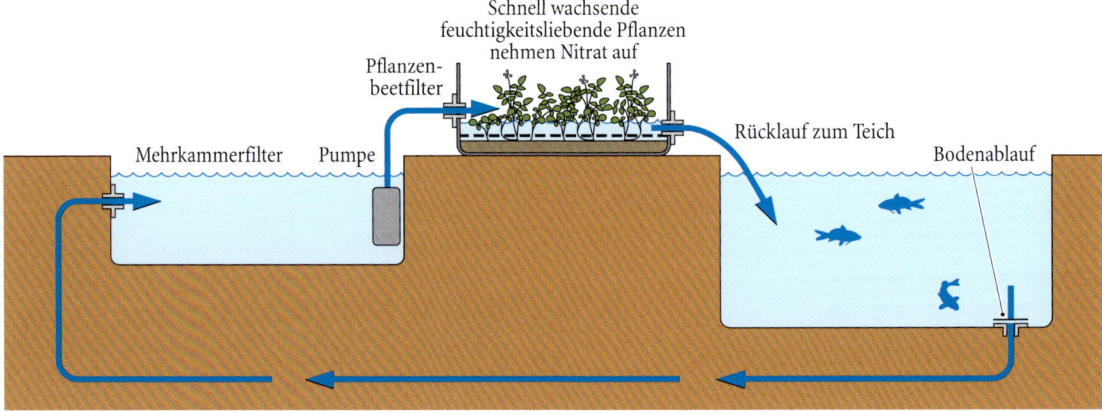

Diese Abbildung zeigt die Funktionsweise eines Pflanzenfilters im Koiteich.

Durch die Teichbelüftung wird das Wasser mit Sauerstoff angereichert und das CO_2 ausgetrieben.

Sauerstoffkonzentratoren konzentrieren den Sauerstoff der Umgebung und speisen ihn in den Teich.

bungsluft und speist dann bis zu 90 % reinen Sauerstoff ins Wasser, deshalb ist die Belüftung mit diesen Geräten effektiver, aber auch kostenintensiver, da die Geräte mehr Strom verbrauchen.

Da dem Sauerstoffgehalt eine zentrale Bedeutung für das gesamte System und die Fischgesundheit zukommt, ist es sinnvoll, den Gehalt häufig zu messen.

Gerade bei hohen Wassertemperaturen und hoher Wasserbelastung kann es passieren, dass der Belüfter den Teich nicht mehr ausreichend mit Sauerstoff versorgen kann. Bachläufe und Wasserfälle reichern den Teich kaum merklich mit Sauerstoff an!

Sauerstoffregelanlage

Ideal ist es, wenn man eine Sauerstoffregelanlage verwenden kann. Sie misst den tatsächlichen Sauerstoffgehalt über eine Sonde und belüftet den Teich erst dann, wenn der eingestellte Wert unterschritten wird. So sind immer optimale Werte im Teich sichergestellt.

Die Belüftung sollte periodisch erfolgen, um CO_2 und Stickstoff aus dem Wasser auszutreiben. Stickstoff ist in der Luft und wird

über die Wasserbewegung in das Wasser eingetragen. CO_2 bildet mit der Wasserhärte und dem pH-Wert das so genannte Kalk-Kohlensäure-Gleichgewicht. Zusätzlich wird CO_2 von den Fischen abgeatmet. Um das Abatmen zu erleichtern, muss der CO_2-Gehalt im Wasser niedrig sein.

In der warmen Jahreszeit, wenn die Wassertemperaturen über 20° C liegen, sollte die Teichbelüftung unabhängig vom O_2-Gehalt mindestens einmal pro Stunde für 15 Minuten erfolgen, unter 20° C seltener. Das sind grobe Anhaltspunkte, hängen sie doch stark von der Wasserbelastung und vom Fischbesatz ab.

Es ist zu empfehlen, die Belüftung auf zwei unabhängige Systeme aufzuteilen. Fällt eines aus, kann man auf das andere zurückgreifen.

Stromversorgung

Die Stromversorgung ist das Herzstück einer Teichanlage. Denn ohne Strom läuft keine Pumpe, kein Filter, gar nichts. An einer Teichanlage haben wir eine Vielzahl technischer Geräte wie Pumpe, Belüfter, UV-C-Lampe und andere.

Achten Sie darauf, dass jedes Gerät einzeln abgesichert ist, damit, wenn eines der Geräte

So sieht eine Regelanlage für Sauerstoff, Ozon und Temperatur aus.

sich um Rassetiere, die, wie jede hoch gezüchtete Rasse, andere Ansprüche an ihr Umfeld stellen, als die Ausgangstiere der gleichen Rasse. Karpfen kommen ursprünglich aus Asien, und dort aus einer Gegend, die deutlich wärmer ist, als in Deutschland. Zwar sind Koi wechselwarm, aber es ist unbestritten, dass die optimale Wassertemperatur bei 23°–25° C liegt. Auch wenn sie sich den Umgebungsbedingungen anpassen können, arbeitet ihr Stoffwechsel bei den o.g. Temperaturen am besten, das bedeutet, dass sie dann am schnellsten wachsen. In Deutschland würde ein Koiteich ohne Heizung vielleicht einen Monat im Jahr diese Temperatur erreichen.

Dagegen werden die Temperaturen häufig 9–10 Monate im Jahr unter 18° C liegen. Das bedeutet, dass die Koi die meiste Zeit im Jahr nicht die optimalen Temperaturbedingungen vorfinden.

Die Folgen: Im harmlosesten Fall entwickeln sich die Fische nicht wie gewünscht, im schlimmsten Fall sind sie krankheitsanfällig.

mit Kurzschluss ausfällt, die anderen weiterlaufen. Besprechen Sie es mit einem Fachmann vor Ort, wie Sie es am besten installieren. Lassen Sie sich von der Hauseinspeisung eine separate Unterverteilung legen und greifen Sie keinesfalls auf einen Verteilerstecker, der an der Gartensteckdose hängt, zurück!

Frischwasser

Ein Koiteich verbraucht Wasser. Daher ist es praktisch, wenn man einen Pegelschalter installiert, der über ein angesteuertes Magnetventil Frischwasser in den Teich einspeist, wenn der eingestellte Wasserstand unterschritten wird. Hierbei sind induktive Messsysteme besser als Schwimmerschalter, da Schwimmerschalter hängen bleiben können.

Lassen Sie eine Wasseranalyse erstellen und entscheiden Sie dann, ob Sie Brunnen- oder Leitungswasser verwenden. Regenwasser ist keine geeignete Alternative, da die Belastung mit Schadstoffen oft zu hoch ist.

Die Teichheizung

Dieses Buch befasst sich mit der Haltung hochwertiger japanischer Koi. Hierbei handelt es

Vorteile der Teichheizung

◇ **für die Koi**
– Verhindert gefährliche Temperaturschwankungen im Frühling und Herbst (Tag/Nacht)
– Gleichmäßiger Stoffwechsel der Koi
– Bessere Immunabwehr
– Besseres Wachstum
– Fähigkeit, mit Problemen fertig zu werden (Wundheilung)

◇ **für den Teich**
– Auch im Winter höhere Wassertemperatur
– Filteraktivität bleibt erhalten
– Bessere Wasserqualität
– Möglichkeit der Teichbehandlung
– Keine Frostschäden

Möchte man das Hobby ernsthaft betreiben und liegt einem die Gesundheit der Fische am Herzen, kommt man um eine Teichheizung nicht herum. Die Heizung ermöglicht es, den Zeitraum, in dem die Koi bei mind. 18° C schwimmen, deutlich zu verlängern. Dann können die Koi die Abkühlung im Winter für 2-3 Monate problemlos überstehen.

Isolation von Teichwänden und Boden

Folgendes sollte bei der Planung bedacht werden:

1. Die Isolation schützt den Teich vor Auskühlung an den Wänden, solange geheizt wird. Allerdings kann dadurch keine Wärme an das Erdreich abgegeben werden, die diese wiederum speichert und zurückgibt. Das kann bei starken Temperaturschwankungen zwischen Tag und Nacht zu hohen Temperaturschwankungen im Teich führen.

2. Man kann an 100 Quadratmeter Erdreich etwa genausoviel Wärme verlieren, wie an 2 Quadratmeter Oberfläche, wenn es sehr windig ist. Hierbei sieht man, welcher Stellenwert der Isolierung gegen die Oberflächenauskühlung zukommt.

Maßnahmen zur Reduzierung des Wärmeverlustes

▶ Windschutz durch Pflanzen
▶ Abdeckung mit Schwimmkugeln
▶ Abdeckung mit Folie, Styropor, usw.
▶ Gewächshaus
▶ Abdeckung mit schwimmenden Doppelstegplatten

Maßnahmen beim Neubau, um die Auskühlung zu verhindern

▶ Durch Isolierung
▶ Nachteil: die Pufferwirkung des Bodens fällt weg, die Heizung muss immer im „stand by" sein.

Ist der Teich zur Seite hin nicht isoliert, wird zwar Wärme an das Erdreich abgegeben, doch die Umgebung nimmt die Wärme auf und hält sie, sodass die Temperaturdifferenz nicht sehr groß ist und man nur noch relativ wenig Energie benötigt, um die Temperatur zu halten. Je größer die erwärmte Masse, umso stabiler ist die Temperatur. Das kommt den Fischen zugute, da die Koi bei großen Schwankungen viel Energie verbrauchen.

Deshalb ist eine Teichabdeckung wichtiger, als die Isolation des Bodens.

Die Abdeckung ergibt folgende Vorteile:

- Koi halten Winterruhe, indem sie sich auf den Boden des Teiches sinken lassen. Das machen sie am liebsten unter der Abdeckung, weil sie dort ungestört sind und sich sicher fühlen.
- Die Abdeckung spart Heizkosten.
- Durch die Abdeckung sind die Koi ruhiger und sparen so Energie.
- Die Schwimmkugeln können gut gelagert werden, passen sich jeder Teichform an und stören die Optik des Gartens kaum. Wenn Sie schwarze Schwimmkugeln verwenden, sehen diese auch nach Jahren noch ansehnlich aus. Häufig werden transparente oder blaue Kugeln angeboten, allerdings werden diese recht schnell unansehnlich. Das Argument, dass die Koi mit hellen Kugeln mehr Licht bekommen, zählt nur bedingt, da Koi normalerweise in grünen Teichen leben, die unterhalb von 50 cm Wassertiefe dunkel sind. Also macht es ihnen nichts aus, wenn der Teich im Winter abgedeckt ist.
- Stegplatten sind besser isoliert, da sie über ein geschlossenes Luftpolster zwischen Platten und Wasser verfügen.
- Wenn man nur 4/5 des Teiches abdeckt, hat man die Koi noch im Auge, und kann sehen, wie es ihnen geht.
- Folien sollten nicht verwendet werden, da die Gefahr besteht, dass ein Fisch darauf springt und sich nicht mehr befreien kann, Gleiches gilt für Katzen und andere Haustiere, sie würden ertrinken!

Auswahl der Heizsysteme

Nun zur Auswahl des geeigneten Heizsystems. Um die Temperatur zu halten oder zu erhöhen, müssen Sie dem Teich Energie in Form von Wärme zufügen.

Stellen Sie sich die Frage nach der Wirtschaftlichkeit und wägen Sie die örtlichen Möglichkeiten ab, sowohl die der verfügbaren Energie, als auch die der baulichen Möglichkeiten. Diese Energiequellen gibt es im Wesentlichen:

1. Hausheizung auf Warmwasserbasis mittels Wasser-Wärmetauscher
2. separate Gastherme
3. Elektrowärmetauscher, Heizbänder unter dem Teich, Rohrschlangen im Teich und/ oder im Filter
4. Sonnenkollektoren mit Anschluss an den Wasser-Wärmetauscher
5. Wärmepumpe

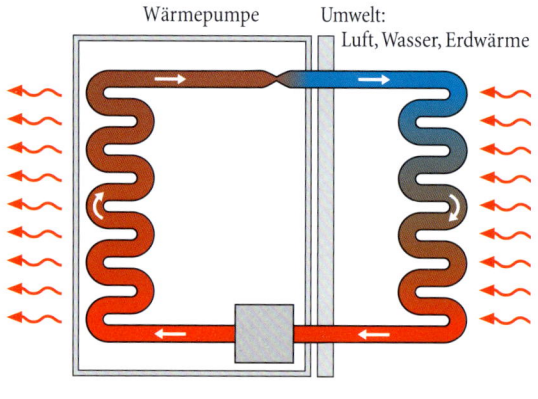

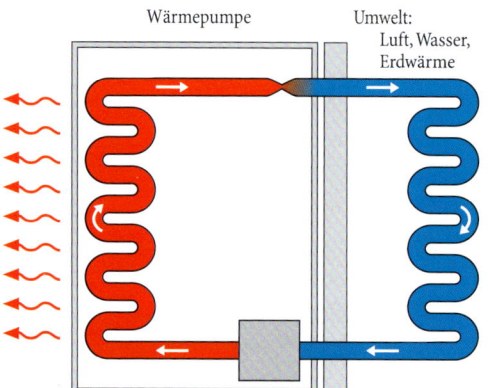

Funktionsschema einer Wärmepumpe

Hausheizung auf Warmwasserbasis

Bei älteren Häusern hat die installierte Heizung oftmals eine hohe Vorlauftemperatur, die es ermöglicht, einen Wasser-Wärmetauscher mit entsprechender Leistung anzubringen. Denn früher wurden Hausheizanlagen gröber berechnet als heute, sodass meist Energiereserven übrig sind, die man dem Teich zuführen kann. Außerdem benötigen wir die meiste Energie für den Teich zu einer Jahreszeit, wenn im Haus noch nicht so sehr geheizt werden muss (Frühjahr, Sommer, Herbst). Bei einem schlechten Sommer läuft die Heizanlage allerdings weiter, was bei Mehrfamilienhäusern zum Problem werden könnte.

Die Dimensionierung der Anlage ist nicht so einfach. Die Wärmeverluste des Teiches sind je nach Standort und Lage sehr unterschiedlich. Deshalb ist es besser, sich auf Erfahrungswerte zu verlassen. Dabei müssen die folgenden Parameter, die einen Einfluss auf die in den Teich zu bringende Wärmemenge haben, bedacht werden:

1. Umwälzrate des Teichwassers durch den Wärmetauscher
2. Umwälzrate des Heißwassers durch den Wärmetauscher
3. Vorlaufwassertemperatur des Heißwassers
4. Größe des Wärmetauschers

Im nachfolgenden Bild sieht man einen solchen Wärmetauscher sowie die Anschlüsse für die Heizwasserseite und die Teichwasserseite.

Da die Preisdifferenz des Wärmetauschers zwischen groß und klein nur unwesentlich ist, sollte ein großer Wärmetauscher bevorzugt werden. Wählen Sie einen Schwimmbadwärmetauscher, der für hohe Umwälzraten geeignet ist und dabei nur einen geringen Druckverlust hat. Ansonsten muss eine unnötig hohe Pumpenleistung installiert werden. Der Wärmetauscher sollte aus Titan sein, damit das Material auf Dauer dem Teichwasser standhält.

Nun ein Beispiel einer Anlage: Installiert ist ein Wärmetauscher Typ QWT 100-70 mit einer Leistung von 70 kW bei 90° C Vorlauftemperatur (31 kW bei 60° C Vorlauftemperatur). Die

Wärmepumpe eines Koiteichs

Die Elektroinstallation eines Koiteichs sollte so vorbildlich verlegt sein wie auf diesem Bild.

Umwälzrate beträgt 15 Kubikmeter Teichwasser pro Stunde. Die Vorlauftemperatur der Heizung beträgt 90° C und so ist die Wassertemperatur im September/Oktober auf 18-20° C zu halten.

Das Teichwasser wird direkt aus dem Teich entnommen, da dank des Trommelfilters keine Schwebstoffe im Wasser sind, die den Wärmetauscher verstopfen könnten. Zwei 50er Rohrleitungen sind in der Teichwand einlaminiert. Über die eine wird mit der abgebildeten Magnetkreiselpumpe das Wasser aus dem Teich entnommen und durch den Wärmetauscher zurück in den Teich gepumpt.

Durch das Abdecken des Teiches mit Schwimmkugeln kann die Temperatur von 18° C bis in den November gehalten werden. Erst wenn auf Grund der Witterung im Haus mehr Heizleistung benötigt wird, wird die Wassertemperatur im Teich gesenkt. Der Beispielteich ist an den Wänden und dem Boden nicht isoliert, sonst könnte die Temperatur das ganze Jahr gehalten werden, andererseits hat der Teich nur ganz geringe Temperaturschwankungen, wenn die Heizung abgeschaltet ist. Er verliert im November bei nächtlichen Außentemperaturen unter 5° C etwa ein Grad pro Tag.

Noch ein Wort zur Vorlauftemperatur: Die Heizleistung bezieht das Teichwasser aus der Differenz zwischen der Vorlauftemperatur des Heizungswassers und der Temperatur des Teichwassers. Je größer die Temperaturdifferenz ist, umso größer ist die mögliche Heizleistung. Beispiel Vorlauftemperatur 90° C, Teichtemperatur 20° C, Delta T 70. 70° C stehen für die Erwärmung zur Verfügung und können an den Teich abgegeben werden.

Gerade moderne Heizanlagen sind sogenannte Niedertemperaturheizungen, deren Vorlauftemperatur bei 35-45° C liegt. Das bedeutet, die beschriebene Temperaturdifferenz ist deutlich geringer und damit auch die mögliche Heizleistung. Beispiel Vorlauftemperatur 50° C, Teichtemperatur 20° C, Delta T 30° C, hier steht weniger als die Hälfte der Heizleistung zur Verfügung. Um damit das gleiche Ergebnis zu erzielen, gibt es nur die Möglichkeit, die Kontaktfläche zwischen Wärmetauscher und Teichwasser zu vergrößern. Die dabei möglichen Einflussparameter sind die Größe des Wärmetauschers und die Umwälzrate des Teichwassers.

Separate Gastherme

Ist ein entsprechender Gasanschluss vorhanden, bietet sich eine separate Gastherme an. Die einmaligen Anschaffungskosten liegen bei ca. 6 000 €, dafür ist der Betrieb ebenso wirtschaftlich, wie der Anschluss an die Hausheizung. Die Installation erfolgt entsprechend des oberen Beispiels.

Von einer Gastherme, die mit Gasflaschen betrieben wird, kann ich nur abraten, da die Schlepperei der Gasflaschen auf Dauer kaum machbar ist. Außerdem sind die Kosten recht hoch.

Der Elektrowärmetauscher

Elektrowärmetauscher lassen sich gut einbau-
en, sind aber entsprechend teuer im Unterhalt. In einem nicht isolierten Teich von ca. 20
Kubikmetern müsste man 6 kW Heizleistung
installieren, um die Temperatur spürbar beeinflussen zu können. Die im Handel angebotenen 3-kW-Heizer reichen keinesfalls aus. Ein
6-kW-Elektrowärmetauscher sollte mit 400 V
Drehstrom betrieben werden, um die nötige
elektrische Absicherung zu gewährleisten. Es
gibt sie zwar auch in 230 V, aber dann wird der
Kabelquerschnitt wegen des höheren Stromes
zu groß. Der Einbau sollte auf jeden Fall von
einem Fachmann vorgenommen werden.

Ein Elektrowärmetauscher mit Strömungs-
schalter stellt sicher, dass der Wärmetauscher
nicht durchbrennt, wenn kein Wasser fließt.

Auch hier gilt, lieber etwas größer wählen,
als zu klein. Ist die gewünschte Temperatur
erreicht, schaltet das Thermostat den Wärmetauscher aus, ist er zu klein, nützt er leider
nichts.
Die möglichen Einflussmöglichkeiten sind hier:
▶ Installierte elektrische Leistung
▶ Durchflussmenge des Teichwassers

Elektrische Heizschlangen

Gleiches gilt für elektrische Heizschlangen und
-bänder, die im Teichboden verlegt werden.
Systeme, die unter dem Teichboden verlegt
werden, haben den Nachteil, dass es im Schadensfall nicht möglich ist, an die Heizelemente
zu kommen. Elektrische Systeme scheiden
schon wegen mangelnder Leistung und zu
hohen Betriebskosten aus.

Sonnenkollektoren

Bei Sonnenkollektoren muss bedacht werden,
dass sie nur funktionieren, wenn die Sonne
scheint, d.h. nachts und bei bedecktem Himmel
steht keine oder kaum Heizleistung zur Verfügung. Deshalb bietet sich ein solches System
nur als Ergänzung an.

Wärmepumpen

Wärmepumpen finden immer weitere Verbrei-
tung. Das System beruht darauf, dass Wärme
aus der Umgebung auf ein höheres nutzbares
Temperaturniveau angehoben wird. Die Wärmepumpe hat einen elektrisch angetriebenen
Verdichter, der ein Kältemittel verdichtet. Das
Kältemittel entzieht beim Verdampfen der
Umgebung Wärme, sogenannte Anergie. Die
elektrisch eingesetzte Energie und die Anergie
bilden die nutzbare Wärmeenergie.

Die elektrisch angetriebene Kompressions-
Wärmepumpe wird am häufigsten verwendet.
Das Kältemittel wird in einen geschlossenen
Kreislauf geführt. Dort wird es von einem Ver-
dichter angesaugt, verdichtet und dem Verflüs-
siger zugeführt. Der Verflüssiger ist ein Wärme-
überträger, in dem die Verflüssigungswärme an
ein Fluid – z. B. ein Warmwasserkreis oder die
Raumluft – abgegeben wird. Das verflüssigte
Kältemittel wird dann zu einer Entspannungs-
einrichtung geleitet (Kapillarrohr oder ther-
misches Expansionsventil). Durch die adiabate
Entspannung wird das Kältemittel abgekühlt.
Der Saugdruck wird durch die Regelung des
Verdichters in der Wärmepumpe so eingestellt,
dass die Sattdampftemperatur des Kältemittels
unterhalb der Umgebungstemperatur liegt. In
dem Verdampfer wird somit Wärme von der
Umgebung an das Kältemittel übertragen und
führt zum Verdampfen des Kältemittels. Als
Wärmesenke kann die Umgebungsluft oder ein
Solekreis genutzt werden, der die Wärme aus
dem Erdreich aufnimmt. Das verdampfte Kältemittel wird dann von dem Verdichter angesaugt. Aus dem oben beschriebenen Beispiel ist
ersichtlich, dass durch Einsatz der elektrisch

**Wärmepumpen:
Erd-, Wasser- und Luftwärme**

◇ Erdwärmepumpe nutzt die Wärme der Erde
zur Energiegewinnung

◇ Wasserwärmepumpe nutzt die Wasser-
wärme zur Energiegewinnung (Fluss, Bach,
See oder Brunnenwasser)

Heizanlagen im Koiteich sorgen dafür, dass die kalte Jahreszeit für die Koi nicht zu lang wird und die Fische sich die meiste Zeit in ihrem Temperaturoptimum aufhalten können.

Erst wenn es richtig kalt ist, herrscht Winterruhe bei den Koi.

betriebenen Wärmepumpe bei dem vorausgesetzten Temperaturniveau kein wesentlich höherer thermischer Wirkungsgrad gegenüber der konventionellen Direktbeheizung möglich ist. Das Verhältnis verbessert sich zugunsten der elektrisch angetriebenen Wärmepumpe, wenn entweder Abwärme auf hohem Temperaturniveau als untere Wärmequelle genutzt werden kann oder die Geothermie auf hohem Temperaturniveau unter Verwendung geeigneter Erdwärmeübertrager genutzt werden kann.

Wärmepumpen sind aus der Haustechnik, vorwiegend als Erdwärmepumpe, und aus dem Schwimmbadbereich als Luftwärmepumpen bekannt.

Erdwärmepumpe

Die Erdwärmepumpe kommt nicht in Betracht, da die Baukosten für die notwendigen Bohrungen ganz erheblich sind. Die Wasserwärmepumpe, die als Wärmequelle einen Fluss nutzen kann, wird nur selten möglich sein. Die Brunnenwärmepumpe, bei der das Brunnenwasser als Energieträger genutzt wird, benötigt mindestens zwei Bohrungen!

Luftwärmepumpe

Die Luftwärmepumpe ist seit vielen Jahren bekannt und wird oft im Schwimmbadbereich eingesetzt.

Wärmepumpen sind regenerative Heizformen, die je nach Bundesland unterschiedlich gefördert werden. Für alle Formen gibt es einen günstigen Stromtarif. Sie können bei Ihrem zuständigen Energieversorger einen Niedertarifzähler beantragen.

Betrachtet man die Wärmepumpe von der Kostenseite, ist sie eine sehr günstige Möglichkeit, um den Teich zu heizen, weil der Energieträger Luft nichts kostet.

Luftwärmepumpe

◇ Die Luftwärmepumpe nutzt die Energie der Luft zur Energiegewinnung

◇ Luft wird über einen Wärmetauscher geführt und gibt ihre Energie an ein Kühlmittel ab

◇ Vorteil: komplett fertige Anlagen verfügbar (speziell für Koiteiche geeignet)

◇ Nachteil: die Baugröße

Zubehör

Es gibt eine Fülle an Zubehör für Koiteiche. Über Sinn und Unsinn kann lange diskutiert werden. Der Koiteich sollte technisch so einfach wie möglich sein, denn jede Technik kann auch mal versagen.

Sauerstoffregelanlage

Für einen Koiteich ist eine Sauerstoffregelanlage sinnvoll, da sie für konstanten Sauerstoffgehalt im Koiteich sorgt. Kaufen Sie eine hochwertige Anlage, denn sie nutzt nur dann etwas, wenn sie auch nach einigen Monaten exakte Werte misst. Eine gute Anlage kostet ca. 2 000 € und mehr. Sinn macht es auch, bei der Regelanlage auf Erweiterungsoptionen zu achten. So kann man später weitere Module für Redox, Leitwert, Salzsäureregelung dazukaufen.

Überwachungsanlagen

Eine weitere wertvolle Ergänzung ist eine telefonische Alarmierung bei Störung von Pumpen und/oder Wasserparametern. Das Angebot reicht von ganz einfachen bis zu allumfassenden Überwachungsanlagen. Der Vorteil ist, dass man beruhigt für einige Tage wegfahren kann, ohne dass jemand nach der Anlage schauen muss.

Entschäumer

Bei einem Entschäumer handelt es sich um eine Art Rieselfilter, der einen zusätzlichen Ausgang hat, über den der entstehende Schaum aus dem System entfernt wird. In dem Schaum sind Fette, Eiweiße und andere Stoffe, die sonst nur durch einen Wasserwechsel aus dem System entfernt werden können. Allerdings ersetzt der Entschäumer den Wasserwechsel nicht, allenfalls kommt man mit weniger Wasserwechseln aus.

Ozonanlagen

Hier wird mittels einer hohen Spannung aus dem in der Luft befindlichen Sauerstoff (O_2) Ozon (O_3) erzeugt. Ozon ist hochgradig reaktiv und oxidiert organische Stoffe im Wasser. Dabei ist die Verwendung von Ozon nicht ganz unproblematisch. Ozon ist für Mensch und Tier giftig und leider auch für die Filterbakterien. Ozon ist an einem gut gebauten Koiteich eigentlich unnötig, wird aber gerne eingesetzt, um den Teich von Gelbstoffen zu befreien. Ein mit Ozon behandelter Teich zeichnet sich durch glasklares Wasser aus. Das führt oftmals zu dem Problem, dass das UV-Licht der Sonne noch intensiver auf die Fischhaut wirkt und diese schädigt. Wenn Sie einen klaren Teich möchten, sollten Sie auch für Schatten sorgen.

Professionelle Mess- und Regelanlage

Beschattung

Karpfen leben in freier Natur in trüben Gewässern mit geringsten Sichttiefen. Deshalb ist die Fischhaut von Natur aus nicht auf die intensive Sonneneinstrahlung unserer Koiteiche vorbereitet. Menschen entwickeln durch Sonneneinstrahlung Pigmente in der Haut, die sie vor dem UV-Licht schützen, Koi verfügen nicht über solche Schutzmechanismen. Über der sichtbaren Fischhaut der Koi liegt eine Schleimhaut, die als äußere Barriere zum Wasser dient. Es wurde in Untersuchungen nachgewiesen, dass die antibakteriellen und antiparasitären Stoffe in dieser Schleimhaut durch das UV-Licht zerstört werden. Den negativen Einfluss der Sonne kann man auch daran erkennen, dass kleine Wunden in trüben Teichen wesentlich schneller und besser abheilen, als in sehr klaren exponierten Teichen. Wie beim Menschen altert auch die Fischhaut unter Sonneneinwirkung schneller als bei einem Fisch, der wenig Sonne abbekommt. Insofern handeln Koiliebhaber eigentlich widersprüchlich, indem sie mit viel Aufwand versuchen, den Teich glasklar zu halten!

Geräte zur Wasseranalyse werden im Kapitel Wasser behandelt.

Fadenalgenvernichter

Fadenalgen sind jedem Teichbesitzer ein Dorn im Auge, weil sie nicht schön aussehen und den Bodenablauf verstopfen können. Grundsätzlich sind Fadenalgen nicht schädlich, zumal sie überflüssige Nährstoffe aus dem Wasser aufnehmen. Wenn man keine Fadenalgen im Teich haben möchte, gibt es drei Möglichkeiten, sie zu bekämpfen:

- Chemische Hilfsmittel. Sie sind im Koiteich jedoch nicht zu empfehlen, weil durch die erforderlichen Wasserwechsel keine gesicherte Dosierung möglich ist.
- Elektrische Geräte, die über eine Spannung an einer Elektrode Metalle ins Wasser abgeben, die für die Algen giftig sind. Leider sind sie auch für Fische giftig. Die Dosierung ist sehr schwierig und muss penibel überwacht werden. Über Langzeitfolgen bei den Koi ist bisher nichts bekannt. Es gilt aber zu befürchten, dass es zumindest zu einer Immundepression kommen kann.
- Salzsäure. Fadenalgen benötigen Calcium für ihr Wachstum. Über die Zugabe von Salzsäure bindet man das Calcium und entzieht es so den Algen. Die Algen gehen ein. Dabei ist die Menge an Salzsäure, die benötigt wird, abhängig vom Ausgangswasser und dessen Härte. Kaufen Sie unbedingt eine hochwertige Regelanlage, da nur so eine Überdosierung verhindert werden kann. Es gibt langjährige Erfahrungen mit Salzsäure und keinerlei schädliche Einflüsse, da Salzsäure im Teich in unschädliche Ionen zerfällt. Salzsäure ist ätzend, doch bei richtiger Anwendung gibt es keine Probleme. Man muss allerdings chemisch reine Salzsäure verwenden, da technische Salzsäure Schwermetalle enthalten kann.

> **So einfach wie möglich**
> *Am Koiteich sollte alles möglichst einfach sein. Je komplizierter etwas ist, umso eher kann es zu Störungen kommen. Es gilt: so viel Technik wie nötig und nicht so viel wie möglich.*

Stromausfall

Ein Thema, das man gerne vergisst, ist der Stromausfall. Durch zunehmend heiße Sommer steigt die Wahrscheinlichkeit eines Stromausfalls beim örtlichen Energieversorger an. Demgegenüber sind die Preise für leistungsfähige Stromgeneratoren drastisch gefallen. Daher ist es heute möglich, ein sich automatisch zuschaltendes Notstromaggregat mit 4 kW Dauerleistung für 1 500 € zu bekommen. Bedenkt man, welche Folgen ein Stromausfall im Sommer in einem gut besetzten Koiteich haben kann, könnte sich ein Notstromaggregat rentieren.

Tipps zur Gestaltung

*Wie Sie Ihren Teich letztendlich gestalten, bleibt Ihrer Kreativität überlassen.
Es gibt zahlreiche Möglichkeiten, den Teich im Garten zu integrieren: Von der
Randgestaltung über die Bepflanzung bis hin zu den Accessoires.*

Ob Pflastersteine zur Teichrandbegrenzung oder...

Findlinge: Wichtig ist die Anordnung der Steine.

Sie dürfen weder zu tief liegen noch zu weit aus dem Wasser ragen.

Artgerechte Haltung?

An dieser Stelle wird immer wieder über die artgerechte Haltung von Koi diskutiert und in einem Atemzug über naturnahe Gestaltung eines Koiteiches gesprochen. Dieser Spagat ist schlicht unmöglich. Ein Naturteich funktioniert nur wegen seiner Größe und des dafür recht geringen Fischbesatzes. Ein Koiteich ist das Gegenteil – ein kleines Gewässer mit hohem Fischbesatz. Daraus resultiert, dass der Teichbau ein Kompromiss zwischen artgerechter Haltung und einem Teich darstellt, der es ermöglicht, mit vertretbarem Aufwand das System zu reinigen und zu filtern. Dazu benötigt man eine einfache Teichform unterhalb der Wasserlinie, die eine möglichst günstige Strömung ermöglicht.

Die Randgestaltung sollte so gewählt werden, dass das Futter nicht in irgendwelche Ritzen treiben kann, wo es von den Koi nicht mehr erreicht wird und vor sich hin gammelt, denn dadurch wird das Wasser verschmutzt.

Weitere Anregungen finden Sie auf den rechts abgebildeten Beispielanlagen.

Neben der Randgestaltung spielt die Randhöhe eine nicht unbedeutende Rolle. Ein naturnaher Teich mit einer Wasserfläche unterhalb des Bodenniveaus bedeutet, dass man sich zum Füttern der Koi hinlegen muss.

Ein Teich im englischen Stil hat den Vorteil, dass man seine Fische im Sitzen füttern kann.

Funktionalität geht vor

Geben Sie der einwandfrei funktionierenden Anlage immer den Vorzug gegenüber einer noch so ausgefeilten Optik. Ein gut funktionierender Teich sorgt für gesunde Koi, die sich gut entwickeln.

Ein Wort noch zum Budget. Nicht selten kommt es bei dem Projekt Teichbau vor, dass geplante Zeit und geplantes Budget überschritten werden. Gehen Sie keine Kompromisse ein, denn schließlich soll eine Teichanlage für Koi 20 Jahre halten.

Holzterrassen und -stege bieten sich an, um den Koi zuzusehen und die Seele baumeln zu lassen.

Teichbau unter 5 000 €

Um das Budget von 5 000 € nicht zu überschreiten, muss man zuerst überlegen, welche Kosten unausweichlich sind, und kann dann entscheiden, wie groß der Teich werden soll.

Zunächst muss ein Loch gegraben werden. Nehmen Sie einen Spaten zur Hand, denn das Budget für einen Bagger ist nicht vorgesehen. Wenn Sie können, sollten Sie die Erde als gestalterisches Mittel auf dem Grundstück verteilen, denn dadurch sparen Sie sich die Kosten für die Abfuhr. Im Schnitt kostet die Abfuhr für einen 7 cbm Container etwa 100 €. Dabei sollte man nicht vergessen, das ein 30 cbm großes Loch etwa 50 cbm Erdreich ergibt, weil die Erde im Boden kompakter ist als die ausgegrabene. Eine Möglichkeit, das Erdreich zu verwenden, wird häufig bei Gärtnereien angewandt: Der

Aushub wird am Rand des Loches als Wall angeschüttet und dient später als Teichwand. Vorteil: Sie haben keine Kosten für die Abfuhr und brauchen nicht so tief graben. 90 % des Lochs sollten mindestens 1,7 m tief sein, 10 % 1 m tief. Generell gilt, je weniger Oberfläche der Teich hat und umso mehr Tiefe, desto stabiler die Wassertemperatur.

Die Teichform sollte oval oder rund sein. Das ist günstig für die Strömung und kann mit einer Teichfolie aus einem Stück ausgelegt werden.

Nachdem das Loch fertig gegraben ist, werden die Rohre verlegt. Verwenden Sie KG-Rohr aus dem Baumarkt, das ist am einfachsten und am günstigsten. 100 mm Rohrquerschnitt reicht für einen 30 cbm Teich bei einem Bodenablauf und einem Skimmer aus, allerdings sollte der Weg zum Filter nicht allzu weit sein. Im Koi-

Steinlaternen sind hübsche Deko-Elemente, die für das richtige Japan-Flair sorgen.

Pflanzen wie der Fächerahorn passen ins Bild und spenden den Fischen an heißen Tagen Schatten.

fachhandel gibt es die entsprechenden Flansche und den Bodenablauf, um alles dicht mit der Folie zu verbinden.

Unter die Folie sollte ein Vlies oder ein alter Teppich gelegt werden. Die Folie, am günstigsten 1 mm PVC, reicht für diesen Teich aus. Sie können die Folie am Rand mit großen Flusskieseln beschweren, die gibt es oft in Kiesgruben zu geringen Preisen.

Nun kommen wir zum Filter. Wie schon beschrieben, gibt es eine Fülle verschiedener Filtersysteme. Für einen Teich mit kleinem Budget halte ich einen gemauerten Mehrkammerfilter für die beste Alternative. Eventuell tut es auch ein Mehrkammerfilter aus GFK, sie werden zum Teil recht günstig angeboten. Wählen Sie den Filter lieber doppelt so groß oder lassen Sie Platz für eine Erweiterung, falls der kleine nicht reicht, um einen weiteren parallel daneben setzen zu können.

Für einen Teich bis 30 cbm können Sie auch ein Nexusfiltersystem oder einen Beadfilter verwenden. Das hängt davon ab, ob Sie einen Mehrkammerfilter vom Platz her unterbringen können. Die Nexus- und Beadfilter sind sehr kompakt und eignen sich daher sehr schön bei geringem Platzangebot.

Ich würde, wenn ich die freie Wahl hätte, einen gemauerten Mehrkammerfilter vorzie-

hen, da man diesen an die Räumlichkeiten anpassen kann, die Kosten gering sind und man ihn größer bauen kann, um mehr Durchsatz durch den Filter zu ermöglichen.

Hinter dem Filter sollte eine Sequenzpumpe stehen, bei einem 30 cbm Teich eine Sequenz 17 000. Sie ist sparsam und der Teich wird einmal in 2 Stunden gefiltert. Hinter der Sequenzpumpe wird eine Pro Clear 55 Watt geschaltet, bevor das Wasser durch eine 100 mm Leitung zurück in den Teich geführt wird.

Stimmen alle Wasserparameter, danken es Ihnen die Fische, indem sie wachsen und gedeihen.

KAPITEL 4
DER URSPRUNG DER KOI

Koi gibt es schon sehr lange. Die ersten wurden bereits vor 2 500 Jahren erwähnt. Einst wurden die Karpfen gehalten, um den Speiseplan zu bereichern, heute sind sie zu wertvollen Liebhabertieren geworden. In diesem Kapitel erfahren Sie alles über Geschichte, Bewertung und Varietäten der Koi.

鯉

Koi in der Geschichte

In Japan ist ein Koi nicht einfach nur ein Fisch mit langer Tradition - die ersten Aufzeichnungen gab es schon vor 2.500 Jahren. Er symbolisiert Glück, Erfolg, Tapferkeit und ein langes Leben.

Über den Ursprung der japanischen Koi, wie wir sie heute kennen, wird viel geschrieben und vermutet.

In den letzten vier Jahren habe ich (Harald Bachmann) für meine beiden Bücher Koi 1 und Koi 2 viele Interviews mit Züchtern geführt und im Zuge dessen sehr viel über den Ursprung der Koi erfahren. Eigentlich wollte ich mich gar nicht mit der Vergangenheit der Karpfen auseinandersetzen, vielmehr interessierten mich die Koi von heute.

Deren Ursprung ist mir so im Gedächtnis: Schon vor 2 500 Jahren wurden Farbkarpfen zum ersten Mal in der Literatur erwähnt. Als der erste Sohn des Philosophen Konfuzius zur Welt kam, soll ihm der Herzog von Lu, Zhao Gong, einen Farbkarpfen zur Geburt geschenkt haben, woraufhin der Philosoph seinen Sohn nach dem Geschenk benannte.

In den alten Holzhäusern der Japaner stand ein Holzbottich, in dem während der schneereichen Wintermonate Karpfen für den Verzehr gehältert wurden.

Wahrscheinlich haben sich die Kinder der Familien ihren Lieblingskarpfen ausgesucht, vermutlich ein Tier, das durch rotbraune Wangen oder Brustflossen mehr auffiel, als die übrigen.

Dieses Tier überdauerte den Winter, wurde nicht geschlachtet und durfte sich im Frühjahr fortpflanzen.

Über diese Auslese manifestierte sich das farbige Merkmal. Die Flossen wurden roter und die Pigmente der Karpfen spalteten sich auf. Koi waren schon immer teuer, die bunten ganz besonders. Daher wurde die Zucht weiter gefördert und perfektioniert.

Von meinen zahlreichen Japanbesuchen her kannte ich die Holzgefäße, mit denen die Koi transportiert wurden, und wusste, dass der Transport im Winter mit Langlaufskiern stattfand, indem man zwei dieser Holzboxen an einem Gestell aufhängte, das sich der Transporteur über die Schultern legte.

Die mehrjährigen Koi wurden in großen Stauseen gehältert, die der Bewässerung der Reisterrassen dienten. Dort laichten sie ab, die Karpfenjungbrut wurde am Rande dieser Gewässer abgefischt und in die flachen Gewässer der Reisfelder gesetzt. Im Herbst wurden der Reis und die Koi geerntet. Dies geschah mit der gesamten Dorfgemeinschaft. Die Koi wurden auch von der Gemeinschaft verkauft und der Gewinn wurde aufgeteilt.

Niigata im Winter: Eine schneereiche Gegend, in der die Koi einst auf Skiern transportiert wurden.

Mudponds in Niigata: Die ehemaligen Reisterrassen werden heute zur Koizucht und -haltung genutzt. Hier kommen die schönsten Koi her.

okas die alten Koihäuser der Suda Koi Farm, in denen noch runde, unbehandelte Stämme mitsamt ihrer Rinde als tragende Konstruktion eingebaut wurden.

Diese Häuser machen auf mich einen noch viel älteren Eindruck. Allerdings möchte ich auch nicht dem hier zitierten Züchter widersprechen oder etwas unterstellen.

Ich habe niedergeschrieben, was ich aus verschiedenen Quellen weiß. Es kann sich jeder gern zu dem Erzählten seine eigenen Gedanken machen.

Koi im Krieg

Ich wusste allerdings nicht, dass der zweite Weltkrieg auch in der Geschichte der Koi, wie wir sie heute kennen, eine entscheidende Rolle gespielt hatte.

Der Kaiser hatte nach dem Krieg entschieden, die zerstörten Terrassen möglichst schnell wieder instand zu setzen und Reis für die Ernährung der Bevölkerung anzubauen.

Die Reisterrassen wurden ausgebessert und weitere wurden angelegt. Anfang der 60er Jahre überstieg die Reisproduktion den Bedarf der Bevölkerung bei weitem, so dass der Kaiser die Direktive gab, für jedes stillgelegte Reisfeld einen Ausgleich zu zahlen. Die Bauern der Regionen Junidaira, Mushigame und Yamakoshi legten ihre Felder still und begannen, diese für die Koizucht zu nutzen.

1960 soll Mosuke aus Yomogihiro als erster eines seiner Reisfelder ausgeschachtet haben, um darin Koi aufzuziehen. Der Züchter Suzuki aus Jundaira hat 1963 angeblich (laut seiner Aussage) das erste Fischhaus für die Überwinterung seiner Tiere gebaut.

Ob die Aussage von Suzuki stimmt, kann ich nicht beurteilen, ich kenne in der Ebene Naga-

Der Boom der Koi

Mitte der 60er Jahre erlebte Japan einen wahren Koi-Boom, die Züchter in Niigata waren nicht einmal mehr fähig, die Koi vom LKW abzuladen und im Fischhaus unterzubringen.

Hatte man den Tag der Ernte preisgegeben, standen bereits viele Händler im Hof der Farm, um die Koi direkt vom LKW einzukaufen.

Anfang der 90er Jahre verschob sich das Gleichgewicht zwischen der Inlandsnachfrage und dem Bedarf der ausländischen Märkte, sodass die Züchter in der glücklichen Lage waren, den gesunkenen inländischen Absatz, durch die gestiegene Nachfrage der Überseemärkte auszugleichen.

Innerhalb Japans waren nur noch die besten der besten Koi zu verkaufen, die dann von vermögenden Privatleuten zu Koiausstellungen gebracht wurden, nicht zuletzt, um die finanzielle Stärke ihrer Unternehmen zu demonstrieren.

Koi sind heute binnen 21 Stunden aus Japan in Frankfurt am Main gelandet und dank immer besserer Transporttechniken gehen die Verluste durch den Transport gegen null. Dabei erfolgt der Tranport immer noch in Tüten und Kartons.

Bewertung der Qualität

Für Koiliebhaber spielt die Qualität der Koi eine große Rolle. Um die Fische vernünftig bewerten zu können, gibt es einige Kriterien wie z. B. Größe, Proportionen, Hautqualität und Färbung.

Bei der Bewertung der Gesamtqualität eines Koi werden die einzelnen Kriterien unterschiedlich stark gewichtet.

Die Körperform nimmt einen Anteil von 60 Prozent der Gesamtbewertung ein. Hierbei werden folgende Punkte bewertet:

▶ Breite der Maulspalte, Breite der Schulter und Breite des Schwanzstiels,

▶ Länge des Kopfs, Länge des Körpers sowie Länge der Flossen,

▶ Abstände der Flossen zueinander

▶ sowie der Übergang zwischen Kopf und Körper.

Die Farbqualität fließt mit 20 Prozent in das Gesamturteil ein, 10 Prozent ist für die Hautqualität.

▶ Dabei wird beurteilt, wie sauber die Farbtöne in sich sind. Bestehen Unterschiede in der flächigen Färbung der Schädelplatte, des Körpers oder der Flossen?

▶ Wie gut ist die Abgrenzung der Farben?

Die Farbverteilung fließt zu 10 Prozent mit ein. Die Zeichnungen reichen dabei von einfachen, gesteppten Elementen über seltene Zeichnungselemente bis hin zu kunstvollen Farbverteilungen.

Der Stolz eines jeden Koihalters: ein perfekter Kujaku.

Varietäten

Mittlerweile gibt es über 200 Varietäten und noch viel mehr Varianten. Für den Laien ist es gar nicht so einfach, sich im Dschungel der Färbungen zurecht zu finden. Hier werden die wichtigsten vorgestellt.

Dieses Buch widmet sich vorwiegend der Haltung von Japanischen Koi. Deshalb werden die Varietäten nur grob behandelt. Hier gibt es ganze Bücher, die sich diesem Thema widmen.

Für mich sind nach wie vor die Gosanke (Kohaku, Sanke und Showa) die wichtigsten Koivarietäten. Schauen sie sich mal einen Teich mit Gosanke und einen Teich mit vielen verschiedenen Varianten an, sie werden bemerken, wie unruhig die Varietätenfülle auf den Betrachter wirkt.

Kohaku

Als Kohaku bezeichnet man einen Koi mit weißer Körpergrundfarbe, auf der eine kräftige Rotzeichnung liegt.

Die Zeichnung

▶ Zeichnungselemente sollten nicht bis in die Flossen hineinfließen, sodass die Flossen von Kohaku keine Rotzeichnung aufweisen.
▶ Bei traditionellen Mustern darf das Rot weder die Augen noch den Kiemendeckel überlagern.
▶ Besteht die Zeichnung aus nur einem Fleck, der vom Kopf zum Schwanz großflächig verläuft, wird dieses Muster als Omoyo bezeichnet.
▶ Eine Zeichnung, die aus mehreren kleinen Zeichnungselementen besteht, nennt man Komoyo.
▶ Eine Zweistep-Zeichnung wird als Nidan Moyo bezeichnet, eine Dreistep als Sandan Moyo und eine Vierstep als Yondan Moyo.
▶ Die Kopfzeichnung eines Kohaku sollte immer vor den Augen beginnen und sich seitlich bis zu den Augen ausdehnen.
▶ Ein abgerundeter Kopffleck, der halbrund bis zur Nasenspitze verläuft, gilt als besonders edel und traditionell.
▶ Winkelhaken und stark gekantete Linien in Richtung Nasenspitze sind sehr modern und verleihen dem Kohaku große Spannung.

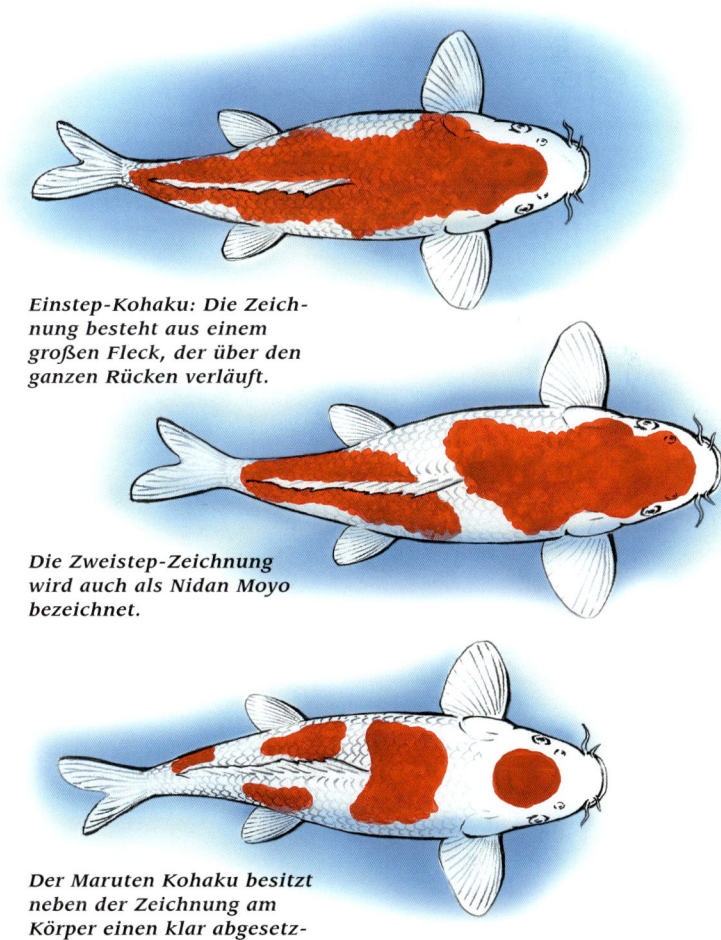

Einstep-Kohaku: Die Zeichnung besteht aus einem großen Fleck, der über den ganzen Rücken verläuft.

Die Zweistep-Zeichnung wird auch als Nidan Moyo bezeichnet.

Der Maruten Kohaku besitzt neben der Zeichnung am Körper einen klar abgesetzten Kopffleck.

Ein junger, schön gezeichneter Kohaku.

► Einen runden Tancho-Fleck auf der Schädel-platte, in Kombination mit weiterer Zeichnung auf dem Körper, bezeichnet man als Maruten-Zeichnung.

► Verläuft die Zeichnung mehr oder weniger zusammenhängend, wie ein Blitzschlag über den Körper des Koi, so spricht man von einer Inazuma-Zeichnung.

► Besitzt der Kohaku eine rote Zeichnung auf der Maulspalte, bezeichnet man dies als Kuchibeni, was sich mit „Lippenstift" über-setzen lässt.

► Diese roten Zeichnungselemente auf der Nasenspitze sind nur erwünscht, wenn sie zu weit hinten auf der Schädelplatte anset-zendes Rot ausgleichen.

► Überzieht ein breites rotes Band dessen Nase, spricht man von Hanazuki.

► Das letzte rote Zeichnungselement sollte bei ausgewachsenen Tieren vor dem Ansatz der Schwanzflosse enden und so noch ein wenig Körpergrundfarbe vor der Schwanz-flosse sichtbar sein.

► Als Grundregel gilt, dass die Farbe sowohl gleichmäßig auf der rechten und linken Körperhälfte als auch im vorderen, wie im hinteren Bereich verteilt sein sollte.

► Ein weiteres Kriterium sind sogenannte Fenster.

► Darunter versteht man den Einschluss der Körpergrundfarbe in der aufliegenden Zeichnung.

► Weist ein Koi ein solches Fenster auf, min-dert das die Wirkung auf den Betrachter; es lässt die Zeichnung unruhig und willkürlich erscheinen.

Sanke

Der Sanke, früher als Taisho Sanke oder Taisho Sanshoku bezeichnet, ist ein Koi mit weißer Körpergrundfarbe.

► Die rote, oben aufliegende Zeichnung soll wie bei einem Kohaku verteilt sein und keine hellen Fenster oder weiße Farbein-schlüsse aufweisen.

► Sie muss am Kopf des Sanke beginnen und sich über den gesamten Körper verteilen.

► Der Kopf sollte bei modernen Tieren einen roten Haken oder ein Y aufweisen, das die Spannung der Farbverteilung unterstreicht.

► Eine Zweiteilung des Kopfs in eine rot gezeichnete und eine weiße Seite ist bei guter Verteilung ebenfalls ein Indiz für eine sehr moderne Zuchtlinie.

► Die traditionelle Sanke-Zeichnung besitzt die gleiche rote Farbverteilung, wie sie auch bei traditionellen Kohaku zu finden ist.

► Traditionelle Muster beginnen möglichst rund und symmetrisch zwischen den Augen und erstrecken sich in einer zwei, drei- oder mehrstufigen Zeichnung über den gesamten Körper.

► Die Rotzeichnung des Sanke sollte von intensiver, gleichmäßiger Tiefe sein und sollte sich nicht nach unten über die Seiten-linie erstrecken.

► Des Weiteren sollte die rote Zeichnung nicht in die Flossen des Sanke hineinragen.

► Eine gleichmäßige Intensität der Rotfärbung auf der Schädelplatte und dem Körper ist sehr selten und ein Indiz für außergewöhn-lich hohe Farbqualität.

► Die schwarze Zeichnung und deren Vertei-lung ist stark von der Zuchtlinie abhängig.

► Sie sollte jedoch immer auf der Schulter beginnen und sich symmetrisch über den gesamten Körper erstrecken.

Der dreifarbige Sanke, oder auch Taisho Sanke, gehört zu den begehrtesten Vertretern seiner Art.

▶ Die schwarze Flossenzeichnung der Sanke sollte aus bis zu drei schmalen Linien bestehen, die ihren Ursprung in der Flossenbasis haben und sich strahlenförmig fortsetzen.

▶ Es sollten eher weniger, als zu viele Streifen auf den Brustflossen zu finden sein.

▶ Ein völliges Fehlen ist bei modern gezeichneten Tieren kein Mangel.

▶ Die übrigen Flossen dürfen wenige schwarze Linien aufweisen, erwünscht sind diese Schwarzanteile jedoch nicht.

Showa

Showa, auch Showa Sanshoko genannt, sind Koi mit schwarzer Körpergrundfarbe und aufliegender rot-weißer Zeichnung. Sie besitzen eine Rotverteilung wie beim Kohaku, wobei die Grundfärbung wie bei Utsurimono schwarz ist.

▶ Die Körperform ist typisch und unterscheidet sich deutlich von Kohaku oder Sanke.

▶ Der Kopf und der anschließende Körper sind sowohl beim Showa als auch beim Shiro Utsuri leicht rautenförmig gebaut.

▶ Die breiteste Stelle sitzt in etwa auf Höhe des Rückenflossenansatzes.

▶ Die Schwarzfärbung ist schachbrettartig über den gesamten Körper verteilt, einschließlich des Kopfes.

▶ Die Brustflossen besitzen eine schwarze Basis, Motoguro genannt.

▶ Diese schwarze Brustflossenzeichnung bildet sich je nach Abstammung der Showa auch erst im Alter von zwei bis drei Jahren aus.

▶ Sowohl die Intensität und der Kontrast der Flossenfärbung, als auch die Proportionierung von schwarz und weiß innerhalb der Flosse, erlauben bei einem sehr jungen Showa oder Utsuri Rückschlüsse über deren Qualität und Herkunft.

▶ Die schwarze Zeichnung bildet sich erst mit dem Heranwachsen des Showa aus.

▶ Bei einjährigen Showa liegt die schwarze Zeichnung nicht selten noch tief in der Haut, sodass nur dunkle Schatten zu erkennen sind.

▶ Beim Heranwachsen bilden sie die schwarze Zeichnung nach und nach aus.

Utsurimono

Utsurimono sind Koi mit schwarzer Körpergrundfarbe, die, je nach Variante, mit der Zeichnungsfarbe weiß, gelb oder rot zu einem schachbrettartigen Zweifarbenmuster ergänzt wird.

▶ Die Brustflossen besitzen das gleiche schwarze Motoguro, wie es bereits bei Showa erklärt wurde.

Showa haben im Gegensatz zu Sanke eine schwarze Grundfarbe.

▶ Bei der gelben und roten Variante neigt das Moto-guro oftmals dazu, sich bis zum äußersten Rand der Brustflossen zu erstrecken.

▶ Die Utsuri-Varianten spiegeln die Schwarzzeichnung des Showa in einer zwei-farbigen Zeichnung wider, während die Bekko-Varian-ten die Schwarzzeichnung des Sanke zeigen.

Bekko tragen schwarze Flecken auf weißem Grund.

Shiro Utsuri

Das Wort Utsuri bedeutet ins Deutsche über-setzt Spiegelung. Shiro Utsuri sind schwarze Koi mit weißer, sich der schwarzen Grundfarbe entgegengesetzt spiegelnder Zeichnung.

▶ Bei dieser Varietät legt man besonderen Wert auf die scharfe Abgrenzung der Farben.

▶ Eine spannend gestaltete, den gesamten Körper gleichmäßig überziehende Zeich-nung ist bei dieser zweifarbigen Varietät von besonderer Bedeutung.

▶ Die weißen Farbpartien sollten so weiß wie frisch gefallener Schnee erscheinen, und das Schwarz sollte die Tiefe und den seidigen Glanz von chinesischem Lack aufweisen.

▶ Kleine, schwarze Pigmentflecke, Shimis genannt, dürfen kaum vorhanden sein.

▶ Die Schwarzfärbung darf bei jeder Utsuri-Variante über die Seitenlinie herabreichen, da es sich hier um die Körpergrundfarbe handelt.

▶ Die Zeichnung der Brustflossen lässt, wie auch bei Showa, bestimmte Rückschlüsse auf die Qualität und die Herkunft der Fische zu.

▶ Hi Utsuri – schwarz-roter Koi

▶ Ki Utsuri – schwarz-gelber Koi

Bekko

Bekko sind zweifarbige Koi mit weißer, gelber oder roter Körpergrundfarbe, auf der kleine, schwarze, in sich geschlossene Flecken auflie-gen. Die Flecken sollen tiefschwarz und kom-pakt sein, sie sind jedoch im Kopfbereich nicht erwünscht.

Da die Zeichnung des Bekko eher schlicht ist, wird hier besonderen Wert auf eine perfekte Körperform gelegt.

▶ Die schwarze Zeichnung entspricht der des Taisho Sanke.

▶ Wie beim Sanke beginnt die Zeichnung hin-ter der einfarbigen Schädelplatte auf Höhe der Schulter und erstreckt sich bis zum Schwanzstiel.

▶ Die Brustflossen zeigen wenige schwarze Streifen, feine Linien oder auch keinerlei Zeichnung.

Shiro Utsuri zählt zu der wichtigsten Utsuri-Variante.

Tancho

Als Tancho bezeichnet man all die Varianten, die lediglich ein rotes Zeichnungselement tragen, das auf dem Kopf zwischen den Augen angesiedelt ist.
- ▶ Dieser Fleck sollte möglichst zentral zwischen den Augen sitzen und sich größtmöglich ausdehnen, ohne die Augen dabei zu überdecken.
- ▶ Eine runde Formgebung ist besonders elegant und erwünscht.
- ▶ Es können jedoch auch rauten- oder herzförmige Applikationen auftreten.

Tancho Kohaku

Rot-weißer Koi – daher Kohaku. Jedoch beschränkt sich seine rote Zeichnung auf den Tancho-Fleck zwischen den Augen.
- ▶ Würde diesem Fleck noch weitere rote Zeichnung folgen, müsste man diesen Koi als Maruten Kohaku bezeichnen.

Tancho Sanke

Weißer Koi mit schwarzer und roter Zeichnung, die rote Zeichnung beschränkt sich auf den Kopffleck.
- ▶ Die schwarze Zeichnung sitzt in Form kleiner schwarzer Flecke oberhalb der Seitenlinie (wie beim Bekko).
- ▶ Sanke mit einem roten Kopffleck, welchem weitere rote Zeichnung folgt, bezeichnet man als Maruten Sanke.

Tancho Showa

Schwarzer Koi mit weißer und roter Zeichnung, wobei sich die rote Zeichnung auf den Kopffleck beschränkt.
- ▶ Die schwarze Färbung des Koi bildet sich großflächig aus, indem sie von der Unterseite des Koi nach oben greift.
- ▶ Die schwarz-weiße Rücken und Kopfzeichnung entspricht der des Shiro Utsuri.
- ▶ Sehr attraktiv ist ein Tancho Showa.

Tancho tragen nur einen roten Fleck auf dem Kopf.

Kinginrin

Kinginrin ist eine Variation der Schuppenausprägung. Hierbei wurden bei normal beschuppten Fischen glänzende Bänder oder Punkte auf die einzelnen Schuppen gezüchtet.
- ▶ Diese reflektierenden Zonen schimmern je nach Untergrundfarbe verschieden.
- ▶ Silbern bei schwarzem und weißem Untergrund, golden bei rotem Untergrund.
- ▶ Kinginrin bedeutet übersetzt Goldsilber-Schuppe.
- ▶ Die oft zu hörende Meinung, dass die Ginrin-Beschuppung sowohl die Abgrenzung der Zeichnung als auch ihre flächendeckende Darstellung verschlechtert, ist nicht richtig und kann durch das Betrachten ausgezeichneter Ginrin-Koi bei Ausstellungen leicht widerlegt werden.

Doitsu

Schuppenlose Karpfen werden in Deutschland als Spiegel- oder Lederkarpfen bezeichnet. Im Jahre 1904 wurden zum ersten Mal spiegelbeschuppte Karpfen aus Deutschland nach Japan exportiert. Dr. Kichigoro Akiyama, ein Dozent für Fischerei an der Universität von Tokyo, kreuzte die Tiere aufgrund ihres guten Wachstums und ihrer Widerstandsfähigkeit mit einem Asagi. Dieser Versuch war der Ursprung sowohl der Varietät Shusui als auch aller folgenden Doitsu-Varianten.

► Als Doitsu Koi bezeichnet man Koi, deren Schuppenkleid auf ein Minimum reduziert oder gar nicht vorhanden ist, dabei heißt Doitsu in der Übersetzung deutsch.

► Unbeschuppte Koi wurden mit allen Varietäten gezüchtet. Einige dieser Züchtungen bekamen ihren eigenen Namen.

Doitsu Sanke

Asagi

Asagi

Ein Asagi ist ein dunkelblau gefärbter Koi mit roten Flanken und einer weißen Schädelplatte, die meist von roten Wangen eingerahmt ist.

► Die dunkelblauen Schuppen sitzen in hellen Schuppentaschen, die dem Asagi ein einheitlich weißes Netzmuster auf dunkelblauem Untergrund verleihen.

► Die Brustflossen des Asagi sind, abhängig vom Rotanteil auf den Körperflanken, meist in der Basis rot gefärbt.

► Dieses rote Menware bezeichnet man als Shusui Bire oder Akamoto.

Shusui

Der Shusui ist ein Doitsu beschuppter Asagi.

► Das Schuppenkleid des Asagi wurde bis auf eine Schuppenreihe reduziert.

► Die großen Spiegelschuppen verlaufen in einer Linie, beginnend hinter der Schädelplatte, an der Rückenflosse entlang, bis hin zur Schwanzwurzel.

► Der Name Shusui setzt sich aus den beiden Wortteilen Shu, was Herbsthimmel bedeutet, und sui, was auf Koi bezogen wasserblau heißt, zusammen.

► Die Schuppen sollten exakt hintereinander angelegt sein, damit der wasserblaue Farbton möglichst großflächig auftritt und die Namensgebung „klarer Herbsthimmel" auch abzuleiten ist.

► Bei neuen Züchtungen kommt es zu Shusui, denen die Schuppenreihe vor und hinter der Rückenflosse komplett fehlt.

► Die Spiegelschuppen sind zu kleinen Schuppen reduziert, die sich nur rechts und links entlang der Rückenflosse befinden.

► Diese moderne Schuppenvariante bezeichnet man als Kawa Goi.

► Der Kopf sollte, unabhängig von der Shusui-Variante, immer rein weiß mit eventueller roter Zeichnung sein.

Goshiki

Der Goshiki ist ein grau bis schwarz gefärbter Koi mit aufliegender roter Zeichnung. Goshiki bedeutet übersetzt fünffarbig. Diese fünffache Färbung findet ihre Herleitung in den Farben und Farbtönen schwarz, grau, weiß und blau im Untergrund und als rot in der Zeichnung.

► Diese fünf Farben sieht man den heutigen Goshiki-Linien nur noch sehr selten auf Anhieb an.

► Es gibt keine andere Varietät, die so viele verschiedene Farbausprägungen hervorgebracht hat, wie der Goshiki.

► Man unterscheidet zwischen dem schwarzen Goshiki (Black Type), solchen mit hellgrauer Körpergrundfarbe sowie zwischen Tieren mit weißem Bauch und schwarzer Rückenzeichnung.

Goshiki

Kumonryu

Kanoko-Varianten

Die Kanoko-Zeichnung ist, genau wie das Goshiki- und Kage-Muster, in die Ordnung Kawarimono eingegliedert.

▶ Wörtlich übersetzt bedeutet der Name Kanoko so viel wie Rehkitz – in Anlehnung an die weißen Tupfen eines jungen Rehkitzes.

▶ Doch nicht nur die Körpergrundfarbe ist variabel.

▶ Auch die leuchtend rote Musterung variiert sehr stark von neonroter Zeichnung ohne schwarze Färbung der Schuppenränder, bis hin zu stark umrandeten Schuppen, die eine Art schwarze Netzzeichnung auf rotem Untergrund besitzen.

▶ Auch schwarz umrandete rote Flecken auf hellgrauem Untergrund sind möglich.

Goshiki Sanke

Ein Goshiki Sanke ist ein Goshiki, dessen eigentliche Zeichnung um die schwarze Flecken-zeichnung des Sanke ergänzt ist.

▶ Je nach Goshiki-Typ kann das Grau der Grundfärbung auch in die rote Zeichnung verlaufen.

Goshiki Showa

Ein Goshiki Showa ist ein Goshiki, der neben seiner eigentlichen Zeichnung um die schwarze solide Zeichnung des Showa ergänzt ist.

Kage Utsuri

Beim Kage Utsuri handelt es sich um einen Utsuri, dessen Zeichnung weiß, rot oder gelb von einem grauen Schatten überlagert ist.

▶ Koi, die der Variante Kanoko zugeordnet werden, zeichnen sich durch ein teilweise versprenkeltes Rot aus.

▶ Vor allem bei den Go Sanke-Varietäten Kohaku, Sanke und Showa ist dieses Muster anzutreffen.

▶ Die Spannung dieses Farbmusters ist in der Verteilung der kompakten roten Zeichnung in Verbindung mit roten, filigranen Tupfen auszumachen.

Kumonryu

Der Kumonryu ist ein unbeschuppter, schwarz-weißer Koi.

▶ Bei einem Kumonryu ist eine exakte Schwarzweißabgrenzung und eine gute Körperform entscheidend für die Qualität des Koi.

▶ Die Schwarzfärbung sollte entlang der Flanken verlaufen.

▶ Sie kann sich auch nach oben fortsetzen und auf dem Rücken des Fisches verschmelzen.

▶ Heute werden in die bestehenden Kumonryu-Linien sehr viele Metallic-Varianten eingekreuzt, um den weißen Untergrund in seiner Intensität zu verbessern.

▶ So entstehen sehr viele Übergangsformen zwischen echten Kumonryu mit weißem Grund und dem metallicweißen Kikokuryu.

Beni Kumonryu

Der Beni Kumonryu ist ein Kumonryu, dessen weiße Zeichnung um einige rote Passagen ergänzt ist.

▶ Diese rote Zeichnung stammt von eingekreuzten Kikusui, von denen sich die rote Zeichnung weitervererbt hat, nicht jedoch der metallische Untergrund.

Beni Kumonryu

Beni Kikokuryu

Beni Kikokuryu

Beni Kikokuryu sind Kumonryu mit roter Zeichnung und metallischem Untergrund.

▶ Hier hat sich von den eingekreuzten Kikusui sowohl die rote Zeichnung als auch der metallische Untergrund vererbt.

Chagoi

Chagoi sind teefarbene Koi mit hell- bis dunkelbraunem Schuppenkleid, das eine dunkle Netzzeichnung, Fukurin genannt, aufweist.

▶ Diese Netzzeichnung tritt unter optimalen Hälterungsbedingungen stärker hervor, was die Fische sehr edel und attraktiv erscheinen lässt.

▶ Die Intensität der Netzzeichnung kann als Indikator für Wasserqualität und Wohlbefinden herangezogen werden.

▶ Einige neigen zu einer olivgrünen Färbung, andere gehen in ein Graubeige, wieder andere ins Schokobraune.

▶ Die Tönung der Haut ist jedoch nur Geschmackssache.

▶ Die Qualität eines Chagoi leitet man an dessen Körperform und Wachstum ab.

▶ Chagoi werden sehr rasch handzahm, was weniger mit ihrem liebenswerten Charakter zu tun hat, als vielmehr mit ihrem ständigen Hunger.

▶ Ein Koi wächst nur in seinen ersten zehn Lebensjahren schnell heran.

▶ In dieser Zeit muss er die Menge an Nahrung zu sich nehmen, um das ihm von der Natur zugedachte Wachstum zu ermöglichen.

▶ Weil Chagoi in der Regel sehr viel größer werden als ihre Verwandten, ist ihr Futterneid besonders stark ausgeprägt. Das ist der Grund, warum die Varietät Chagoi immer zuerst ans Futter oder an die Hand des Pflegers kommt.

Soragoi

Einfarbiger hellgrauer Koi. Der Soragoi stellt eine hellgraue Variante des Chagoi dar.

▶ Genau wie der Chagoi wird auch der Soragoi sehr groß und zeigt meist eine ausgezeichnete Körperform, was an seinem unverfälscht großen Genpool liegt.

Ochiba Shigure

Der Ochiba Shigure zeigt eine hellgraue Körpergrundfarbe mit einer aufliegenden, braunen Zeichnung.

▶ Das dunkle Kawarimono Fukurin ist ein Teil seiner Ausstrahlung und ein Qualitätsmerkmal.

▶ Die Zeichnung sollte wie beim Kohaku auf dem Kopf beginnen und sich über den gesamten Körper erstrecken.

▶ Die rotbraune Zeichnung darf in den Brustflossen ein Akamoto zeichnen, sie sollte jedoch nicht in die übrigen Flossen ausstrahlen.

▶ Vom Ochiba Shigure existieren zwei weitere Varianten der Ginrin Ochiba Shigure (mit Glanzschuppen) und der Doitsu Ochiba Shigure (eine unbeschuppte Variante).

Midorigoi

1963 wurde die Varietät Midorigoi von Tacho Yoshioka vorgestellt. Sie resultiert aus einer Verpaarung eines weiblichen Shusui mit einem männlichen Yamabuki.

▶ Midori bedeutet grün. Dieser grüne Farbton ist besonders bei Doitsu Tieren gut zu sehen.

▶ Bei beschuppten Midorigoi wirkt die Farbe eher wie ein schmutziges Gelb, ähnlich wie die leuchtend hellblaue Färbung bei jungen Shusui, die dunkle Pigmente besitzen, die noch sehr weit unter der Haut liegen.

▶ So ist auch die grüne Farbe des Midorigoi auf ein sehr fein verteiltes schwarzes Pigment zurückzuführen, das unter der gelben Haut grün hervorscheint.

Mujimono

Die einfarbigen Varietäten werden der Klasse der Kawarimono zugeordnet. Jeder einfarbige Koi ohne metallischen Glanz oder Ginrin-Beschuppung wird hier eingeordnet.

▶ Die Varietäten Kigoi, Shiromuji und Akamuji ordnet man der Untergruppe Mujimono zu.

Kigoi

Der Kigoi ist ein gelber Koi ohne metallischen Glanz.

▶ Sein Körper sollte einheitlich gefärbt sein, ebenso seine Flossen.

▶ Die Körperform entspricht der der Magoi-Linie. Sie ist gestreckt und spindelförmig.

▶ Der Kigoi besitzt eine Besonderheit: Bei dieser Varietät kommt es zur Bildung roter Augen im Japanischen Akame genannt (Aka = rot, Me = Auge).

▶ Diese Art von Augenfärbung kennt man in der Biologie bei albinotischen Formen.

Akamuji

Der Akamuji ist ein einfarbig roter Koi ohne metallischen Glanz.

▶ Auch seine Körperform ist lang gestreckt und verweist auf seine Zugehörigkeit in die Magoi-Linie.

Shiromuji

Der Shiromuji ist eine Variante, die heute nicht gewollt gezüchtet wird.

▶ Alle Jungfische, die einheitlich weiß sind, werden bereits sehr früh aussortiert.

▶ Als Shiromuji können zum Beispiel Kohaku bezeichnet werden, die ihre Färbung verloren haben.

▶ Diese Tiere sind dann jedoch keine echten Mujimono, denn sie entstammen ihrer jeweiligen Linie.

Koromo

Koromo sind Koi mit weißer Körpergrundfarbe und roter Zeichnung wie die eines Kohaku, wobei die roten Schuppen blau unterlegt oder umrandet sind, was ein Netzmuster erzeugt.

▶ Für die Farbverteilung sind ähnliche Kriterien zu beachten wie bei Kohaku. Erwünscht sind auch weiße Flossen ohne Zeichnung.

Ochiba

Ai Goromo

- ▶ Die Varietät Koromo ist durch die Verpaarung von Asagi und Kohaku entstanden.
- ▶ Der Farbeffekt des Koromo soll aus Zuchtversuchen stammen, die Ende der vierziger Jahre von Matzunosuke unternommen wurden, um einen besonders dunklen Farbton einer Kohaku-Linie zu erreichen.
- ▶ Seit den 50er Jahren ist der Koromo in den Bergen Niigatas zu finden.
- ▶ Setzt man eine spezifische Bezeichnung vor den Namensstamm, so schreibt man Koromo mit G, also Goromo.

Ai Goromo

Während eine einheitlich unterlegte, blaurote Zeichnung auf dem beschuppten Körper des Ai Goromo angestrebt wird, sollte das Kopfrot nicht dunkel unterlegt sein.

- ▶ Seine indigoblaue Perlung sollte einheitlich die blaurote Kohaku-Zeichnung unterlegen.
- ▶ Der dunkle Halbmond sollte auf jeder Schuppe in scharfer Abgrenzung und sehr starkem Kontrast vorhanden sein.
- ▶ Auch stellen helle Zonen innerhalb des dunklen, indigofarbenen Halbmonds einen Fehler dar.
- ▶ Die Färbung sollte auf dem Koi aufliegen und nicht bis unter die Flanken reichen.

Budo Goromo

Der Budo Goromo ist die am weitesten verbreitete Goromo-Variante.

- ▶ Seine bordeauxrote Zeichnung liegt wie Weintrauben auf den einzelnen Schuppen, wobei jede Schuppe für sich dunkel unterlegt ist. Die Tönung der Schuppen ist einheitlich.
- ▶ Sie verläuft vom Schuppenansatz zum Rand hin und färbt dabei die Schuppe kontinuierlich dunkler.
- ▶ Am Rand der Zeichnung ist ein weinroter Abschluss zu erkennen, der keine dunkle Tönung erfahren hat.
- ▶ Die Schädelplatte ist einheitlich bordeauxrot gefärbt und dabei gleichmäßig von dunklen Pigmenten unterlegt.
- ▶ Die Qualität eines Budo Goromo ist anhand seiner Körperform, Hautbeschaffenheit, Zeichnung und Farbtiefe abzuklären.

Sumi Goromo

Der Sumi Goromo ist die dunkelste aller Goromo-Varianten.

- ▶ Seine Zeichnung ist komplett schwarz unterlegt.
- ▶ Auch die Kopfzeichnung ist ein sehr dunkles, einheitlich unterlegtes Rot.
- ▶ Nur die Ränder seiner Zeichnung geben oftmals ein wenig seines roten Ursprungs preis.
- ▶ Oberstes Qualitätsmerkmal ist immer die Körperform.
- ▶ Hier zeigen diese Koi die rundliche, lang gestreckte Gestalt ihrer Verwandten, den Kohaku.
- ▶ Die Zeichnung sollte nicht in die Flossen ragen und möglichst mit einer weißen Zone vor der Schwanzwurzel enden.

Goromo Goshiki

Der Goromo Goshiki ist eine Mischung aus Goromo und Goshiki.

- ▶ Der Goromo verleiht dem Goromo Goshiki seine rot unterlegte Zeichnung und der Goshiki vererbt dem Goromo Goshiki seine hellgrau unterlegte Grundfärbung.
- ▶ Wie beim Goromo auch kann die Zeichnung von Sumi Goromo bis Ai Goromo variieren.
- ▶ Die Färbung des Goshiki sollte jedoch die graue Asagi-Perlung erkennen lassen, sodass der helle Untergrund mit der dunklen Zeichnung einen möglichst starken Kontrast bildet.

Koromo Showa

Der Koromo Showa wird den Koromo- und nicht den Showa-Varianten zugeordnet.

▶ Sein Körperbau entspricht dem typischen, trapezförmigen Leib der Showa-Linie.

▶ Die Sumi-Zeichnung mäandert schachbrett-artig über den gesamten Körper.

▶ Die Brustflossen zeigen das für Showa typische Motoguro.

▶ Lediglich seine Rotzeichnung unterscheidet ihn von seiner Grundvariante und verweist ihn in die Gattung Koromo.

Koromo Sanke

Der Koromo Sanke ist das Ergebnis der Verpaa-rung Sanke mit Koromo.

▶ Wie beim Koromo Showa existieren auch hier zwei Varianten, deren Koromo-Muster zum einen auf den Budo Goromo und zum anderen auf den Ai Goromo zurückzuführen ist.

▶ Diese sehr seltene Variante ist aufgrund ihrer vielfältigen Farbkombination äußerst schwer zu züchten.

Hikarimono

Sammelgruppe für alle einfarbigen Koi-Varian-ten mit metallischer Haut.

▶ Yamabuki Ogon – Einfarbig gelb gefärbter Koi, dessen gesamte Haut metallischen Glanz aufweist.

▶ Wichtigstes Kriterium, neben Körperform und Größe, ist der dreidimensional erschei-nende Charakter der Beschuppung.

▶ Große, runde Brustflossen sind bei dieser Zuchtform erwünscht.

▶ Der Farbton der gelben Tönung ist kein Qualitätskriterium.

▶ Viel wichtiger ist die gleichmäßige Intensität der Färbung vom Kopf über die Schuppenta-schen des Körpers bis in die Flossen.

▶ Mukashi Ogon – bronzefarbener metallisch glänzender Koi.

▶ Ogon – altgelbgefärbter metallic Koi.

▶ Platinum – reinweißer Koi mit metallischem Untergrund.

▶ Orenji – orange-roter Koi mit metallischer Haut.

▶ Gin Matsuba – goldfarbener metallic Koi, dessen Schuppen ein dunkles Zentrum aufweisen.

▶ Kin Matsuba – silberfarbener metallic Koi, dessen Schuppen ein dunkles Zentrum aufweisen.

▶ Mizuho – Spiegelbeschuppter Koi mit metal-lischer Haut und dunklen Spiegelschuppen, anzutreffen in den Farben Weiß, Gelb, Rot.

Hikarimoyomono

Hariwake

Hariwake sind platinfarbene Koi mit weißer Körpergrundfarbe und gelber bis orangeroter Zeichnung.

▶ Das Muster sollte eine Verteilung besitzen, die der eines Kohaku gleichkommt.

▶ Das Schuppenkleid muss deutlich zum Aus-druck kommen.

▶ Grundlegend für die Qualität ist wie immer zunächst der Körperbau und die Größe.

▶ Der Kopf sollte klar gezeichnet sein.

▶ Bei Jungfischen kann man häufig silberne Perlen auf der Schädelplatte, insbesondere im Grenzbereich zwischen Schädelplatte und beschuppter Schulter, beobachten.

Kikusui ist die unbeschuppte, orangerote Variante des Hari-wake.

Kujaku

Kikokuryu

▶ Das Schuppenkleid trägt in jeder Schuppe ein schwarz gefärbtes Zentrum, ähnlich der Matsuba-Zeichnung, nur hier auf einem zweifarbigen Untergrund aufliegend.

▶ Der Kopf sollte, wie bei allen vom Matsuba abstammenden Varietäten, klar gezeichnet sein und keine schwarz umrandeten Nasenlöcher oder Augen aufweisen.

Kikokuryu

Bei diesem Hikarimoyomono handelt es sich um eine besonders schöne Varietät.

▶ Sie ist eine Weiterentwicklung der Ursprungsform Kumonryu, der unter Kawarimono zu finden ist.

▶ Bei der Entstehung dieser Varietäten waren sehr viele Hikarimono- und Hikariutsurimono-Varianten beteiligt.

▶ Die Haut des Kikokuryu ist metallisch unterlegt, seine schwarze, an den Flanken entlang verlaufende Zeichnung stammt vom Kumonryu ab.

▶ Seine rote Zeichnung wirkt auf dem metallischen Untergrund kupferfarben bzw. metallisch rot.

Hikariutsurimono

Gin Shiro Utsuri

Der Gin Shiro ist die Hikari-Variante des Shiro Utsuri.

▶ Die Qualitätsmerkmale sind nach der Körperform und der Größe ein rein platinweißer Grund und eine möglichst tiefschwarze Zeichnung.

▶ Weiterhin ist ein rein weißschwarz kolorierter Kopf, ohne störend gelb gefärbte Kiemendeckel beziehungsweise Schädelplatte, sehr wichtig.

▶ Ein intensiver, metallischer Glanz, der sich gleichmäßig über den Körper verteilt, ist ein weiteres Indiz für höchste Qualität.

▶ Diese Perlen sind Pigmentüberlagerungen, die für eine sehr hohe Pigmentdichte sprechen und ein Qualitätsmerkmal darstellen.

Kikusui

Der Kikusui ist die unbeschuppte, orangerote Variante des Hariwake.

▶ Die Zeichnung dieser Varietät variiert von einem Orange bis hin zu einem signalroten Blaurot.

▶ Tiere mit dieser blauroten Zeichnung auf platinweißem Grund sind extrem begehrt und bei entsprechender Größe auch sehr teuer.

Kujaku

Als Kujaku bezeichnet man einen platinweiß gefärbten Koi, dem eine rote Zeichnung aufliegt, ähnlich der eines Kohaku.

Gin Hi Utsuri   *Gin Showa*

Kin Ki Utsuri

Als Kin Ki Utsuri bezeichnet man einen gelben Utsuri mit platinfarbenem Untergrund.

▶ Qualitätsmerkmale sind auch hier die Körperform, das Wachstum und die Hautbeschaffenheit.

▶ Die Haut sollte von der Maulspitze bis zum Schwanzstiel einen einheitlichen Farbton zeigen.

▶ Ihr typischer metallischer Glanz sollte ebenso gut verteilt sein.

Gin Hi Utsuri

Als Gin Hi Utsuri bezeichnet man einen roten Utsuri mit platinfarbenem Untergrund.

▶ Ein metallischer Glanz sollte sich über den gesamten Körper gleichmäßig verteilen.

▶ Die Schwarzfärbung sollte möglichst tief und deckend erscheinen.

▶ Bei Hikariutsuri-Varianten ist es, insbesondere bei großen Exemplaren, schwer, eine deckend schwarze Körpergrundfarbe zu festigen, zumeist scheint der metallische Glanz der Haut durch.

Gin Showa

Der Gin Showa ist die Hikari-Variante des Showa.

▶ Den Ursprung dieser Varietät bildet der Showa, wobei der metallische Untergrund vom Platinum abstammt.

▶ Körperform und Größe sind das wichtigste Qualitätsmerkmal.

▶ Die Ausprägung der schwarzen Zeichnung ist bei den Hikariutsuri-Varianten von besonders großer Bedeutung, jedoch auf dem metallischen Untergrund auch extrem schwierig zu erzielen.

▶ Tiere mit tief orangeroter Zeichnung sind zur Zeit noch sehr selten.

▶ Durch das Einkreuzen von Doitsu Showa ist auch eine unbeschuppte Variante entstanden, die jedoch nicht häufig zu finden ist.

Ein Becken voller Doitsu-Varianten bei einem Händler während der Fütterung.

Der Kauf von Koi

Nun haben sie vieles über die Anlage eines Koi-Teiches erfahren und über die Varianten gelesen. Sicher haben Sie Lust bekommen, Koi zu kaufen.

Im Winter ist draußen nichts zu tun, die aktuellen Ausgaben der Koimagazine locken mit einem breiten Angebot an Informationen über die ersten Koiimporte und über Einkaufsreisen der Händler in Japan. Das alles macht Lust auf neue Koi, doch wenn Sie nicht gerade eine temperierte Innenhälterung haben, sollten Sie mit dem Kauf noch ein bisschen warten.

Glücksfall Tategoi?

Ich möchte die Gelegenheit nutzen, auf die Strategien der Koikäufer einzugehen. Es gibt immer noch Menschen, die der Meinung sind, dass sie, wenn sie genügend kleine günstige Koi kaufen, sicher eines Tages einen Tategoi einkaufen werden. Dabei wird oft vergessen, dass die Züchter den lieben langen Tag nichts anderes machen, als sich mit Koi und Koise-

Lust auf Koi-Kauf? Schauen Sie sich bei Ihrem Händler um!

lektion zu befassen – und das oft schon über Generationen. Es müsste also viel passieren, damit ein Züchter einen kleinen Koi mit Potenzial übersieht und mit den Fischen aussortiert, die verkauft werden sollen.

Ein japanischer Züchter verkauft seine Fische immer dann, wenn er der Meinung ist, dass ihr Entwicklungspotenzial ausgeschöpft ist, beziehungsweise keine Wertsteigerung mehr möglich sein wird. Diese Fische kann man recht günstig im Handel erwerben, doch sie sind qualitativ nicht sehr hochwertig!

Kleine, einjährige Koi, die wirklich gut sind, kosten bereits jetzt schon deutlich über 200 €.

Beurteilung von jungen Koi

Viele Laien neigen dazu, einen jungen Koi nach seinem aktuellen Aussehen zu kaufen. Dabei wird oft nicht bedacht, dass sich der kleine Koi noch rasant verändern wird, gerade bei den Gosanke-Varietäten, bis er sein abschließendes Äußeres erhält. Deshalb ist die Zeichnung bei kleinen Gosanke für die Auswahl eher von untergeordneter Bedeutung. Hier hilft es, wenn der Koihändler die Zuchtlinie gut kennt und bei der Auswahl des Koi beraten kann.

Weniger ist mehr

Meiner Erfahrung nach macht es keinen Sinn, zehn kleine Koi von 15 cm Länge für 200 € zu kaufen. Investieren Sie das Geld lieber in ein bis zwei etwas größere Fische. Sie werden Ihren Erwartungen sicher eher gerecht, als 10 billige Koi. Mal ganz davon abgesehen, dass die erstgenannte Einkaufspolitik schnell zu einer Überbevölkerung im Teich und damit zu ganz anderen Problemen führen würde. Das eben Gesagte trifft im Übrigen für jedes Budget zu. Kaufen Sie lieber nur einen Fisch, der wirklich gut ist, als zwei, die Sie nicht so recht überzeugen. Der Fisch muss Ihnen gefallen, sonst ist jedes Schnäppchen zu teuer.

Seien Sie geduldig! Ein großes Wort, solange man nicht unbedingt einen Koi kaufen möchte. Doch lassen Sie es, auch wenn Sie über 100 Kilometer zu Ihrem Koi-

Lassen Sie sich Zeit, bevor Sie sich für „Ihren" Koi entscheiden.

Vorsichtig werden die Koi in die Wanne bugsiert.

händler gefahren sind, und keiner dabei ist, den Sie uneingeschränkt haben wollen! Es gibt so viele Koi, irgendwann ist auch Ihr Fisch dabei.

Koiauktionen

Auktionen lohnen sich meistens für den Verkäufer, wenn mehrere Interessenten vorhanden sind, während der Einkäufer nicht immer ein einmaliges Schnäppchen landen kann. Die Faszination des Steigerns ist vorhanden, man sieht es an dem Erfolg von ebay. Dabei beruht der Erfolg auf dem Wunsch, etwas teures besonders günstig zu bekommen. Wer oft in ebay handelt, erkennt jedoch bald, dass Schnäppchen bei begehrten Gütern sehr selten sind. Gleiches gilt für Koiauktionen. Vermutlich werden die Fische auf Auktionen sogar teurer verkauft, als auf normalen Vertriebswegen. Zudem hat der Kunde später kein Recht auf Reklamation, wenn der Fisch bei einer Auktion gekauft wurde, denn hier gilt: Wie gesehen so gekauft! Der Händler hat also keinerlei Gewährleistungsverpflichtung.

Ankunft importierter Koi

Es ist mittlerweile gang und gäbe, dass Koihändler gute Kunden einladen, wenn die frisch importierten Koi vom Frankfurter Flughafen

abgeholt und in die Anlage gesetzt werden. Nicht wenige der Koi werden bei der Ankunft und dem nachfolgenden Auspacken direkt verkauft. Das ist nicht weiter schlimm, bleiben die Koi zunächst zur Quarantäne beim Händler. Aber eines wird dabei häufig außer Acht gelassen. Hier suchen Sie nicht in aller Ruhe einen Fisch aus! Eine mehr oder weniger große Anzahl an Kunden drängt sich um die Tüten und keiner möchte die Gelegenheit verpassen, sich den schon lange gesuchten und gewünschten Sanke, Showa, Shiro, Bekko etc. zu schnappen, bevor es der Nachbar tut. Davon kann ich nur abraten, denn oft sieht man erst später das ein oder andere, was den Fisch doch nicht so attraktiv erscheinen lässt, wie es unter dem Wettbewerbsdruck den Anschein hatte. Bewahren Sie Ruhe, es gibt so viele Koi! Allerdings schadet es nicht, jetzt schon Koihändler zu besuchen. So haben Sie noch lange Zeit, den Händler Ihres Vertrauens zu finden.

Koikauf zu Zeiten des Koi-Herpesvirus (KHV)

Leider ist KHV ein nicht mehr zu vernachlässigendes Thema. Hohe Wassertemperaturen begünstigen den Ausbruch der Krankheit. Welche Bedeutung hat das für den Koikauf?

Kaufen Sie die neuen Fische im Frühjahr und Sommer. Sollten sie infiziert sein, ist die

Wahrscheinlichkeit recht hoch, dass die Krankheit bald ausbricht! Wenn Ihnen ein Quarantänebecken zur Verfügung steht, das auf 23-25° C beheizt werden kann, sollten Sie den gekauften Fisch in das warme Becken setzen. Halten Sie die Neuankömmlinge auf jeden Fall vorerst von Ihrem übrigen Fischbestand getrennt, um das Übertragungsrisiko von Krankheiten zu minimieren. Sollten die neuen Fische innerhalb der ersten 6 Monate nach dem Kauf sterben, ist das nicht schön. Aus juristischer Sicht ist der Koi eine Sache, die unter die Klausel der Sachmängelhaftung fällt und im Laufe eines halben Jahres nach dem Kauf Ansprüche geltend gemacht werden können.

Gute Koihändler

Für den Laien ist die Zahl der Koivarietäten nahezu unüberschaubar, doch gute Koihändler werden ihren Kunden erklären, um welche Koi es sich handelt. Wer Koi bei fachlich kompetenten Händlern oder Importeuren kauft, zahlt meist einen fairen Preis. Ich rate dringend dazu, nicht gleich beim ersten Händler, den man besucht, Koi zu kaufen. Verschaffen Sie sich einen Überblick, indem Sie möglichst viele Händler besuchen, und achten Sie auf die Feinheiten.

Bei all diesen Anzeichen ist ein Kauf sehr risikoreich. Lieber nicht kaufen. Allerdings kann ein Händler auch mal Pech haben:

Händler-Check

◇ Sind die Verkaufsbecken sauber, sind kranke oder tote Koi in der Anlage?

◇ Stehen einzelne Koi mit angelegten Flossen regungslos oder schwer atmend im Wasser oder liegen so am Boden?

◇ Haben Koi entzündete Verletzungen oder abstehende Schuppen?

◇ Riecht es stark nach Fisch/Tran oder schäumt und glibbert das Wasser?

◇ Sind die Becken vollgekotet?

Gut verpackt tritt der Koi die Reise in sein neues Zuhause an.

Seine Anlage war defekt oder die neu importierten Koi machen Probleme. Dann sollte man ihn nicht gleich verurteilen, das kann jedem mal passieren.

Von Japan nach Deutschland – Die Reise der Koi

Bevor die Koi zu uns nach Deutschland kommen, haben sie einen langen, stressigen Weg. Sie werden im Oktober/November abgefischt, zigmal gekeschert und umgesetzt, gegen Parasiten behandelt und wieder und wieder begutachtet. Anschließend werden sie in Plastiktüten mit 1/3 Wasser und 2/3 reinem Sauerstoff verpackt und in einen stabilen Karton gesetzt. Die Kartons mit den Koi werden auf Paletten verladen und mit Bändern verzurrt. Danach geht es per LKW zum Flughafen. Nach der Abfertigung kommen sie endlich in das Flugzeug und ab geht die Post. In Frankfurt angekommen, warten die Händler schon ungeduldig auf die Abfertigung ihrer Koi. Bis der Händler mit seinen Koi zu Hause ist und die Koi endlich in seiner Anlage schwimmen, müssen die Fische oft dreißig und mehr Stunden in enger Verpackung unbeschadet überstehen. Aber das klappt in der Regel erstaunlich gut.

Gesunde Fische

Seriöse Händler bieten Privatkunden neu importierte Koi erst nach 4-5 Wochen Quarantäne an. Sind die Koi nach der Quarantänezeit munter und schwimmen agil umher, haben klare Farben ohne Belag und keine Verletzungen, dann kann gekauft werden. Sie können Ihren Koi auch getrost im November kaufen, in Ihren Teich sollten Sie ihn allerdings noch nicht setzen! Ein guter Händler wird den von Ihnen gekauften Koi gern bis zum Frühjahr in seiner Anlage hältern. Es werden Fotos gemacht, der Koi wird vermessen und wenn Sie im Frühjahr Ihren Koi abholen, ist er vielleicht schon ein paar Zentimeter gewachsen.

Richtig verpackt

Wenn die Wassertemperaturen im Frühjahr konstant über 16°C sind, beginnt die eigentliche Koisaison. Langsam läuft der Koiverkauf auf Hochtouren und die ganz eiligen Spätherbst- und Winterkäufer holen ihre Koi beim Händler ab. Dabei wird der Koi beim Händler einer genauen Kontrolle unterzogen. Schwimmverhalten, Körperform, Kiemen, Flossen, Schuppen, Hautbeschaffenheit – alles okay? Wenn von oben alles in Ordnung ist, kommt noch der Unterseiten-Check. Dazu wird der Fisch in eine Plastiktüte mit Wasser gesetzt und hochgehoben. Kontrollieren Sie Bauch und Flossenansätze. Ist der Unterseiten-TÜV positiv ausgefallen, kann der Koi getrost verpackt werden. Stellen Sie den Karton mit dem Koi quer zur Fahrtrichtung in den Kofferraum, damit der Koi beim Bremsen und Anfahren nicht ständig an der Nase oder am Schwanz gestaucht wird. Zu Hause angekommen, sollte er in ein Quarantänebecken gesetzt werden.

Quarantäne

Viele Koiliebhaber verzichten auf eine Quarantäne. Sie sollten jedoch wissen, dass der Neubesatz immer ein Risiko darstellt. Für den Altbestand besteht die Gefahr, dass er mit eventuellen Bakterien und Krankheitserregern der neuen Fische nicht zurechtkommt und erkrankt, für die Neuankömmlinge, dass sie den Dunstkreis der Alten nicht vertragen. Im schlimmsten Fall könnte es zum Tod aller Koi führen. Es sollten auch keine größeren Temperaturunterschiede zwischen Transport- und Teichwasser bestehen, auch der pH-Wert sollte in etwa übereinstimmen. Um das Wasser anzugleichen, werden Transport- und Teichwasser langsam vermischt. Setzen Sie den Koi in eine Wanne mit dem Transportwasser und achten Sie darauf, dass er nicht herausspringen kann. Nun füllen Sie nach und nach Wasser aus Ihrem Teich in die Wanne, damit sich das Wasser mischen und der Koi sich an die neuen Bedingungen gewöhnen kann. Wenn Sie keine Quarantäne machen wollen oder können, sollten Sie den neuen Koi für 20 bis 30 Minuten in ein zweiprozentiges Salzbad setzen. Behalten Sie den Fisch während des Bades im Auge. Sollte der Koi kippen, setzen Sie ihn sofort in einen Behälter mit Frischwasser um. Ist das Bad beendet, entlässt man den Koi in sein neues

Vorher noch ein letzter Blick: Ist alles in Ordnung?

Zu Hause wird der Koi mitsamt dem Beutel in den Teich gehängt, um die Temperatur anzugleichen.

Reich. Für die Optimisten, die der Meinung sind, ihre Koi sofort vom Händler in den Teich zu setzen, noch ein gut gemeinter Rat: Schütten Sie wenigstens nicht das Transportwasser in Ihren Teich!

Vorsichtig anfüttern

Koi werden beim Händler nur sehr sparsam gefüttert, damit das Wasser nicht so stark belastet wird. Wir Koiliebhaber neigen jedoch eher dazu, die Koi, die nach Futter betteln, reichlich zu füttern. Geben Sie Ihren neuen Koi bitte in den ersten 10 bis 14 Tagen nur kleine Portionen leicht verdauliches Weizenkeimfutter, damit sich ihr Organismus langsam an größere Futtermengen gewöhnen kann. Bei kleinen Koi kann eine zu große, proteinreiche Futtermenge sogar zum Tod führen. Sie bekommen einen Eiweißschock, werden apathisch und sterben sehr schnell, ohne äußerlich erkennbare Anzeichen einer Krankheit.

Der Traum vom Tategoi

Nun möchte ich noch ein paar Zeilen an die Koiliebhaber richten, die ständig auf der Jagd nach dem preiswerten Superkoi sind. In dem Zusammenhang fällt immer das Wort Tategoi. Was ist ein Tategoi? Ein Tategoi ist ein Koi, den nur ganz wenige Koiliebhaber besitzen werden. Ein Tategoi ist wie ein Rohdiamant, von dem auch nur die erfahrenen Profis wissen, wie er nach dem Schliff später einmal aussehen könnte. Die Betonung liegt auf könnte. Ich glaube nicht, dass selbst die erfahrenen Koisammler unter uns einen Tategoi ohne hilfreiche Unterstützung und Erklärung eines

Züchters erkennen würden. Tategoi sind Koi mit hohem Zukunftspotenzial, und wer, außer seinem Züchter, kennt oder besser ahnt das Zukunftspotenzial incl. Wachstum? Zukunft heißt nicht heute und nicht morgen. Die Entwicklung eines solchen Koi kann Jahre dauern.

Das sind auch Koi, die zweijährig schon 60 cm groß sein können. Diese Koi haben in der Regel noch keine ausgeprägten Farben. Da weiß oder ahnt wiederum nur der Züchter und Kenner der Blutlinie, wohin die Entwicklung geht.

Und dann kommt der koiverrückte Stratege zu einem Koihändler und sieht an einem Becken das Schild „Tategoi"! Das sind meist gut ausgefärbte prächtige Koi zu stolzen Preisen. Ein wirklicher Tategoi ist weder gut ausgefärbt noch prächtig, er erinnert eher an den rohen Edelstein, ungeschliffen und nur vom Kenner beachtet. Großimporteure mit hoher Kaufkraft sind in der Lage, Tategoi für Ihre handverlesene Kundschaft zu ordern. Diese Koi werden dann direkt in Japan gehandelt und der stolze Besitzer lässt die eigentlichen Tategoi in der Regel noch zwei bis drei Jahre beim Züchter oder bei einem professionellen Koispezialisten, der nichts anderes tut, als solche Tiere zu betreuen und für Ausstellungen vorzubereiten.

Aber wie gesagt, das außerordentliche Glück, einen echten Tategoi zu besitzen, werden nur sehr wenige Koiliebhaber haben. Das Thema Koi ist sehr umfangreich und wer einmal vom „Koivirus" befallen ist, kommt nicht mehr davon los. Deshalb ist die Information über die Koiliebhaberei sehr wichtig. Nur wer sich gut informiert, kommt mit diesem sehr anspruchsvollen Hobby problemlos zurecht und hat Freude daran.

Koiausstellungen

Koiaustellungen gibt es in fast allen Ländern der Welt. Die beiden wichtigsten Koishows finden jedoch in Japan statt, es handelt sich um die ZNA All Japan Nishikigoi Show im November und die Niigata Nogyosai Koi Show im Oktober.

In Deutschland veranstaltet der KLAN, der einzige deutsche Koiverein, seine Koishow im April jedes Jahres. In Holland findet die Koishow immer in Arcen im August statt.

Wenn Sie noch nie auf einer Koishow waren, sollten Sie eine besuchen, es lohnt sich.

Die Koishows unterteilen sich immer in eine Koiausstellung, in der unterschiedliche Koi unterteilt nach Größe und Varietät ausgestellt und bewertet werden. Ein anderer Teil der Ausstellung ist meist dem Handel gewidmet. Dort wird alles angeboten, was man für die Koihaltung benötigt, und oft auch vieles mehr.

Koiimport

Der übliche Koihändler hat einen Agenten in Japan, meist einen Japaner, der die Szene der Züchter kennt, die Kontakte pflegt und weiß, wo welche Koi schwimmen. Wenn der Händler Koi importieren möchte, spricht er seinen Agenten an, wo er die gewünschten Koi bekommen kann.

Entweder fliegt er selbst nach Japan, um die Züchter zu besuchen und die Koi auszuwählen, oder er beauftragt den Agenten, in seinem Namen eine gewisse Anzahl an Koi bestimmter Varietäten zu kaufen und an ihn zu schicken. Die Agenten übernehmen in der Regel den Versand der Fische, sie holen sie bei den Züchtern ab, verpacken sie ordnungsgemäß und transportieren sie zum Tokioter Flughafen.

Manche der großen Züchter sind gleichzeitig Agenten. Da ein einzelner Züchter nicht alle Varietäten haben kann, kauft er die Koi entweder selbst von anderen Züchtern, um seinen Kunden eine Bandbreite an verschiedenen Fischen anbieten zu können, oder er fährt mit seinen Kunden zu anderen Züchtern.

Mancher Leser könnte daran denken auch ohne Agenten zu versuchen, direkt bei japanischen Züchtern Fische zu kaufen. Das ist sicher möglich, doch zum einen gibt es die Sprachbarriere, denn die meisten Züchter sprechen ausschließlich japanisch, und zum anderen haben die Züchter kein Interesse daran, einzelnen Endkunden einige wenige Fische zu verkaufen.

Oft wird auch von Mitimport gesprochen. Hier bieten Koihändler ihren Kunden an, durch sogenannten Mitimport Fische günstiger zu erwerben. Allerdings liegt dann das Risiko beim Kunden, er übernimmt die Fische am Frankfurter Flughafen und muss die Quarantäne selbst übernehmen.

Die Mudponds werden im Herbst abgefischt.

Anschließend suchen Agenten die schönsten Koi aus.

KAPITEL 5
DIE KOIPFLEGE

Koi fühlen sich bei uns pudelwohl, wenn ihre Lebensbedingungen stimmen. Dazu gehört im Wesentlichen,
dass sich die Wasserwerte im Optimum befinden. In
diesem Kapitel erfahren Sie, welche Handgriffe anfallen,
was in welchem Monat zu tun ist und wie Sie mögliche
Probleme rund um den Teich in den Griff bekommen.

Was monatlich ansteht

Japankoi sind hochwertige und empfindliche Rassetiere. Wie jedes andere hochgezüchtete Tier sind sie sensibler als naturbelassene Artgenossen. Daher sollte man ein Auge auf den Teich, die Wasserwerte und die Koi haben und regelmäßig nach dem Wohlbefinden der Fische sehen.

Erfahrene Koihalter kennen die üblichen Verhaltensweisen ihrer Koi und erkennen sofort, wenn das Verhalten der Tiere vom Normalverhalten abweicht. Anzeichen sind abstehende Schuppen, gerötete Haut, seitliches Scheuern am Boden oder vermehrtes Springen. Werden Sie ein guter Beobachter, um auftretende Probleme rechtzeitig zu beheben. Selbst in den besten Anlagen kann ein Koi krank werden!

Januar

Es ist Winter. Im Garten ist alles gefroren, teilweise liegt Schnee. Unsere Koi schwimmen je nach Teichüberwinterung langsam im Wasser

Im Winter läuft der Stoffwechsel der Koi auf Sparflamme. Sie überwintern am Teichgrund.

herum oder liegen am Boden des Teiches und warten auf bessere Zeiten, ebenso wie wir.

Wie freue ich mich darauf, endlich den Teich aufzudecken und die Fische wieder regelmäßig zu sehen. Aber das dauert leider noch...

Dennoch fallen einige Arbeiten an, die regelmäßig gemacht werden müssen, ohne die Fische zu stören.

Wasserqualität

Der Stoffwechsel der Koi läuft zwar auf Sparflamme, aber trotzdem entstehen Ausscheidungsprodukte und somit Ammoniumverbindungen und Nitrit. Der Filter sollte auch im Winter laufen, jedoch mit kleinerer Leistung. Messen Sie ab und zu die Wasserwerte. Bedenken Sie dabei, dass manche Wassertests eine bestimmte Wassertemperatur benötigen, um richtige Werte anzuzeigen. Auch ein kleiner Wasserwechsel kann nicht schaden. Achten Sie darauf, dass es keine großen Temperaturveränderungen gibt.

Temperaturüberwachung

Zwei Dinge sind in diesem Zusammenhang zu erwähnen. Bei einem nicht abgedeckten Teich kann es durch die Wasserbewegung passieren, dass die Temperatur auf 3° C oder weniger sinkt. 3° C sollten jedoch nicht unterschritten werden! Notfalls muss mit einem elektrischen Teichheizer nachgeholfen werden. Des Weiteren sollte die Temperatur möglichst konstant sein und keinen Schwankungen unterliegen. Allerdings passiert es in unseren Breiten oft, dass

Still und stumm ruht der See ... Dieser Teich wird beheizt und ist daher nicht zugefroren.

an einem Tag Minustemperaturen herrschen und die Temperaturen am nächsten Tag auf plus 10° C ansteigen. Bei einem kleinen Teich mit geringer Wassermenge haben solche Temperaturschwankungen schnell Einfluss auf die Wassertemperatur. Decken Sie den Teich ab, das isoliert. Wenn der Teich beheizt wird, sollte dies mit einem einstellbaren Thermostat erfolgen.

Füttern

Zur Winterfütterung gibt es fast so viele Meinungen wie bei der Frage, wie Koi zu überwintern sind. Nach Untersuchungen von Prof. Schreckenbach fressen die Koi bei sinkenden Wassertemperaturen im Herbst geringe Futtermengen und verbessern ihre Kondition und Energiereserven erheblich. Auch im Frühjahr bei Temperaturen über 4° C hat die Nahrungsaufnahme Bedeutung. Wenn Sie die Fütterung jedoch im Spätherbst eingestellt haben, kann es zu Problemen führen, wenn die Fütterung zu früh wieder aufgenommen wird. Das ganze Verdauungssystem der Koi wird heruntergefahren und wäre mit einer plötzlichen Futtergabe überfordert. Wichtige Enzyme benötigen eine höhere Wassertemperatur, um neu gebildet zu werden. Die Koi können das Futter nicht

verwerten. Zudem belastet das Futter den Fisch mehr, als es ihm gut tut. Sie sollten die Fütterung erst wieder aufnehmen, wenn die Wassertemperatur stabil um 10° C bleibt.

Kranke Koi

Haben Sie noch einen kranken Kandidaten im Teich oder gibt es erste Anzeichen für Probleme? Wie dem auch sei, entsprechende Maßnahmen sollten nicht ohne Absprache mit einem Fachmann oder Tierarzt erfolgen. Von der Zugabe irgendwelcher Mittel kann ich nur abraten, zumal die meisten bei kaltem Wasser gar nicht wirken.

Wenn Sie einen Koi aus dem Teich fischen müssen, sollten Sie erst ein Becken im Haus vorbereiten und Teichwasser hineinfüllen, um dem Kranken zunächst die gleichen Bedingungen bieten zu können. Das Aufheizen muss sehr langsam erfolgen!

Zeit zum Lesen

Jetzt ist die Zeit, um sich zu informieren. Die Zusammenhänge der unterschiedlichen Wasserparameter in Bezug auf die Fischgesundheit sind sehr wichtig und werden häufig unter-

Im Februar erwärmen erste Sonnenstrahlen die Trittsteine, doch nachts wird es noch bitterkalt.

schätzt. Deshalb hier auch die Bitte und Aufforderung: Investieren Sie etwas Zeit und lesen Sie ein wenig über Koihaltung, Wasserwerte und Filtertechnik.

Februar

Der Februar treibt oft seine Spielchen: Es gibt Tage, die auf den Frühling hoffen lassen, und wieder andere, die den Winter mit noch nicht da gewesener Kälte zurückkehren lassen. Noch gibt es nicht viel zu tun, also kann man schon mal das nächste Koijahr planen.

Wasser

Wassertemperatur, alles unter Kontrolle? Stimmen die Wasserwerte? Vergessen Sie nicht, zu messen.

Termine

Die Interkoi findet jedes Jahr im April statt. Termin vormerken.

Wie wäre es mit einem Seminar zur Koihaltung oder Koigesundheit? Die Popularität des Hobbys steigt immer mehr, entsprechend auch das Angebot an solchen Veranstaltungen. Mittlerweile gibt es auch eine Menge Videomaterial über diese Themen.

Hausapotheke

Bald ist es so weit, die Wassertemperaturen steigen und damit erwacht das Leben im Teich aufs Neue. Leider auch das der Parasiten und Bakterien, die wir nicht so gerne haben. Es muss nicht, aber es kann zu Problemen führen, und da ist es besser, wenn man vorbereitet ist. Arzneien und Mittel mit abgelaufenem Verfallsdatum sollten fachgerecht entsorgt und durch neue ersetzt werden.

Pflanzen zurückschneiden

Bevor das Wachstum der Pflanzen wieder beginnt, bleibt noch Zeit, altes abgestorbenes Pflanzenmaterial aus dem Bach-, Teich- und Pflanzenfilterbereich zu entfernen. Achten Sie jedoch darauf, dass Sie die Koi nicht stören und beunruhigen!

Baumaßnahmen

Möchten Sie Ihren Teich ändern oder ausbessern? Jetzt gilt es, alles zu beschaffen, damit Sie gleich mit dem Bau loslegen können, sobald es die Bedingungen zulassen. Häufig ist es so, dass man an Stellen umbaut, die einen Teil der Anlage stilllegen. Machen Sie es in der Zeit, in der die Koi noch nicht fressen. Dann macht es nicht so viel aus, wenn der Filter für ein paar Tage ausgeschaltet wird. Sind die Koi wieder richtig im Futter, ist dies nicht mehr möglich.

Technik

Ist die Technik wieder einsatzbereit für das neue Jahr? Haben Sie die Röhre in Ihrer UV-C-Anlage ausgewechselt? Nach einem Jahr sollte sie ausgetauscht werden. Was machen die Pumpen? Wie sieht der Filter aus? Entfernen Sie regelmäßig den Schlamm aus Vortex und Filtern.

Noch nicht füttern

Füttern Sie die Fische bitte noch nicht, auch wenn das Wasser kurzfristig warm wird und die Koi aktiv werden. Das Verdauungssystem der Koi ist noch nicht in der Lage, das Futter zu verdauen. Wenn es wieder kalt wird, bleibt das Futter unverdaut im Fischdarm und kann zu Problemen führen. Es gibt erst wieder Futter, wenn die Temperaturen konstant steigen.

März

Nun warten alle ungeduldig auf den Frühling. Mensch und Natur können es kaum erwarten, dass die Temperaturen steigen, die Sonne scheint und der Frühling endlich Einzug hält.

Wassertemperatur

Behalten Sie die Wassertemperatur im Auge. Bedingt durch die Temperaturschwankungen zwischen Tag und Nacht kommt es in kleinen Teichen zu großen Schwankungen. Versuchen Sie, die Schwankungen so gering wie möglich zu halten. Ein Windschutz kann vor Auskühlung schützen.

Fütterung

Wann kann mit dem Füttern begonnen werden? Die Frage ist gar nicht so leicht zu beantworten, denn es gibt einfach zu viele unterschiedliche Hinweise in der Literatur. Generell kann in Teichen mit einer großen Wassermenge eher gefüttert werden, als in Teichen mit kleinen Wassermengen. Wenn die Temperatur um die 10° C liegt, arbeitet der Biofilter noch nicht. In kleinen Teichen sollten Sie daher noch mit der Fütterung warten. Die Koi benötigen zwar Energie, doch solange der Biofilter nicht funktioniert, können die Ausscheidungen der Fische nicht vernünftig abgebaut werden und das verschlechtert die Wasserqualität. Wenn nachts die Temperatur sinkt, kühlen die kleineren Teiche schnell aus und das erschwert die Verdauung. Fangen Sie lieber erst bei einer Wassertemperatur von 12° C mit der Fütterung an.

Der Speiseplan

Verwenden Sie zunächst ein leicht verdauliches Futter (gekochter Reis) mit wenig Protein. Die für die Verdauung notwendigen Enzyme müssen erst wieder im Verdauungstrakt der Koi gebildet werden. Generell sollte das Futter hochwertig und vitaminreich sein. Auch ein Futter wie z.B. Medikarp, welches das Immunsystem der Fische stärkt, ist zu empfehlen. Es ist auf jeden Fall empfehlenswert, das Futter mit Vitaminzusätzen aufzuwerten. Das können Sie auch schon mit dem Reis machen! Am besten verabreichen Sie ein ausgewogenes, vollwertiges Futter in temperaturabhängigen Tagesgaben. Verdauungsprobleme treten normalerweise nicht auf.

Filterputz und Wasserwerte

Auch in diesem Monat kommt dem Filter eine besondere Bedeutung zu. Sauberkeit ist enorm wichtig, gerade jetzt werden die Krankheits-

Wem es im März in den Fingern juckt, der kann rund um den Teich für Ordnung sorgen.

Füttern oder nicht? Die Wassertemperatur sollte bei 10° C liegen.

erreger wieder aktiv und jede Schmutzecke fördert deren Wachstum. Durch die beginnende Fütterung wird der Filter wieder vermehrt gefordert, ein Grund, nun wieder regelmäßig die wesentlichen Wasserwerte wie Sauerstoff, pH, Ammonium und Nitrit zu messen!

Wasserzirkulation

Den Winter über lief der Filter auf halber Kraft, nun ist es an der Zeit, das System auf voller Leistung laufen zu lassen. Sollten Sie den Filter ganz abgeschaltet haben, muss das in Filter und Rohren stehende Wasser in die Kanalisation abgeleitet werden und darf nicht zurück in den Teich! Spülen Sie alles kräftig durch, bevor Sie das System starten.

Fischgesundheit

Zu dieser Jahreszeit sind die Fische besonders krankheitsanfällig. Wenn die Wasserwerte nicht optimal sind oder andere Probleme auftreten, zeigen es die Fische sofort: Es entstehen offene Löcher, Verpilzungen und vieles mehr. Deshalb ist jetzt besondere Aufmerksamkeit geboten. Es gilt, die Krankheit möglichst früh zu erkennen, um sie sofort behandeln zu können. Lassen Sie bitte immer erst eine exakte Diagnose von Ihrem Tierarzt erstellen, bevor Sie die Behandlung in die Wege leiten. Für den Fall der Fälle sollten Sie ein Quarantänebecken bereithalten. Kranke Fische brauchen gutes Wasser und

Wechselwirkungen im Teich

◇ Das Wasser erwärmt sich, dadurch steigt die Aktivität und der Stoffwechsel der Koi. Auch wenn Sie noch nicht füttern, produzieren die Fische mehr Urin und Kot, da sie im Teich andere Nahrungsquellen finden.

◇ Dadurch wird das Wasser mit Ammonium und Nitrit belastet, die Bakterien, die den Abbau übernehmen, arbeiten jedoch noch nicht auf voller Leistung.

◇ Die Filterbakterien brauchen, um sich ausreichend zu entwickeln, Wärme und Sauerstoff! Um im Frühjahr die Bakterienaktivität zu verbessern und zu beschleunigen, gibt es drei Möglichkeiten, die je nach Teichgegebenheiten durchgeführt werden können:

a) den Teich mit Hilfe einer Heizung erwärmen, um in Bereiche besserer Reproduktionsraten der Filterbakterien zu gelangen,

b) den stark dezimierten Bestand mit neuen Filterbakterien aufbessern und

c) als flankierende Maßnahme den Teich von allem Unrat befreien.

Wärme (23° C), und das bekommen Sie im Teich nicht ohne weiteres hin. Ein Quarantänebecken im Keller kann hier gute Dienste leisten.

Füttern Sie sehr dosiert und anfangs lieber zu wenig, als zu viel. Ohne die Filterbakterien kann kein Abbau stattfinden und damit steigen die Ammonium-Werte. Ermitteln Sie regelmäßig die Wasserwerte, also pH-Wert, Ammonium, Ammoniak (rechnerisch), Nitrit und Sauerstoff. Sind kritische Werte erreicht und die Wassertemperatur ist noch zu niedrig für ausreichende Bakterienaktivität, hilft nur noch ein Wasserwechsel und die Zugabe von Salz bis 0,3 %.

Salzzugabe

Sobald sich der Teich erwärmt, wird so viel Salz in den Teich gegeben, dass man auf eine Sättigung von 0,3 % kommt. Ab 12–13° C kann Reis gefüttert werden. Filterbakterien müssen Sie nicht kaufen, die im Wasser vohandenen reichen aus.

April

Endlich kommt der Frühling zurück. Langsam steigt die Wassertemperatur und der ganze Garten erwacht zum Leben. Die Fische werden immer lebendiger und haben ständig Hunger.

Teichabdeckung

Haben Sie den Teich schon aufgedeckt? Die Temperaturen zwischen Tag und Nacht schwanken noch sehr stark, deshalb sollte man noch damit warten und den Teich abgedeckt lassen, es sei denn, Sie können die Temperatur mit einer zusätzlichen Heizquelle steuern. Das ist wichtig, weil große Temperaturschwankungen die Fische unnötig schwächen und stressen würden.

Achten Sie bei abgedecktem Teich auf die Temperatur. Bedingt durch die Kraft der Sonne kann es passieren, dass trotz thermostatgesteuerter Teichtemperatur ein zu hoher Wert erreicht wird. Das führt ebenfalls zu unnötigen und unerwünschten Temperaturschwankungen. Gegebenenfalls müssen Sie einen Teil des Teiches aufdecken und ausreichend belüften.

Fischgesundheit

Nun beginnt der kritische Teil des Jahres. Wenn die Temperatur steigt, beginnen erfahrungsgemäß die Gesundheitsprobleme. Achten Sie nun verstärkt auf Ihre Fische. Versuchen Sie, vor allem einen Blick auf die Unterseite der Koi zu werfen. Da die Koi den Winter über auf dem Boden verbracht haben, können kleine Wunden entstanden sein. Rechtzeitig erkannt, kann das Problem vielleicht schon mit einer kurzen Wundbehandlung beseitigt werden. Haben Sie dafür alles Erforderliche da? Sonst besorgen Sie es gleich am besten.

Im Keller überwinterte Koi

Haben Sie Ihre Fische im Keller überwintert? Noch ist keine Eile mit dem Raussetzen geboten. Achten Sie zunächst auf die Temperatur im Teich, sie sollte stabil sein. Wenn die Temperatur im Überwinterungsbecken höher war, muss sie über einen ausreichenden Zeitraum heruntergekühlt werden. Gleichen Sie das Wasser an, indem Sie es nach und nach vermischen, und setzen Sie erst dann die Fische um.

Parasiten

Gerade im Frühjahr besteht die Gefahr, dass Parasiten an dem noch geschwächten Fisch Schäden verursachen. Dabei ist der eigentliche Parasit gar nicht das Problem, er beschädigt jedoch die Schleimhaut des Fisches, so dass Bakterien eindringen und wirklichen Schaden anrichten können. Untersuchen Sie Ihre Koi auf Parasiten. Wenn sich die Fische ständig scheuern, ist das meist ein Anzeichen auf Parasitenbefall. Lassen Sie einen Schleimhautabstrich machen, der unter dem Mikroskop untersucht wird, bevor Sie Medikamente in den Teich geben. So kann man die Ursache gezielt behandeln. Achten Sie dabei auch auf die Wassertemperatur, denn es gibt nur wenige Medikamente, die bei kaltem Wasser eingesetzt werden können.

Beobachten Sie Ihre Koi genau: Im Frühjahr besteht erhöhte Parasiten-Gefahr!

Wurden Parasiten entdeckt, wird der Koi aus dem Teich gefischt und in einer Wanne behandelt.

Filteraktivität

Bedingt durch das kalte Wasser und mangelnde Nahrung für die Filterbakterien braucht der Filter einige Zeit, um wieder richtig anzulaufen. Wenn der Filter im Winter durchlief, brauchen Sie keinen Filterstarter. Er kostet viel Geld, hilft jedoch leider nicht viel. Die Filterbakterien brauchen Sauerstoff, Wärme und Nahrung, dann funktioniert es von ganz allein.

Wasserparameter-Check

Behalten Sie die Wasserwerte im Auge und messen Sie regelmäßig. Sobald der Teich warm wird, setzt der Stoffwechsel der Koi ein und die Fische fressen gierig, was ihnen vor die Nase schwimmt. Neben dem Futter, das sie von uns bekommen, finden sie im Teich genügend Nahrung und produzieren munter Ausscheidungsprodukte, die die Wasserqualität verschlechtern. Leider ist es so, dass die Fische schneller zum Leben erwachen, als sich die Bakterien im Filter vermehren können. Dadurch erhöht sich der Anteil an Ammonium und Nitrit im Teich. Nach meiner Erfahrung wird Ammonium nicht so schnell zum Problem, weil sich die hierfür

zuständigen Bakterien relativ schnell entwickeln, nitritabbauende Bakterien brauchen hingegen deutlich länger (in einem beheizten Teich von 18° C ca. 4 Wochen). Man kann unzulässig hohe Nitritwerte durch Zugabe von Salz (0,3 %) entscharfen.

Ermitteln Sie die Wasserwerte mit einem geeigneten Wassertest. Messen Sie die Werte von Ammonium, Nitrit und den Sauerstoffgehalt.

Zusammengefasst: Sorgen Sie für stabile Wassertemperaturen, die nicht stark zwischen Tag und Nacht schwanken, geben Sie bei Bedarf pro Kubikmeter 3 kg Salz ins Wasser. Achten Sie auf Teichhygiene und Sauerstoff.

Mai

Der Mai ist gekommen und das Wetter kann bereits sommerliche Werte annehmen. Zeit, um Teich und Garten zu genießen, für erste Grillabende und für Besuche bei Koifreunden! Nun beginnen auch wieder die Arbeiten am und im Teich.

Teich aufdecken

Haben Sie den Teich schon aufgedeckt? Wenn nicht, dann wird es höchste Zeit! Entfernen Sie zunächst nur einen Teil, damit sich die Fische daran gewöhnen können. Und Sie können endlich wieder den Anblick Ihrer Fische genießen!

Fütterung

Koi haben immer Hunger. Dennoch sollten Sie Ruhe bewahren und langsam anfüttern. Zumal die Koi auch Algen fressen, wenn sie nicht zu viel Futter angeboten bekommen (Algen dienen als Notnahrung, die keine wesentlichen Nährstoffe liefert). Der Filter muss auch erst wieder seine volle Leistungsfähigkeit erreichen. Wenn Sie Ihre Filteranlage im Winter nicht haben durchlaufen lassen, sollten sie den Teich zur Sicherheit aufsalzen auf 0,3 %, dann sind auch hohe Nitritwerte kein Problem.

Alle gesund?

Und wieder heißt es Fische beobachten! Am besten legen Sie sich auf den Bauch und schauen Ihren Fischen beim Fressen zu. Können Sie weiße Beläge und/oder abstehende Schuppen entdecken? Der Fisch sollte von vorne bis hinten ganz glatt aussehen, es dürfen keine Schuppenabsätze sichtbar sein. Auch Glotzaugen oder eingefallene Augen sind ein sicheres Anzeichen für gesundheitliche Probleme, ebenso wie Springen und Scheuern, wenn es im Übermaß stattfindet. Wenn Sie sich nicht ganz sicher sind, fragen Sie einen erfahrenen Koifreund oder den Tierarzt.

Wasser testen

Testen Sie regelmäßig das Wasser mit allen wesentlichen Parametern. Wenn alles im grünen Bereich ist, fühlen sich Ihre Fische wohl und sie sind weniger krankheitsanfällig.

Der pH-Wert

Besondere Bedeutung kommt dem pH-Wert zu. Viel Ammonium bei niedrigem pH ist kein Problem, steigt der pH jedoch auf Werte über 8,5, wird ein Großteil des ungiftigen Ammoniums in giftiges Ammoniak umgewandelt, und das ist sehr gefährlich. Auch hier hilft die Zugabe von Kochsalz.

Sauberkeit

Die Pflanzen wachsen, alles grünt und blüht und das bedeutet, dass jede Menge Blütenstaub, Blätter und anderer Dreck in den Teich fallen – und der muss raus! Ab sofort steht der regelmäßige Teichputz auf dem Programm. Dazu gehört auch, zu prüfen, ob sich in den Lücken zwischen den Steinen Futterreste gesammelt haben, die vor sich hingammeln.

Futtermittel

Der Handel bietet eine Fülle an verschiedenen Futtermitteln für jede Jahreszeit. Ob das nötig ist, muss jeder selbst beurteilen. Ich verwende das ganze Jahr über nur ein Futter. Es wird je nach Situation und Jahreszeit mit Vitaminen und Lebertran aufgewertet. Meiner Meinung nach ist das besser als unterschiedliche Futtersorten, bei denen man nicht weiß, wie gut sie wirklich sind.

Temperaturschwankungen

Bedingt durch den recht langen Winter haben gerade Koi in unbeheizten Teichen Schwierigkeiten, wieder fit zu werden. Helfen Sie Ihren Fischen, indem Sie weitere Auskühlungen vermeiden. Heizen Sie in der Nacht, damit der Teich eine konstante Temperatur von 16° C, besser noch 18° C beibehält.

Nun herrscht wieder Leben im Teich: Füttern Sie die Koi mit angereichertem Futter, um sie fit zu halten.

Juni

Nun ist das Gröbste überstanden, mögliche Startprobleme in die Saison sind hoffentlich unter Kontrolle. Durch die steigenden Wassertemperaturen heilen eventuell vorhandene Wunden. Die Koi fressen mit gesundem Appetit, wachsen und gedeihen prächtig.

Belüftung

Langsam steigen die Teichtemperaturen auf sommerliche Werte. Oftmals kommt es in den frühen Morgenstunden zu einem Sauerstoffmangel, solange es noch dunkel ist! Ein paar Stunden später hat sich der Anteil wieder erhöht, so dass der Mangel oft nicht auffällt. Messen Sie daher morgens beizeiten den Sauerstoffgehalt.

Fadenalgen

Algen produzieren tagsüber Sauerstoff, wie andere Pflanzen auch, doch für diesen Vorgang benötigen sie Licht. Nachts kann aufgrund der mangelnden Sonneneinstrahlung keine Photosynthese stattfinden, hier schalten die Pflanzen

Davon träumt jeder Koiliebhaber: schöne Grillabende am Koiteich in lauen Sommernächten.

auf Atmung um. Das bedeutet, dass sie ebenfalls Sauerstoff verbrauchen und CO_2 an das Wasser abgeben. Dadurch sinkt der Sauerstoffgehalt im Wasser. Arbeitet die Belüftung des Teichs schon an der Grenze, kann es schnell zu kritischen Werten kommen. Sauerstoffmangel bedeutet auf jeden Fall Stress für die Koi. Entfernen Sie daher die Algen und sorgen Sie für ausreichende Belüftung.

Filterreinigung

Bedingt durch den erheblichen Stoffwechsel der Koi, muss der Filter regelmäßig gereinigt werden. Zwar gibt es mittlerweile auf dem Markt eine Vielzahl von automatischen Systemen, doch auch diese müssen in regelmäßigen Abständen kontrolliert und im Zweifelsfall gereinigt werden. Grundsätzlich gilt: Je schneller der anfallende Dreck dem Teich entzogen wird, um so besser. Das gilt für den Teichgrund ebenso wie für den Filter an sich.

Für den Teich bietet sich ein regelmäßiges Absaugen mit einem geeigneten Gerät an. Der Filter inklusive des Mediums muss von Zeit zu Zeit von anhaftendem Mulm befreit werden, sonst kann der Filter umkippen. Reinigen Sie den Filter immer mit Teichwasser und wechseln Sie nie das ganze Filtermaterial auf einmal aus, da sonst die Bakterienkulturen zerstört werden würden.

Bei jeder Reinigung geht immer etwas von der Filterleistung verloren. Wenn Sie das Filtermaterial in eine Wanne mit Teichwasser tauchen, ist das am schonendsten. Leitungswasser zerstört die Filterbakterien.

Behandlung

Nicht nur die Koi wachsen und vermehren sich, auch die unerwünschten Lebewesen wie Parasiten oder andere krank machende Lebensformen. Dem gilt es mit geeigneten Mitteln zu begegnen. Wenn Sie durch einen Schleimhautabstrich Parasiten feststellen, sollten die Fische schnellstmöglich behandelt werden. Einen Indikator für parasitäre Probleme stellt das

Verhalten Ihrer Koi dar. Geben Sie jedoch nicht zu viele Medikamente ins Wasser, denn das belastet den Organismus der Fische.

Nachwuchs

Im Juni beginnt die Laichzeit. Die Männchen jagen meist morgens dem laichbereiten Weibchen hinterher. Dabei geht es kräftig zur Sache, die Jagd geht ohne Rücksicht auf Verluste durch den ganzen

In den Sommermonaten dienen überhängende Bäume und Sträucher als Schattenspender.

Denn helle Koi bekommen schnell Sonnenbrand auf ihren Schuppen.

Teich. Inspizieren Sie Ihren Teich auf scharfe Kanten, auch an Stellen, an die die Koi normalerweise nicht drankommen. Das Liebesspiel der Koi ist ganz schön stürmisch. Behalten Sie die Fische im Auge und kontrollieren Sie, ob irgendwelche Verletzungen aufgetreten sind. Wenn Sie züchten wollen, sollten Sie den Laich aus dem Teich nehmen und in ein gut belüftetes Becken setzen, denn die erwachsenen Koi verspeisen ihren Nachwuchs.

Juli

Der Hochsommer hat Einzug erhalten. Ihr Teich und Ihre Fische sind nun auf Ihre Pflege angewiesen. Durch die extrem warmen Tage wachsen die Algen rasant. Die Wassertemperatur kann hohe und damit bedenkliche Werte annehmen. Vor allem, weil der Sauerstoffgehalt abnimmt. Beschatten Sie Ihren Teich, wenn möglich, das schützt auch die Fischhaut vor zu viel Sonneneinstrahlung.
Ob Wassertemperaturen von über 26° C bedenklich sind, hängt in erster Linie vom Teichsystem ab. Für einen gut angelegten und gefilterten Teich sind diese Temperaturbereiche kein Problem. Ein Teich, der schon an der Grenze seiner Belastungsfähigkeit ist (hoher Fischbesatz, kleiner Biofilter, keine Sauerstoffregelung usw.), sollte durch einen Wasserwechsel heruntergekühlt werden.

Ausreichende Belüftung

Der Teich sollte nun maximal belüftet werden, vor allem auch nachts, da die Pflanzen im Teich dem Wasser den Sauerstoff entziehen. Ein Wasserfall ist zwar schön, aber der Sauerstoffeintrag reicht nicht aus, um Fische und Pflanzen optimal zu versorgen. Eine Venturidüse im Einlauf verbessert zwar die Belüftung, hat jedoch den Nachteil, dass die Umwälzrate im Teich verringert wird. Sowohl der Wasserfall als auch die Venturidüse reichen ab einer Wassertemperatur von 23-24° C nicht aus. Immer mehr Koifreunde gehen dazu über, ihre Teiche mit einem Sauerstoffkonzentrator zu belüften. Dadurch erreicht man für jede Belastungssituation ausreichende Sauerstoffwerte.

Teichpflege

Die Koi sind nun sehr agil, fressen, schwimmen, wachsen und verdauen. Durch Futterreste und Ausscheidungsprodukte wird der Teich schnell verschmutzt und bedarf eines erhöhten Pflegeaufwands. Reinigen Sie regelmäßig die Filter, kontrollieren Sie die Wasserwerte und nehmen Sie Wasserwechsel vor. Auch wenn das Teichwasser klar aussieht, ist es immer wieder erstaunlich, wie viel Schmutz in der Bürstenkammer steckt. Dieser Schmutz muss raus. Er zehrt Sauerstoff und ist ein wunderbarer Nährboden für die Bakterien, die wir nicht im

Wasser haben wollen und die zu Problemen bei den Koi führen können. Die Reinigung sollte Schritt für Schritt erfolgen, damit nie der ganze Bakterienrasen zerstört wird. Benutzen Sie Teichwasser anstelle von Leitungswasser, dann wird auch der gereinigte Teil eine gewisse Wirksamkeit behalten und schneller wieder eingefahren sein.

Wechseln Sie einmal die Woche einen Teil des Wassers (bis zu 30 %).

Auch wenn Ihr System noch so gut gebaut wurde, gibt es immer wieder Ecken, in denen sich Dreck absetzt, der entfernt werden muss. Hier leistet ein Teichsauger gute Dienste. Es werden unterschiedlichste Systeme angeboten. Lassen Sie sich beraten, welches Ihnen am besten hilft.

Verbesserungsmöglichkeiten rund um die Anlage

Welcher Koiteichbesitzer ist nicht ständig auf der Suche nach Verbesserungsmöglichkeiten? Die meisten suchen nach dem optimalen Filter und wollen die optimale Lösung. Doch der Spruch „Never touch a running system" hat seine Berechtigung. Je erfreulicher eine funktionierende Verbesserung wäre, umso schlimmer ist eine Verschlechterung, gerade im Sommer. Unterhalten Sie sich zunächst mit Fachleuten, ob die geplanten Änderungen auch wirksam sein werden!

Sommerzeit ist Laichzeit

Machen Sie sich den Spaß und entnehmen Sie ein wenig Laich, um kleine Koi zu züchten. Es ist spannend zu sehen, wie sich die Kleinen entwickeln. Sie brauchen nur etwas Laich in ein gut belüftetes Becken ohne Fressfeinde zu legen. Schon nach wenigen Tagen werden Sie die ersten kleinen Koi sehen. Sollte der Filter durch das Ablaichen oder sonstige Maßnahmen in die Knie gehen, was sich durch den ansteigenden Nitritgehalt bemerkbar macht, können Sie als Erste-Hilfe-Maßnahme jodfreies Kochsalz in einer Konzentration von bis zu 0,3 % hinzugeben. Damit kann man die Zeit überbrücken, bis der Filter das Wasser wieder selbstständig reinigen kann.

Mehrkammerfilter reinigen

Es kann passieren, dass der Nitritgehalt auf einmal plötzlich ansteigt, obwohl Sie alles berücksichtigt haben und der Teich stabil zu laufen scheint. Werfen Sie einen Blick in den Mehrkammerfilter. Es kann sein, dass der Filter mit abgestorbenem Material so stark verunreinigt ist, dass die Nitrifikation gehemmt wird. Leider passiert das immer wieder, weil das abgestorbene Material nicht aus dem Biofilter geschwemmt wird. Nach einer sachgemäßen Reinigung des Biofilters ist wieder alles in Ordnung.

Sommerzeit ist Laichzeit. Die Männchen verfolgen die Weibchen in einer wilden Jagd.

Im Sommer vertilgen die Koi große Mengen und scheiden viel aus. Reinigen Sie den Filter.

Koi haben im Sommer immer Hunger! Füttern Sie auch Frisches wie Obst und Salat.

August

Das Futter anpassen

Der Stoffwechsel der Koi steigt mit zunehmender Wassertemperatur. Deshalb benötigen die Fische Futter mit höherem Energiegehalt. Füttern Sie auch frisches Futter bei. Neben dem Fertigfutter für Koi sollten Sie das Nahrungsangebot durch unbehandelten Salat, Obst und Gemüse ergänzen. Gut geeignet sind Kopfsalat, Mais, Erbsen, Melone, Apfelsine, Würmer etc.

Sauerstoffeintrag erhöhen

Der Gehalt an gelöstem Sauerstoff nimmt mit zunehmender Wassertemperatur ab. Der Sauerstoffverbrauch der Koi nimmt hingegen zu. Dies führt unter Umständen zu einer Unterversorgung der Fische. Das bedeutet Stress für die Fische, sie sind nicht mehr in der Lage, das angebotene Futter richtig zu verwerten, und sie werden krankheitsanfälliger.

Messen Sie regelmäßig den Sauerstoffgehalt – 5 mg/l sollten nicht unterschritten werden – und sorgen Sie für ausreichende Belüftung.

Wasserwerte kontrollieren

Durch den unbändigen Appetit der Koi bei hohen Temperaturen muss dem Ammoniak-, Nitrit- und Nitratgehalt eine besondere Aufmerksamkeit geschenkt werden. Messen Sie die Wasserwerte immer zur gleichen Zeit, damit Sie einen Vergleich haben. Die Werte geben Ihnen auch einen Anhaltspunkt, ob der Biofilter einwandfrei arbeitet.

Teichreinigung

Teichhygiene ist von wesentlicher Bedeutung für die Gesundheit der Koi. Winkel und Ecken, in denen sich Dreck ablagern kann, sind potenzielle Krankheitsherde. Saugen Sie regelmäßig den Boden ab, damit Futterrückstände und Kot dem System entnommen werden und nehmen Sie regelmäßige Teilwasserwechsel vor.

Seerosen sehen nicht nur schön aus: Sie spenden auch Schatten.

Bestandsaufnahme: Sind es zu viele Koi oder passt noch ein neuer in den Teich?

Bestandsaufnahme

So schwer es einem fällt: Ab und zu muss man sich die Frage stellen, ob Teich und Filter für den momentanen Fischbestand noch groß genug sind. Da die Koi recht schnell wachsen, der Teich in der Regel nicht, kommt man irgendwann an die Grenze des Machbaren. Im Sommer ist der richtige Zeitpunkt, um für den Überbesatz ein neues Zuhause zu finden. Rechnen Sie mit 1 bis 3 Kubikmeter pro Fisch, je weniger Fische im Wasser sind, desto besser.

Filterreinigung

Vortex, Bürstenkammer oder Spaltsieb sollten regelmäßig gereinigt werden. Die Ablagerungen im Filter verschlechtern oft den Sauerstoffgehalt im Wasser. Der biologische Filter sollte so konzipiert sein, dass er nicht verdreckt. Wenn er dennoch gereinigt werden muss, nehmen Sie sich bitte immer nur Teilbereiche vor und reinigen Sie ihn schonend mit Teichwasser, um die Bakterienkultur nicht zu zerstören.

> ### Tipp Laichsubstrat
> *Hängen Sie Laichsubstrat in den Teich, damit Ihre Fische ablaichen können.*

Fische beobachten

Leider ist der Sommer auch die Zeit, in der die meisten Krankheiten auftreten. Beobachten Sie Ihre Koi beim Füttern, ob sie sich normal verhalten oder ob sie erste Anzeichen von Krankheiten zeigen. Achten Sie auf die Unterseite der Fische, denn dort beginnen häufig bakterielle Infektionen. Wenn Sie eine offene Stelle an einem Ihrer Fische entdecken, sollten Sie einen Abstrich machen und an Ihren Tierarzt weitergeben, um den Krankheitserreger zu ermitteln und eine entsprechende Behandlung einleiten zu können.

Spät laichende Koi

Häufig laichen die Fische erst im August ab, weil das Wasser erst dann eine Temperatur von 23° C erreicht, die die Koi zum Laichen benötigen. Es sieht zwar schlimm aus, aber wenn Ihr Teich keine scharfkantigen Steine oder sonstigen Einbauteile hat, an denen sich die Weibchen verletzen können, treten in der Regel keine Probleme auf. Überprüfen Sie die Ammonium- und Nitritwerte. Sie steigen während der Laichzeit oft extrem an. Geben Sie Salz in den Teich (0,3 %), so dass die vorübergehend schlechten Wasserwerte von den Fischen verkraftet werden können.

Schatten spenden

Die Intensität der Sonneneinstrahlung hat in den letzten Jahren zugenommen. Wir möchten unsere Koi zwar in glasklarem Wasser halten, aber die Haut der Fische ist auf die Intensität der Sonne nicht eingestellt. Schalten Sie die UV-Anlage für einen Monat aus und lassen Sie das Wasser grün werden. Die Fische werden es Ihnen mit einer besseren Hautqualität und kräftigeren Farben danken. Falls Ihnen glasklares Wasser wichtig ist, sollten Sie wenigstens große Teile des Teiches beschatten.

Ein Sonnensegel hilft, um den Teich zu beschatten. So vermeiden Sie Sonnenbrand.

Koikauf

Wenn Sie noch Platz im Teich haben und über einen neuen Koi nachdenken, wäre der August ein günstiger Zeitpunkt. Wenn Sie kein Quarantänebecken haben, sollten Sie neue Fische nicht viel später in den Teich setzen, damit sie sich noch akklimatisieren können, bevor die Wassertemperatur wieder unter 18° C sinkt.

September

Fütterung

Bedingt durch die langsam sinkenden Wassertemperaturen fressen die Koi weniger und können das angebotene Futter nicht mehr ganz so gut verwerten. Verfüttern Sie das angebrochene Futter und heben Sie es nicht bis zum nächsten Jahr auf. Reichern Sie es mit Vitaminen und Weizenkeimöl an, um die Fische in bester Verfassung in den Winter zu bringen. Achten Sie darauf, ob die Fische das Futter annehmen beziehungsweise worauf sie Appetit haben.

Teichvorbereitung

Jetzt ist es an der Zeit, über die Wintervorbereitung nachzudenken. Wenn der Teich beheizt wird, sollte das System bereits jetzt überprüft

werden. Außerdem macht es Sinn, die Heizung in Betrieb zu nehmen, um die nächtliche Abkühlung auszugleichen. Wasserfälle sollten nachts abgeschaltet werden. Haben Sie eine Überdachung für die kalte Jahreszeit? Jetzt besteht noch die Möglichkeit, eine zu planen.

Koigesundheit

Sind die Koi in guter Verfassung oder zeigen sie Krankheitssymptome? Jetzt heißt es, geeignete Maßnahmen zu ergreifen. Kranke Koi müssen im Warmen überwintert und nach Möglichkeit behandelt werden. Die Patienten dürfen auf keinen Fall im Teich bleiben. Bei Wassertemperaturen unter 16° C heilt keine Wunde mehr.

Dreck im Teich

Ist Ihr Teich blitzeblank? Entfernen Sie die Ablagerungen vom Boden und aus den Ecken des Teiches gründlich. Die Koi ruhen im Winter am Teichgrund. Zwar sind Bakterien und Parasiten zu dieser Jahreszeit nicht sonderlich aktiv, dennoch sollten die Koi mit ihrer empfindlichen Unterseite nicht im faulenden Schlamm liegen. Ein Teichstaubsauger leistet gute Dienste. Reinigen und überprüfen Sie auch die Rohrleitungen und Bodenabläufe mindestens 2x im Jahr. Es kann auch nicht schaden, eine mikrobielle Wasseranalyse machen zu lassen.

Die Bäume werden bunt und verlieren ihre ersten Blätter. Zeit zum Laub rechen!

Technik-Check

Meistens denkt man erst daran, wenn es schon zu kalt ist. Jetzt ist die ideale Zeit, alle erforderlichen Arbeiten durchzuführen, die ein Bad im Koiteich erfordern.

Wasserqualität – Wasserwechsel

Man kann es gar nicht oft genug sagen: Die Gesundheit der Koi ist maßgeblich von der Wasserqualität abhängig. Ist das Wasser in Ordnung, sind die Fische gesund. Haben Sie schon das Wasser gewechselt? Regelmäßige Frischwassergaben sind ganzjährig erforderlich.

Wasserfälle sehen zwar schön aus, kühlen aber auch das Wasser. Schalten Sie ihn aus.

Fischkauf

Es gibt unterschiedliche Ansichten darüber, ob man sich im Spätsommer noch neue Fische kaufen sollte. Wenn Sie sich dafür entscheiden, sollten die Fische von einem bekannten Händler kommen, um das Risiko möglicher Infektionen zu minimieren. Kleine Koi sind empfindlicher als große, Quarantäne hilft sicher, schließt das Risiko aber nicht vollkommen aus.

Händler werben gerade zu dieser Jahreszeit mit besonders günstigen Preisen, um ihre Bestände vor dem Winter abzuverkaufen. Seien Sie vorsichtig! Ohne Quarantäne sollten Koi in Zeiten von KHV ohnehin nicht in den Teich gesetzt werden. Stellen Sie sich die Frage, ob Sie im Notfall alle Fische warm überwintern können. Wenn ja, dann können Sie auch jetzt noch neue Fische kaufen, sonst lassen Sie es besser bleiben.

Bachlauf aus

Die Nächte werden nun schon deutlich kälter, das führt auch dazu, dass sich das Teichwasser schnell abkühlt. Deshalb ist es ratsam, abends nach Möglichkeit Bachlauf oder Wasserfall abzustellen und erst am späten Vormittag wieder in Betrieb zu nehmen. Allerdings ist das nur zu empfehlen, wenn dadurch der Filterdurchsatz nicht eingeschränkt wird.

Aktivitäten planen

Es geht jetzt sehr schnell, und bevor wir uns versehen, ist der Winter da. Noch ist genügend Zeit, zu überlegen, welche Aufgaben bis zum Winter anfallen. Brauchen Sie eine Quarantäne- oder Innenhälterung? Was haben Sie mit dem Teich vor? Heizen Sie ihn, decken Sie ihn ab oder überlassen Sie ihn sich selbst?

Teich- und Filterhygiene

Je nach Filterbauart und Filtermedium setzt sich der Filter über kurz oder lang mit abgestorbenen Bakterien zu. Diese müssen entfernt werden. Es empfiehlt sich, eine solche Reinigung mit einem Teil des Filters vorzunehmen. Hat sich der erste Teil erholt, kommt der nächste dran.

Ein kleiner Gerätecheck kann nicht schaden. Wie sehen die Pumpen und die Laufräder aus? Sind Teile verschmutzt, beschädigt oder gar zerschlissen, gilt es, diese zu säubern und auszutauschen. Dadurch wird sich der Durchsatz verbessern.

Pflanzen zurückschneiden

Die ersten Pflanzen sterben ab, weil es ihnen nachts zu kalt wird. Schmutz, Blätter und abgestorbene Pflanzenteile, die erst gar nicht in den

Teich fallen, müssen später nicht wieder mühsam entfernt werden. Schneiden Sie die Pflanzen zurück und entfernen Sie abgestorbene Teile und Laub.

Sturmvorsorge

Bald beginnen die ersten Herbststürme. Sorgen Sie vor und decken Sie den Teich gegebenenfalls mit einem Netz ab, das das herabfallende Laub auffängt.

Kranke und kleine Koi ins Warme

Achten Sie auf das Wohlbefinden der Koi. Bricht jetzt eine Krankheit aus, führt diese zu großen Problemen, wenn sie nicht rechzeitig behandelt wird. Sollten Sie einen Koi mit einer bakteriellen Infektion haben, ist der Bau einer Innenhälterung dringend anzuraten. Sobald die Wassertemperatur unter 18° C sinkt, stehen die Chancen einer Heilung im Teich nicht gut.

Kleine Koi sollten, wenn möglich, den Winter im Warmen verbringen. Meine Erfahrungen haben gezeigt, dass die kleinen Koi im Frühjahr leicht erkranken, weil sie noch nicht robust genug sind.

Optimale Haltungsbedingungen

Sollten Ihre Koi bisher nicht unter optimalen Bedingungen gelebt haben, ist es allerhöchste Zeit, dies zu ändern. Da Koi Warmwasserfische sind, die sich erst ab 23°C rundum wohlfühlen, sind alle anderen Haltungsbedingungen ein Kompromiss, den nur fitte Fische gut überstehen können. Viele kleine Hälterungsfehler im Laufe des Jahres rächen sich im Winter und Frühjahr. Daraus resultieren die meist unerklärlichen Todesfälle während dieser Jahreszeiten, häufig reiner Energiemangel der äußerlich unversehrten Koi.

Parasiten

Parasitenbefall bedeutet für die Fische Stress. Dadurch verbrauchen sie mehr Energie als im gesunden Zustand. Durch die kühlen Temperaturen müssen die Fische auf ihre Reserven zurückgreifen und das schwächt sie. Deshalb müssen Parasiten nun mit allen Mitteln bekämpft werden.

Oktober

Im Oktober wird die Wassertemperatur stark fallen, da es nachts schon recht kalt wird. Wenn Sie einige Fische haben, die im Winter in eine Innenhälterung sollen, so ist es an der Zeit, diese vorzubereiten. Beobachten Sie Ihre Fische genau, jetzt ist noch Zeit, kranke Fische über den Winter ins Warme zu holen, damit sie gesund werden können.

Wasserpflanzen und Pflanzenfilter

Die Pflanzenfilter sollten jetzt häufiger sauber gemacht werden. Entfernen Sie absterbende Pflanzenteile und schneiden Sie die Pflanzen gegebenenfalls zurück, damit sie nicht im Wasser verfaulen und die Wasserqualität verschlechtern.
Alle paar Jahre sollte auch das Bodensubstrat gereinigt werden.

Schneiden Sie im Herbst die Pflanzen zurück, damit die absterbenden Teile nicht im Wasser verfaulen.

Beim Füttern lassen sich die Fische gut untersuchen.

Fütterung einstellen?

Der Zeitpunkt, ab wann man die Fütterung einstellen sollte, hängt von vielen Faktoren ab, wobei der Wassertemperatur sicher die wichtigste Bedeutung zukommt. Ich achte einfach darauf, ob die Koi noch fressen wollen oder nicht. Wenn sie nichts mehr mögen, gibt es auch bis zum Frühjahr kein Futter mehr. Der Appetit der Koi nimmt mit sinkender Wassertemperatur ab; passen Sie die Futtermengen an.

Sauerstoffgehalt

Achten Sie auf den Sauerstoffgehalt im Teich. Da das Wasser mit zunehmender Abkühlung mehr Sauerstoff aufnehmen kann, müssen Sie jetzt nicht mehr so stark belüften, 5-6 mg/l Sauerstoffgehalt reichen völlig aus. Je nach Fischbesatz können Sie nun den Belüfter abschalten oder per Zeitschaltuhr stundenweise laufen lassen. Das spart Energie und sorgt dafür, dass der Teich durch weniger Wasserbewegung nicht so schnell auskühlt. Messen Sie den Sauerstoffgehalt regelmäßig.

Sind die Fische handzahm, kann man sie gut beobachten und im Zweifel herausfangen.

Koi beobachten

Auch im Oktober gilt: Beobachten Sie Ihre Koi. Jede Verletzung sollte baldmöglichst abheilen, weil bei Wassertemperaturen unter 16° C keine Heilung mehr stattfinden kann. Diese offenen Stellen sind Angriffspunkte für Krankheitserreger. Beobachten Sie die Fische beim Füttern, damit Sie eingreifen und den Fisch herausfangen können, wenn die Koi ohnehin gerade in Ihrer Nähe sind. Wenn Sie mit dem Kescher im Teich herumfuhrwerken, stressen Sie die Fische nur. Wenn sie handzahm sind, ist es ein Leichtes, sie zu untersuchen. Vergessen Sie nicht, auch die Unterseite zu inspizieren. Wenn Sie einen Koi aus dem Teich nehmen müssen, ist es ratsam, eine für Ihren Teich maßgeschneiderte Zugwand einzusetzen. Damit können Sie die Koi relativ stressfrei in einer Teichecke fixieren, um sie mit einem Kescher herauszufischen.

Teichpflege

Entfernen Sie heruntergefallenes Laub, Futterreste und abgestorbene Pflanzenteile aus allen Bereichen des Teiches. Dies sollte nach Möglichkeit geschehen, ohne den Filter zu leeren. Der Biofilter sollte höchstens mit Teichwasser gereinigt werden. Ein Durchspülen mit Frischwasser würde die Filterbiologie zerstören. Jetzt können Sie sich auch Gedanken machen, welche Arbeiten im Frühjahr anfallen. Wollen Sie etwas verändern und wenn, wie?

Schutz vor Kälte

Haben Sie bereits eine Heizung installiert oder wollen Sie es nun in Angriff nehmen? Welche Maßnahmen sollten getroffen werden, um die Koi vor allzu großer Kälte zu schützen? Ist eine Teichabdeckung sinnvoll? Wie kann sie realisiert werden? Wenn Sie den Teich abdecken wollen, sollte die Abdeckung so konstruiert werden, dass die Fische nicht daraufspringen können. Zudem sollte sie den Herbststürmen und einer gewissen Schneelast standhalten können oder direkt auf dem Teich schwimmen.

*Verletzte oder kranke Kandidaten werden heraus-
gefischt und im Warmen behandelt.*

Schwimmkugeln haben sich am besten
bewährt. Sie liegen auf dem Wasser, benötigen
keine Unterkonstruktion und sehen gut aus.

Eine Heizung ist keine Philosophiefrage
mehr. Die Erfahrungen der letzten Jahre haben
gezeigt, dass die Koi besser über den Winter
kommen, wenn man die Wassertemperatur bei
mindestens 10° C hält. Wenn der Teich zusätzlich abgedeckt wird, ist das mit geringen Kosten machbar.

Vorteil: Die Fische sind im Frühjahr gesün-
der und widerstandsfähiger, der Filter läuft
schneller wieder bei voller Leistungsfähigkeit
und erspart Wasserprobleme im Frühjahr.

Viele argumentieren, dass das Heizen des
Teiches zu teuer ist. Stellt man den Kosten
die Kosten für Fischverluste und -behandlung
gegenüber, wird es sich die Waage halten.

November

Wird der Teich nicht geheizt, sinkt die Tempera-
tur schnell, die Koi werden immer ruhiger. Alle
Arbeiten am und im Teich sollten erledigt sein.
Der Winter kann nun kommen.

Letzte Handgriffe

Haben Sie alle Arbeiten im Wasser erledigt?
Jetzt wird es kalt und das Wasser ist eisig.
Ganz angenehm ist es, wenn man über eine

gute Surf- oder Tauchausrüstung verfügt. Damit
kann man im schlimmsten Fall noch mal ins
Wasser gehen.

Teichkontrolle

Auch wenn die Koi ruhiger geworden sind, noch
fressen und verdauen sie. Zusätzlich fällt Laub
in den Teich. Reinigen Sie weiterhin regelmäßig
Teich und Filter. Dadurch wird sichergestellt,
dass der Dreck und die sich darin bildenden
Bakterien unseren Koi nichts anhaben können.

Keine Jahreszeit für Koikäufe

Die Zeit im Garten wird weniger, dafür hat
man jetzt mehr Lust, mal wieder bei seinem
Koihändler vorbeizuschauen. Meistens findet
man einen schönen Koi und muss ihn unbedingt haben. Sicher keine ideale
Jahreszeit für einen Koi-
kauf! Lassen Sie, wenn
möglich, den Fisch bis
zum Frühjahr beim
Händler.

Wenn das nicht geht, sollten
Sie Folgendes klären: Stimmt die
Wassertemperatur beim Händler
mit Ihrer überein oder muss der neue Fisch
erst umgewöhnt werden? Haben Sie ein geeignetes Becken für die Eingewöhnung? Ist es ein
kleiner oder ein großer Fisch? Ein kleiner Koi
unter ca. 12 cm ist wesentlich empfindlicher,
als ein großer, gerade kurz vor dem Winter.
Zudem bringt der neue Fisch Bakterien, Pilze
und gegebenenfalls auch ein paar Parasiten
mit. Das ist jetzt noch nicht dramatisch, dafür
können Krankheiten im Frühjahr bei steigenden
Wassertemperaturen ausbrechen, die sich auch
auf den alten Fischbestand ausbreiten.

Im Winter sollte man einen Teil des Teiches abdecken, um starke Auskühlung zu vermeiden.

Abdeckung

Wenn Sie Ihren Teich abdecken wollen, ist nun der richtige Zeitpunkt gekommen. Ein frühzeitiges Abdecken bewirkt ein langsameres Abkühlen des Teiches und damit eine kürzere Ruheperiode der Fische. Haben Sie alles vorbereitet? In der Regel dauert das Abdecken eine Weile, und da sollte alles vorbereitet sein, bevor Sie loslegen. Dadurch entsteht auch weniger Stress für die Fische.

Sauerstoff contra Wärme

Zwei Dinge sind wichtig: Zum einen muss im Winter weniger belüftet werden, weil kaltes Wasser ein größeres Sauerstoffaufnahmevermögen hat, und zum anderen muss bedacht werden, dass eine Belüftung den Teich weiter auskühlt, weil kalte Luft ins Wasser geblasen wird und weil mehr Wasserbewegung vorhanden ist. Stellen Sie den Belüfter ins Warme. Wenn Sie einen Wasserfall oder Bachlauf haben, sollte er zumindest nachts abgestellt werden, um das Auskühlen zu verlangsamen. Messen Sie den Sauerstoffgehalt mindestens einmal pro Woche.

Futtermenge

Jetzt gibt es nur so viel Futter, wie die Koi innerhalb von 10 Minuten fressen können. Ist die Wassertemperatur unter 15° C gesunken, können Sie Futter mit geringem Eiweißgehalt verwenden. Es wird leichter verdaut und belastet den Koi weniger. Reichern Sie das Futter mit Vitaminen an, um die Immunabwehr zu stärken, und/oder vermischen Sie das Futter mit etwas Weizenkeimöl. Sinkt die Temperatur unter 8° C, wird die Fütterung eingestellt. Eine Studie an Speisekarpfen hat gezeigt, dass sie das Futter noch bis 2° C verdauen können. Ich persönlich richte mich nach meinen Koi: Wenn sie nichts mehr wollen, gibt es nichts mehr, und zwar so lange, bis sich der Teich wieder aufwärmt.

Alles okay?

Geht es den Koi gut und schwimmen sie ruhig? Oder scheuern sie sich? Gibt es Anzeichen für ein bakterielles Problem, muss eine Diagnose erstellt werden. Ein Tierarzt sollte den Abstrich der Schleimhaut untersuchen und den Fisch gezielt behandeln.

Die richtige Temperatur

Wenn Sie Ihren Teich beheizen wollen, stellt sich die Frage, welche Temperatur optimal ist. Hier scheiden sich die Geister und es gibt viele unterschiedliche Meinungen. Ich halte die Zeit der Minimaltemperatur so kurz wie möglich. Das heißt: Mein Teich wird bis zum November beheizt, dann lasse ich ihn bis auf 16° C abkühlen und heize ihn im März/April langsam wieder auf.

Dezember

Im Garten wird es langsam ungemütlich und ich beneide diejenigen, die eine Innenhälterung im Keller haben. Hier läuft alles weiter, wie gehabt.

Für den Rest beginnt das Warten auf das neue Jahr. Trotzdem sollten Sie noch ein paar Dinge beachten.

Eisfreie Ecke

Wenn die Teichoberfläche zufriert (was nicht komplett geschehen sollte), sollte ein Teil des Teiches eisfrei gehalten werden, um den Gasaustausch zu ermöglichen. Halten Sie die Öffnung von Beginn an frei und schaffen Sie sie nicht erst im Nachhinein. Wenn doch mal alles zugefroren ist, sollten Sie das Loch mit Hilfe von heißem Wasser schaffen. Hacken Sie den Teich bitte nicht auf.

Ruhe bewahren

Lassen Sie die Fische in Ruhe und beunruhigen Sie sie nicht. Jeder unnötige Stress schwächt das Immunsystem unserer Koi. Behalten Sie die Fische dennoch im Auge.

Fastenzeit

Bedingt durch die jahreszeitlichen Temperaturschwankungen sind die Fische mal mehr, mal weniger aktiv. Auch wenn die Koi herumschwimmen, gibt es kein Futter mehr, wenn Sie die Fütterung bereits für einige Tage eingestellt haben. Bis zum Frühjahr herrscht Fastenzeit!

Entwässern

Bevor der große Frost kommt: Haben Sie alle Anlagenteile ent-

wässert, die ausgeschaltet sind? Dies ist wichtig, damit die Rohre nicht platzen. Ob der Filter nun abgeschaltet werden soll oder nicht, ist eine Glaubensfrage. Ich lasse ihn weiterlaufen.

Gut durch den Winter

Keine Sorge, Fische sind wechselwarme Tiere und können sich an die kalten Temperaturen anpassen. Durch die Fähigkeit, den Stoffwechsel auf ein Minimum zu reduzieren, können die Koi den Winter gut überstehen, vorausgesetzt, sie haben sich im Sommer gut entwickelt und eine gute Immunabwehr aufgebaut.

Vorsicht, Reiher

Im Winter kommen gern fischfressende Vögel an den Teich. Da sie in freier Natur immer weniger Nahrung finden, suchen sie menschliche Siedlungen auf, um ihren Hunger an Garten- oder Koiteichen zu stillen. Stellen Sie sicher, das ein futtersuchender Reiher Ihre Koi weder gefährden noch erschrecken kann, d.h. dass Ihre Koi eine Rückzugsmöglichkeit haben.

Wasserwerte kontrollieren

Kontrollieren Sie die Wasserwerte einmal pro Woche, besonders den Sauerstoffgehalt!

Wöchentlich anfallende Aufgaben

Welche Aufgaben wöchentlich anfallen, hängt im Wesentlichen von Ihrem Teich, dem Fischbesatz und dem Filtersystem ab. Es gibt Teiche, die jede Woche gereinigt werden müssen, und andere, die nur einmal im Monat kontrolliert werden.

Wenn Sie einen Filter haben, in dem sich Schmutz sammelt, sollten Sie den Schmutz mindestens einmal in der Woche, besser jeden Tag, entfernen.

Tägliche Handgriffe

Kontrollieren Sie jeden Tag, ob die Umwälz-pumpe und der Belüfter funktionieren.

Wenn Sie ein Spaltsieb haben, kann es in fadenalgenreichen Teichen nötig sein, das Sieb täglich zu reinigen. Zudem gehören die tägliche Kontrolle der Koi sowie die Fütterung zu Ihren Aufgaben.

Futter und Ernährung

Die Anpassungsfähigkeit der Fische an ungüns-tige oder wechselnde Umweltbedingungen hängt maßgeblich von ihrer im Verlauf des Lebens durch die Umwelt, Ernährung und Gewöhnung erworbenen Kondition ab. Verfü-gen Fische über eine gute Kondition und aus-reichende Energiereserven, gelingt es ihnen, auch unter ungünstigen Umweltbedingungen, alle lebenswichtigen Funktionen lange auf-rechtzuerhalten. Die verschiedenen Umweltbe-lastungen haben z.B. bei jungen Karpfen einen sehr unterschiedlichen Energieverbrauch von 10 bis 60 % zur Folge (SCHRECKENBACH und SPANGENBERG 1987), wobei vor allem rasche Temperaturerhöhungen und Sauerstoffmangel enorme Energieverluste verursachen.

Eine unzureichende Kondition mit geringen Energie- und Fettreserven der Fische < 4 MJ/kg führt dagegen in Belastungssituationen häufig zum Energiemangel.

Können die Fische im ersten Aufzuchtjahr bis zum Herbst nur weniger als 5 % Gesamtfett bzw. nur unzureichende Mengen essenzieller hochungesättigter Fettsäuren anreichern, besteht insbesondere nach ihrer Überwinterung und Wiedererwärmung eine erhöhte Anfälligkeit gegenüber allen Belastungen (SCHRECKEN-BACH 1993; SCHRECKENBACH et al. 1998). Das dabei auftretende Energiemangelsyndrom äußert sich häufig in der Drehersymptomatik, bei der die Fische ohne auffällige Schädigungen schockartig umherschwimmen. Bei einer hohen Kondition gelingt es den Fischen mit Gesamt-körperenergiegehalten > 7 MJ/kg Fischmasse

vielfältige Belastungen energetisch gut zu kom-pensieren, ohne dass es zu Schädigungen und Erkrankungen kommt.

Die angemessene Ernährung der Fische in den Gewässern, Teichen und Anlagen bildet somit eine wesentliche Grundlage für eine gute Kondition und eine hohe Belastungsfähigkeit gegenüber Umwelteinflüssen. Der Ernährungs-zustand und die Kondition können sehr gut am Bruttoenergiegehalt in der Gesamtkörper-substanz der Fische eingeschätzt werden. Aus umfangreichen Gesamtkörperanalysen sind die normalen Bruttoenergiegehalte der wichtigsten Süßwasserfische heute bekannt. Sie können einfach anhand der Trockenmasse der Gesamt-körpersubstanz berechnet werden (SCHRE-CKENBACH et al. 2001).

Neben der Theorie gibt es eine ganz ein-fache Regel, die Koi zu füttern: Füttern Sie lieber mehrmals, als einmal am Tag. Füttern Sie häufiger kleine Mengen. Bestimmen Sie überschlägig das Gewicht Ihrer Fische und halten Sie sich an die Regel, ca. 1-1,5 % des Körpergewichts pro Tag an hochwertigem Koi-futter zu füttern (ein gut gefilterter Teich sei die Voraussetzung. Füttern Sie auch bis und ab 4° C im Herbst und Frühjahr).

Meine Empfehlung: Wenn Sie berufstätig sind, greifen Sie auf einen Futterautomaten zurück, der mindestens 4-mal am Tag eine ausreichende Menge an Koifutter bereitstellen kann. Gefüttert werden sollte so viel, dass das Futter mindestens 10 Minuten auf dem Wasser verbleibt. Nur das stellt sicher, dass alle Koi ausreichend Futter erhalten.

Von der Möglichkeit, Naturnahrung aus einem See zu holen, um sie zu verfüttern, sollte aus Sicherheitsgründen Abstand genommen werden. Es ist nicht auszuschließen, dass man sich Krankheitserreger in den Teich holt.

Bewegung

In der Natur sind Karpfen 24 Stunden damit beschäftigt, Futter zu suchen. In unseren Tei-chen wird den Fischen die Arbeit abgenommen.

Ähnlich wie beim Menschen ist gute Ernährung kombiniert mit mangelnder Bewegung alles andere als gesundheitsfördernd. Sorgen Sie dafür, dass sich Ihre Koi bewegen müssen. Das geschieht am besten mit einer Strömungspumpe, die eigens hierfür installiert wird. Sie sollte in der Lage sein, eine so große Strömung zu erzeugen, dass Ihre Koi sich bewegen müssen. Dafür braucht man eine gewisse Leistung, so zwischen 20 und 50 m³/h sollte die Pumpe leisten. Schalten Sie die Pumpe mehrmals am Tag für eine Stunde ein. So haben Sie ein exzellentes Fitnessprogramm für Ihre Fische. Der positive Nebeneffekt ist der, dass abgesetzter Schwebeschmutz wieder in die Schwebe gelangt und herausgefiltert werden kann.

Wasserwechsel

Zur Koipflege gehören auch ausreichende Wasserwechsel. Nicht alle Stoffe, die über die Luft und das Futter ins Wasser gelangen, werden dort abgebaut. Abschäumer helfen zwar, einen Teil dieser Stoffe zu entfernen, doch sie ersetzen keinen Wasserwechsel. Da die Wasserbelastung in jedem Teich unterschiedlich ist, sollte man wöchentlich ca. 10–30 % des Wassers wechseln. Wenn Sie einen kleinen Wasserfall an Ihrem Teich haben und sich dort Schaum bildet, ist es Zeit für einen Wasserwechsel.

Beschatten

Die Intensität der Sonnenstrahlung schädigt auch die Haut der Fische. Fische haben keine Pigmente unter der Haut, die sie vor Sonneneinstrahlung schützen. Die Sonne schädigt die Schleimhaut der Fische und lässt die Fischhaut schneller altern. Deshalb ist eine Beschattung gerade bei klaren Koiteichen notwendig.

Koi suchen gern das warme Wasser auf. Sie begeben sich in flache Zonen, wobei sie teilweise sogar mit dem Rücken aus dem Wasser ragen. Das kann einen Sonnenbrand mit irreversiblen Hautschäden zur Folge haben.

Bewegung ist auch für Koi wichtig, damit sie nicht übergewichtig und träge werden.

Mineralisieren

Wie schon erwähnt, werden Koi in Japan mehrere Monate in sogenannten Mudponds gehalten. Das naturnahe Wasser ist mit zahlreichen Mineralien angereichert, die die Koi beim Gründeln aufnehmen. Die Mineralstoffe wirken wie eine Schönheitskur und bringen die Farben der Koi richtig zur Geltung. In unseren künstlichen Teichen fehlt dies. Deshalb ist es wichtig, das Wasser zu mineralisieren. Geeignete Produkte gibt es im Koihandel unter dem Namen Refine u.Ä. Sie bestehen hauptsächlich aus Tonerde (Montmorillionite). Sie können auch ein ähnliches Produkt (Edasil) im Landhandel kaufen.

Probleme lösen

Bevor man die auftretenden Probleme lösen kann, muss man deren Ursachen erkennen, um für Abhilfe zu sorgen. In diesem Kapitel werden die am häufigsten vorkommenden Probleme genannt und Lösungswege aufgezeigt.

Manchmal ist es nicht so einfach, der Ursache eines Problems auf die Spur zu kommen, um es zu beseitigen. Hier ein paar Tipps, woran es liegen könnte und wie Sie es beheben können.

Mögliche Probleme

◇ Wirkliche Probleme:
  – Ständig kranke Koi
  – Schlechte Wasserwerte

◇ Subjektive Probleme:
  – Wassertrübung
  – Fadenalgen im Übermaß

Um das Problem beseitigen zu können, muss man die Zusammenhänge im Koiteich kennen. Meistens sind es mehrere Ursachen, die zu ständig kranken Koi führen. Wenn die Lebensbedingungen nicht optimal sind, werden die Koi geschwächt.

Analysieren Sie Ihr Problem: Ist es schleichend aufgetreten oder plötzlich? Bei Problemen, die auf einmal aufgetreten sind, sollten Sie sich fragen, was unmittelbar vor Auftreten des Problems passiert ist.

Mögliche Gründe

◇ Ein Gewitter

◇ Ein neu eingesetzter Koi

◇ Schnelle Temperaturänderung

◇ Großer Wasserwechsel

◇ Ausfall eines Gerätes (Pumpe, Belüfter)

◇ Ein Anstrich der Terrasse, Haus etc.

Wenn die Probleme schleichend aufgetreten sind, sollte man weiter zurückdenken und überlegen, was das auslösende Ereignis gewesen sein könnte.

Beginnen wir mit schleichend auftretenden Problemen.

▶ Häufig kranke Koi
▶ Schlechte Wasserwerte (Ammonium, Nitrit)

Wenn die Koi oft krank werden, und zwar der gesamte Bestand und nicht nur ein einzelner, kann man mit ziemlicher Sicherheit davon ausgehen, dass die Teichhygiene nicht in Ordnung ist. Entweder sind die wesentlichen Wasserparameter wie pH-Wert, Sauerstoff, Temperatur, Ammonium- und Nitritgehalt nicht optimal oder die Bakteriendichte im Teich ist zu hoch.

Zu geringe Temperaturen

Ein klassisches Beispiel sind die Frühjahrserkrankungen bei Japankoi, die in unbeheizten Teichen leben. Wenn stark schwankende Temperaturen im 1. Quartal des Jahres dazukommen und der Teich sich nicht auf 18° C erwärmen kann, sind gesundheitliche Probleme bei den Fischen schon fast vorprogrammiert. Diese Probleme resultieren daraus, dass die Fische auf Grund ihres geringen Stoffwechsels noch keine Immunabwehr gegen Krankheitserreger und Parasiten haben und weniger Energie bereitstellen können, als notwendig wäre. Oft können sich die Fische nicht gegen Bakterienbefall wehren und sterben an Krankheiten beziehungsweise an Energiemangel.

Abhilfe: *Teich im Frühjahr und Herbst beheizen.*

Anlaufschwierigkeiten des biologischen Filters

Im Frühjahr arbeitet der biologische Filter noch nicht so gut, sodass Ammonium und Nitrit nur langsam abgebaut werden können. Da der Biofilter ab 10° C kaum noch arbeitet, findet keine Nitrifikation mehr statt. Erwärmt sich der Teich im Frühjahr, werden die Koi aktiver, fressen mehr und scheiden mehr aus. Da die Filterbakterien noch auf Sparflamme arbeiten, steigt der Ammonium- und Nitritgehalt stark an. Gerade in stark besetzten Teichen tritt das Problem regelmäßig auf.

Abhilfe: Bestand reduzieren, Teich im Frühjahr und Herbst beheizen, Biofilter vergrößern.

Schlechte Wasserqualität

Schlechte Wasserqualität und dadurch geschwächte Koi können auch im Sommer auftreten. Oft ist der Biofilter verdreckt: Schwebstoffe gelangen aus dem Teich in den Biofilter, Abfallstoffe fallen im Filter an. Wenn die Partikel nicht aus dem Biofilter entfernt werden, verstopft der Filter sozusagen und die nitrifizierenden Bakterien sterben durch Sauerstoffmangel ab. Das kann auch passieren, wenn der Belüfter bei hohen Wassertemperaturen ausfällt.

Es kann vorkommen, dass der Biofilter nach einer Teichbehandlung mit Medikamenten oder Wasserzusätzen nicht mehr richtig arbeitet, auch plötzlich stark gestiegene Wassertemperaturen, kurzfristiges Einsetzen vieler Fische oder plötzliche hohe Futtermengen können für Probleme sorgen. Auch ein Gewitter mit stark fallendem Luftdruck kann Probleme auslösen, denn dadurch wird weniger Sauerstoff im Wasser gelöst. Zu guter Letzt wachsen die Fische, und somit steigen die Ansprüche an den Biofilter von Jahr zu Jahr. Es kann passieren, dass er unbemerkt zu klein geworden ist.

Diese Aufzählung ist sicher nicht vollständig, aber die wichtigsten Faktoren sind genannt.

Wenn das Wasser klar ist, bedeutet das nicht automatisch, dass auch die Wasserwerte stimmen.

Abhilfe: Reinigungsintervalle des Biofilters verkürzen, Biofilter vergrößern, Überwachung und Regelung der Wasserparameter, besseres Futtermanagement, Wasserparameter langsam verändern, z.B. statt eines großen Wasserwechsels lieber mehrere kleine.

Wasserhygiene

Ein weiterer Grund für kränkelnde Koi kann auch die Wasserhygiene sein. Darunter versteht man die Menge an Aeromonaden und Fäkalkeimen im Wasser. Das Wasser kann zwar glasklar und dennoch stark belastet sein. Zur Prophylaxe kann ich nur dazu raten, im Frühjahr, wenn der Teich eine Temperatur von 18° C erreicht hat, eine Wasserprobe zu entnehmen und untersuchen zu lassen. Die Ergebnisse geben Ihnen Sicherheit und Sie können beizeiten entsprechende Maßnahmen ergreifen, bevor es zu Problemen kommt. Ein solcher Test kostet etwa 50 Euro.

Abhilfe: Größere UV-C-Anlage, mehr Wasserwechsel, besserer mechanischer Filter, Wasseranalyse.

Neuer Fischbesatz

Jeder neue Koi, der in den Teich gesetzt wird, birgt ein gewisses Risiko für den alten Bestand. In jedem Teich gibt es eine gewisse Anzahl an unterschiedlichen Bakterien und Parasiten. Mit der Zeit gelingt es den Koi, gegen diese immun zu werden. Wenn immer wieder neue Koi in den Teich gesetzt werden, kommt das Immunsystem der alten Koi nicht zur Ruhe, weil es sich laufend auf neue Erreger einstellen muss. Das bedeutet Stress für die Fische. Ähnliches gilt, wenn Sie neue Koi zu spät im Jahr in den Teich setzen. Bei sinkender Wassertemperatur nimmt die Stoffwechselaktivität ab und damit das Vermögen der Koi, sich auf neue Erreger einzustellen.

Abhilfe: *Bedachter Koikauf. Bei unbeheizten Teichen neue Koi bis August einsetzen, nicht später. Teichheizung.*

Subjektive Probleme

Kommen wir zu den subjektiven Problemen wie Teichtrübung und Fadenalgen. Diese Probleme stören uns, aber nicht die Fische.

Teichtrübung

Die meisten Naturteiche sind recht trüb. Vielleicht ist es für uns Menschen nicht gerade schön, aber die Fische fühlen sich auch in trübem Wasser wohl. Die Trübung entsteht einerseits durch Bakterienaktivität, ein Phänomen, das man in jedem neu angelegten Koiteich beobachten kann. Die Trübung kann auch durch Schwebstoffe auftreten oder durch Schwebealgen. Bei klaren Teichen entsteht eher das Problem, dass das Sonnenlicht ungefiltert auf die Koi auftrifft und an den unpigmentierten Körperteilen Sonnenbrand verursacht. Dadurch wird die Haut und die Schleimschicht, die den Koi umgibt, beschädigt, und das führt dazu, dass der Fisch den im Wasser befindlichen Erregern schutzlos ausgeliefert ist. Der Fisch wird durch starke Sonnenbestrahlung deutlich anfälliger für Krankheiten und die Fischhaut altert schneller.

Abhilfe: *Teich beschatten, Teich in der Zeit höchster Sonnenintensität grün werden lassen. Gegen Trübung durch Schwebealgen helfen eine stärkere UV-Lampe, gegen Trübung durch Schwebstoffe hilft ein besserer mechanischer Filter und eine höhere Umwälzrate.*

Ist das Wasser wirklich in Ordnung? Hier helfen nur Wassertests, um die Werte zu überprüfen.

Werden neue Koi ohne Quarantäne zum alten Bestand gesetzt, können Krankheiten übertragen werden.

Fadenalgen

Fadenalgen, wer kennt sie nicht? Fadenalgen sind an sich sehr nützlich, da sie Nährstoffe aus dem Wasser filtern und als Indikator für gutes Wasser dienen. Sie können sie im Teich belassen, wenn die Algen Sie nicht allzu sehr stören. In größeren Mengen besteht allerdings die Gefahr, dass sie den Filter verstopfen.

Abhilfe: *Ein separater Pflanzenfilter, der als Nahrungskonkurrent zu den Fadenalgen auftritt. Regelmäßiges mechanisches Entfernen der Algen. Salzsäuredosieranlage.*

Plötzlich auftretende Probleme und deren Ursachen

Schwimmen die Koi im Teich verteilt, ist in der Regel alles in Ordnung.

Gewitter

Ein Gewitter zieht auf und die Wetterlage ändert sich schnell. Dadurch sinkt der Luftdruck und das Wasser verliert an Sauerstoff. In Verbindung mit anderen Faktoren kann es zu massiven Atemproblemen bei den Koi kommen.

Schutz: *Geregelte Belüftung, Überwachung des Sauerstoffgehaltes mit Alarm bei Unterschreitung des kritischen Wertes von 5 mg/l.*

Neu eingesetzter Koi

Es kommt leider immer wieder vor, dass neue Koi Krankheiten mitbringen, die den Altbestand gefährden. Dazu zählt nicht nur der Koi-Herpes-Virus, es können auch zahlreiche andere Erkrankungen sein.

Schutz: *Setzen Sie die Neuzugänge nie direkt in den Teich, sondern erst in ein Quarantänebecken.*

Schnelle Temperaturänderung

Plötzliche Temperaturschwankungen kommen vor, wenn ein Wasserwechsel vorgenommen wird und das neu eingeleitete Wasser von den Temperaturen des Teichwassers abweicht.

Temperaturveränderungen von mehreren Grad Celsius, die sowohl nach oben als auch nach unten abweichen, bedeuten einen erhöhten Energiebedarf und Stress für die Koi. Die Temperaturänderung führt nur bei ganz extremen Werten zu sofortigen Problemen, normalerweise sind die Fische im Lauf der nächsten Wochen anfälliger für Krankheiten.

Schutz: *Große Wasserwechsel vermeiden. Temperaturniveau anpassen.*

Großer Wasserwechsel

Neben den möglichen Temperaturschwankungen verändert ein großer Wasserwechsel auch die Wasserchemie. Je nach Ausgangswasser reagiert Ihr Biofilter empfindlich darauf und stellt vorübergehend die Arbeit ein. Daraufhin verschlechtern sich die Wasserwerte.

Schutz: *Große Wasserwechsel vermeiden.*

Geräteausfall

Fallen Umwälzpumpe oder Belüfter aus, treten massive Probleme beim biologischen Filter auf, da die Bakterien absterben und den Stickstoffabbau nicht mehr gewährleisten können.

Schutz: Sichern Sie jedes elektrische Gerät separat ab. Wenn Sie auf Nummer sicher gehen wollen, können Sie wichtige Geräte wie Umwälzpumpen und Belüfter in doppelter Ausführung anschließen und an eine Notstromversorgung koppeln, die sich bei Stromausfall automatisch einschaltet.

Anstrich der Terrasse, Haus etc.

Bisher habe ich keinen Lieferanten für Farben gefunden, der eine Unbedenklichkeit für ins Wasser tropfende Farbe unterschreibt. Gerade bei Holzanstrichen von Brücken und Terrassen ist neben dem eigentlichen Streichen ein Auswaschen durch Regen nicht zu vernachlässigen.

Schutz: Alles, was unmittelbar am Wasser ist, sollte nicht gestrichen werden.

Zugabe eines Mittels in den Teich

Schnell gelangen Mittel ungewollt ins Wasser: Ein Eimer wird umgestoßen, Rosen gespritzt, der Boden gedüngt usw. Wenn das Mittel nicht unmittelbar im Teich landet, besteht die Gefahr, dass es durch einen anschließenden Regenschauer ins Wasser geschwemmt wird, die Möglichkeiten sind fast unbegrenzt.

Der Handel bietet darüber hinaus eine Fülle von Mitteln für dies und das an. Bitte bedenken Sie: In einem gut gebauten Koiteich brauchen Sie keine Mittel! Meistens gibt es keine Untersuchungen über die Wechselwirkungen zwischen den einzelnen Mitteln. Das heißt, selbst wenn ein Mittel für sich unbedenklich wäre, gibt es keine gesicherten Erkenntnisse, was passiert, wenn Mittel eins mit Mittel zwei in Verbindung tritt.

Schutz: Größte Vorsicht beim Hantieren mit allen Mitteln, die im Garten Verwendung finden. Den Einsatz von Teichzusätzen minimieren.

Vergiftung des Teiches

Wenn Sie mit plötzlichen Problemen Ihrer Koi konfrontiert werden und alle vorher gesagten Möglichkeiten ausschließen können, kommt fast nur noch eine Vergiftung in Frage.

Entnehmen Sie eine Wasserprobe und lassen Sie diese analysieren. Eventuell müssen Sie einen Fisch pathologisch untersuchen lassen, sollte bereits einer gestorben sein. Vermutlich gibt die Fischuntersuchung einen größeren Aufschluss, da man bei einer Wasseranalyse gezielt nach einer Ursache suchen muss. Je nach Substanz, die in den Teich gelangt ist, ist Ihr kompletter Koibestand gefährdet und vielleicht nicht mehr zu retten. Fragen Sie Ihren Tierarzt, wie Sie vorgehen sollen. Eventuell muss der komplette Fischbesatz aus dem Teich entnommen und in einen Quarantänebehälter mit frischem Wasser und ausreichend Sauerstoff gesetzt werden.

Schutz: Zugänglichkeit des Teiches einschränken. Ausgangswasser nur aus gesicherten Quellen verwenden (Grundwasser kann in landwirtschaftlichen Gebieten sehr belastet sein). Im Schadensfall Wasserprobe und Fischprobe sicherstellen.

Vorsicht bei allen Mitteln, die in den Teich gelangen können. Sie können den ganzen Bestand vernichten.

Karpfen	ME	kritischer unterer Bereich	einge-schränkter unterer Bereich	optimaler Bereich	eingeschränkter oberer Bereich	kritischer oberer Bereich
Sauerstoff O_2	mg/l	Bis 2	4...4,9	5,0...8,0*	31...35	bis 40
pH-Wert		Bis 5,5	6,0...6,9	7,0...8,3	8,4...10	bis 10,5
Kohlendioxid CO_2	mg/l	Bis 0,5	1...6	7...18	19...20	bis 25 je nach SBV
Stickstoff N	%/Sättigung	-	-	<100	100...103	bis 105
Ammoniak NH_3	mg/l	-	-	<0,02	0,02...0,1	bis 0,2
Salpetrige Säure HNO_2	mg/l	-	-	<0,0004	0,0004...0,001	bis 0,004
Nitrit NO_2	mg/l	-	-	<1,0	1,0...3,0	bis 5,0
Nitrat NO_3	mg/l	-	-	<200	200...300	bis 800

Tabelle: Physiologische Ansprüche der Karpfen an die Umweltbedingungen (Schreckenbach et al. 1987, 2001)

Stress

Häufig wird von Stress bei Koi gesprochen. Wenn die Haltungsbedingungen und somit der Lebensraum der Fische nicht optimal sind, bedeutet das für die Tiere Stress. Häufiges Fangen der Fische, unsachgemäßes Hantieren, aber auch der häufige Besuch fischfressender Artgenossen wie Kormoran, Reiher, Katze und Waschbär, um die Wichtigsten zu nennen, verursachen Stress. Das führt auf Dauer zu gesundheitlichen Problemen.

Wasserparameter im Überblick

Oben sind die wichtigsten Wasserparameter und ihre Grenzwerte aufgeführt, damit Sie einen Anhaltspunkt haben, ab wann Sie etwas unternehmen müssen. Der Wert für den Sauerstoffgehalt wurde von mir geändert, weil ich es für gefährlich halte, wenn ein Koihalter Werte größer 10 mg/l im Wasser mittels Technik einstellt. Fällt diese Technik im Sommer aus, haben die Koi sofort Atemprobleme! Werden die Koi hingegen bei Werten um die 6 mg/l gehalten, ist dies bei den meisten Koiteichen mit herkömmlichen Belüftern machbar. Da der optimale Bereich bis 5 mg/l geht, liegt alles im grünen Bereich.

Die Werte für Ammoniak und Salpetrige Säure sind abhängig vom pH-Wert und können aus entsprechenden Tabellen für Ammonium/Ammoniak und Nitrit/Salpetrige Säure abgelesen werden. Die Messwerte, die mittels Photometer oder Tröpfchentest ermittelt werden können, sind Ammonium und Nitrit.

Die hier dargelegten Werte sind durch Versuche an Karpfen ermittelt worden. Es muss an dieser Stelle ausdrücklich darauf hingewiesen werden, dass die Empfindlichkeit der Koi in hohem Maße von ihrer Kondition abhängt. Ein Koi, der topfit ist, ist eher in der Lage, vorübergehend suboptimale Bedingungen zu ertragen, als ein gestresster Koi. Um Stress zu vermeiden, hält man die Fische im Optimum.

Kein Grund zur Panik

Wenn die Wasserwerte sich langsam dem „eingeschränkten unteren beziehungsweise oberen Bereich" annähern beziehungsweise ein Wasserparameter entgleist, besteht noch kein Grund zur Panik! Die Koi können leichte Abweichungen bei guter Gesundheit wegstecken. Werden die Stickstoffparameter schlecht, sollten Sie sofort mit dem Füttern aufhören! Ergreifen Sie die nötigen Maßnahmen, um die Wasserparameter auf Dauer wieder ins Optimum zu bringen!

Algen

Algen sind das wohl größte Problem der Teichbesitzer.

Die eukaryotischen Algen repräsentieren die erste erfolgreiche, auch heute noch weit verbreitete Pflanzengruppe. Sie sind fast ausnahmslos an aquatische Lebensweise adaptiert. Zusammen mit den Cyanophyta sind sie die vorherrschenden Primärproduzenten in allen aquatischen Lebensräumen, und von ihrer Aktivität hängt die Existenz aller übrigen im Wasser lebenden Organismen ab. Sie gehören aber auch zu den Hauptsauerstofflieferanten an der Erdoberfläche, so dass letztlich auch unsere Existenz von ihrer Anwesenheit abhängt.

Die einzelnen Algengruppen (Abteilungen) unterscheidet man vornehmlich nach der Zusammensetzung ihrer Photosynthesepig-mente und -produkte. Erst in den letzten Jahren begann man, sich intensiver mit der Ultrastruktur der eigentlichen Wirtszellen (für die endosymbiotisch aufgenommenen Plastiden) zu befassen. Trotz zahlreicher bereits vorliegender Ergebnisse kommt man zu keiner Neueinteilung, die die bisherige infrage stellen würde.

Die meisten Algen leben im Plankton (planktische Lebensweise) oder im Benthos (festsitzende Lebensweise). Planktische Algen (und Blaualgen) erreichen oft hohe Zellzahlen. Das verleiht den Gewässern eine grüne Farbe, so dass man von einer Wasserblüte spricht. Wenige Arten, vor allem einzellige Chlorococcales, leben in Symbiose mit Pilzen (Flechten), mit Paramaecium (*Paramaecium bursaria*), Hydra, Xanthophyceen mit stockbildenden Korallen, einigen Mollusken und Schwämmen (Quelle: Botanik online Mai 2007).

Die Koi stört es nicht, wenn das Wasser etwas grün ist. Im Gegenteil, es schützt die empfindliche Haut vor Sonne.

Es gibt verschiedene Möglichkeiten, um Fadenalgen zu bekämpfen:

1. Die einfachste, aber arbeitsintensivste Methode ist das mechanische Entfernen.

2. Es werden diverse Mittel angeboten, die die Algen absterben lassen. Dabei unterscheidet sich die Wirkungsweise in Mittel, die die Algen vergiften und solche, die sie durch Kontakt zerstören (Oxidationsmittel).

3. Auch Salz tötet Algen ab, ebenso eine Teichbehandlung mit Kaliumpermanganat.

4. Fadenalgenvernichter

5. Über eine Salzsäuredosieranlage kann man den pH-Wert auf 6,5 – 6,7 senken, das führt in 98 % aller Teiche zu einem rudimentären Algenwachstum.

Grünalgen sind kein Problem, da sie eine ausreichende UV-C-Bestrahlung ohne schädliche Nebenwirkungen abtötet.

Leider ist das mit den Fadenalgen nicht so einfach.

Welche Möglichkeiten gibt es gegen Fadenalgen? Fadenalgen haben durchaus positive Eigenschaften für den Teich. Sie entziehen dem Teichwasser Nitrat und Phosphat und zeugen von guter Wasserqualität.

Leider überwiegen die Nachteile in Koiteichen mit einfacher Filtertechnik. Fadenalgen belasten den Filter, können zu Verstopfung von Bodenablauf und Filter führen und erschweren das Teichmanagement. Jeder Besitzer eines Spaltsiebes weiß, was Fadenalgen bedeuten.

Das mechanische Entfernen der Algen ist sicherlich unproblematisch, allerdings sehr arbeitsintensiv.

Es ist nicht ganz ohne, verschiedene Mittel ins Wasser zu geben. Zum einen kennt man die Halbwertszeit der Algenvernichter nicht, das macht die Nachdosierung schwierig, zum anderen kann es zu Wechselwirkungen mit anderen Zusätzen kommen.

Salz hilft gegen Fadenalgen, allerdings ist die Wirkung nur von kurzer Dauer. Zudem besteht die Gefahr, dass die Parasiten gegen Salz und Kaliumpermanganat resistent werden und somit nicht mehr zur Bekämpfung eingesetzt werden können.

Die elektrischen Fadenalgenvernichter geben über eine Elektrode Kupfer an das Wasser ab. Die Algen vertragen kein Kupfer und gehen ein. Ist die Dosis zu hoch, wirkt das Kupfer allerdings auch toxisch auf die Fische. Andere Geräte auf Basis von Ultraschall funktionieren in Koiteichen bisher nur unzureichend.

Salzsäuredosierung

Zunächst muss man wissen, dass alle wasserlöslichen Stoffe im Wasser in ihre Bestandteile zerfallen und somit auch die Salzsäure im Wasser in H^+ und CL^- vorkommt.

Mit Hilfe der Salzsäure (HCl) wird der pH-Wert des Teichwassers (H_2O) unter 7 gesenkt. Daraufhin stellen die Fadenalgen ihr Wachstum ein. Im Frühjahr geben wir Kochsalz ($NaCl$) ins Wasser, um die Fische zu entlasten. Salzsäure birgt keine fremden Stoffe in sich und löst keine schädlichen Nebenwirkungen bzw. Konzentrationsprobleme aus.

Allerdings muss man bei der Handhabung etwas aufpassen, da Salzsäure je nach Konzentration mehr oder weniger ätzend ist. Verwenden Sie chemisch reine Salzsäure, da technische Salzsäure oft Schwermetalle enthält.

Die Zugabe der Salzsäure darf nur mit einer hochwertigen und genauen Regelung erfolgen. Eine falsche Dosierung kann den ganzen Fischbestand vernichten.

Gehen Sie vorsichtig mit der Dosierung um, damit Sie Ihren Koi nicht schaden.

KAPITEL 6

GESUNDHEIT DER KOI

Für die Gesunderhaltung seiner Koi kann man vieles tun. Die in den vorangegangenen Kapiteln beschriebene optimale Haltung bildet die Grundlage. In diesem Kapitel erfahren Sie alles über die wichtigsten Koikrankheiten, welche Diagnose- und Behandlungsmöglichkeiten es gibt und bekommen eine Übersicht auf den Schnelldiagnosetafeln.

Der Koi ist vom Wasser abhängig

Der Koi lebt im Wasser. Es umgibt ihn, dringt in ihn ein und der Fisch entzieht dem Wasser den Sauerstoff, ohne den er nicht leben könnte. Die Wasserqualität wird heute in den Mittelpunkt einer der Art Cyprinus carpio gerecht werdenden Pflege in Gefangenschaft gestellt.

Am Anfang aller Gesundheitsvorsorge muss also das Wasser stehen. Die Qualität des Wassers kann man an bestimmten, für Wasserlebewesen bedeutsamen, Parametern erkennen. Das sind für die Koi vor allem der Sauerstoffgehalt des Wassers in mg/Liter, sein pH-Wert, sein Gehalt an den Ausscheidungs- und Abbauprodukten Ammonium bzw. Ammoniak, Nitrit und Nitrat in mg/Liter und die Temperatur. Ferner können bedeutsam sein: der SBV-Wert, die Härtegrade, der Ionengehalt und eventuelle Belastungen durch Algen und Pestizide. Der Karpfen bevorzugt Temperaturen von über 20° C, kann aber in der kalten Jahreszeit der gemäßigten Zonen ein Absinken der Wassertemperatur bis auf etwa 5° C gut ertragen. In dieser Zeit legt er eine Winterruhe ein. Leider hat ihn die Fähigkeit, die kalte Jahreszeit einigermaßen zu überstehen, in manchen Büchern die Bezeichnung

Parameter	optimal bzw. günstig
Temperatur	Temperaturbereich: zwischen 4 und 30° C Optimum: 23° C – 28 °C
pH-Wert	Zwischen 6,5 und 9
Sauerstoff (O_2)	5 bis 9 mg O_2/Liter
Gesamthärte	10 – 15° DH
Ammonium (NH_4^+)	bis < 1,0 mg NH_4^+/Liter wenn pH < 8,5
Ammoniak (NH_3)	< 0,02 mg NH_3/Liter
Nitrit (NO_2)	Soll nahe Null liegen.
Nitrat (NO_3)	Soll möglichst unter 100 mg NO_3/Liter betragen.
Leitwert	250 < x < 900 Microsiemens

Optimalwerte wichtiger Wasserparameter in der Koihaltung

Der § 2 Tierschutzgesetz lautet:
Wer ein Tier hält, betreut oder zu betreuen hat,
1. *muss das Tier seiner Art und seinen Bedürfnissen entsprechend angemessen ernähren, pflegen und verhaltensgerecht unterbringen,*
2. *darf die Möglichkeit des Tieres zu artgemäßer Bewegung nicht so einschränken, dass ihm Schmerzen oder vermeidbare Leiden oder Schäden zugefügt werden,*
3. *muss über die für eine angemessene Ernährung, Pflege und verhaltensgerechte Unterbringung des Tieres erforderlichen Kenntnisse und Fähigkeiten verfügen.*

als „Kaltwasserfisch" eingebracht. Das ist der Koi mit Sicherheit nicht!

Im Tierschutzgesetz ist festgelegt, dass einem gehaltenen Tier eine verhaltensgerechte Unterbringung zu gewähren ist.

Die nachfolgende Aufstellung gibt Optimalwerte bzw. Orientierungswerte wichtiger Wasserparameter in der Koihaltung an, bei denen die Koi dauerhaft gepflegt werden können. Bei Einhaltung der Werte werden die Koi nur selten erkranken.

Wichtig: Die meisten Erkrankungen entstehen durch Haltungsfehler! Was ein Koihalter aus Zeitmangel oder Geiz versäumt (z.B. regelmäßige Wasserwechsel, Durchführung von Wassertests), wird er später durch Tierarztkosten und Fischverluste vielfach bezahlen müssen.

Anatomische Grundlagen

Die perfekte Anpassung der Fische an das Medium Wasser zeigt sich nicht nur an der stromlinienförmigen Körperform, sondern auch an den Organen wie Kiemen, Schwimmblase und Seitenlinienorgan. Hier erhalten Sie einige Einblicke in die Anatomie der Koi.

Haut

Die Haut stellt die natürliche Begrenzung des Fisches zur Außenwelt dar. Sie besteht aus mehreren Schichten. Der Schleim, der den Körper bedeckt, hat verschiedene Funktionen. Er bildet einen Schutz gegenüber Infektionserregern, erhöht die Gleitfähigkeit und verbessert so die Beweglichkeit des Fisches im Wasser, außerdem schützt er das Tier vor dem Verlust von Ionen an die Umgebung. Die Schleimschicht wird stetig erneuert und von den Zellen der Epidermis gebildet, die den Körper und die darauf befindlichen Schuppen überzieht. Die darunter befindliche Hautschicht bezeichnet man als Dermis. In ihr sind Pigmentzellen, die für die Färbung der Fische zuständig sind, Sinneszellen, Blutgefäße und Bindegewebe eingelagert, ebenso wie die Schuppen. Die Schuppen der Karpfen sind recht glatt und rund und werden als Rundschuppen (Cycloidschuppen) bezeichnet. Die Cycloidschuppen wachsen, abhängig vom Nahrungsangebot, stetig und bilden in den gemäßigten Klimazonen „Jahresringe", die für die Altersbestimmung herangezogen werden können. Die tiefste Schicht der Haut stellt die Subkutis dar, die hauptsächlich aus Bindegewebe und Fettanteilen besteht und auch Blutgefäße, Nervenzellen und Nervenbahnen sowie weitere Pigmentzellen enthält.

Skelett

Die zentrale Achse des Körpers wird durch Schädel und Wirbelsäule gebildet. An den Wirbeln setzen die Rippen an. Da Fische nicht über ein Brustbein verfügen, enden diese blind. Auch die Flossen werden von Knochen gestützt. In die Muskeln eingebettet, finden sich außerdem die Y-förmigen Zwischenmuskelgräten.

Muskulatur

Wie beim Säugetier auch kommen drei verschiedene Arten von Muskeln vor. Die glatte Muskulatur, die sich in den Wänden von Darm und größeren Blutgefäßen findet und diese stützt, die Herzmuskulatur und die quergestreifte Muskulatur, die die Muskulatur des Bewegungsapparates darstellt.

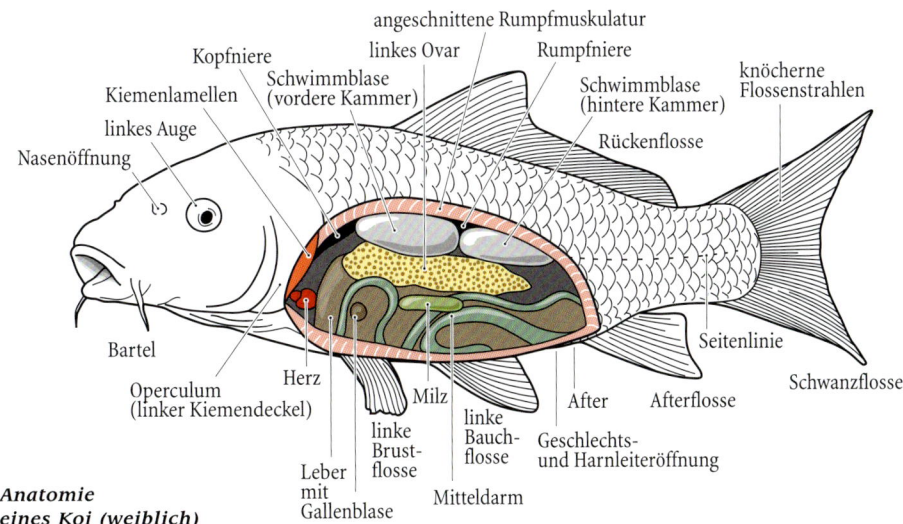

Anatomie eines Koi (weiblich)

angeschnittene Rumpfmuskulatur — linkes Ovar — Rumpfniere — Schwimmblase (hintere Kammer) — knöcherne Flossenstrahlen — Rückenflosse — Seitenlinie — Schwanzflosse — Afterflosse — After — Geschlechts- und Harnleiteröffnung — Mitteldarm — linke Bauchflosse — Milz — linke Brustflosse — Herz — Leber mit Gallenblase — Operculum (linker Kiemendeckel) — Bartel — Nasenöffnung — linkes Auge — Kiemenlamellen — Kopfniere — Schwimmblase (vordere Kammer)

Kiemen

Die Kiemen sind das Atmungsorgan der Fische. Über sie wird der Sauerstoff aus dem Wasser in das Blut des Tieres aufgenommen. Im Gegenzug werden Kohlensäure und ausscheidungspflichtige Stoffe, vor allem Ammonium, abgegeben. Daneben dienen sie auch der Regulation der Versorgung mit Ionen, Mineralstoffen und Spurenelementen. Grundlage bilden vier Kiemenbögen, von denen jeweils zwei Primärlamellen ausgehen. Auf diesen verzweigen sich wiederum die Sekundärlamellen. Die Atmung selbst erfolgt durch das Einströmen von Wasser in das Maul des Tieres. Beim Ausatmen bleibt dieses geschlossen, sodass das Wasser durch die Kiemen entweichen muss. An den Kiemenbögen befinden sich Reusen, die verhindern, dass die empfindlichen Kiemen verschmutzen. Der Übertritt des im Wasser gelösten Sauerstoffs erfolgt an den Sekundärlamellen. Die Kiemen sind von einem sich immer stärker verfeinernden Blutgefäßsystem durchzogen. Die kleinsten Blutgefäße (Kapillaren) in den Sekundärlamellen sind so klein, dass nur einzelne Blutzellen passieren können. Hier ist die die Lamellen bedeckende Epithelschicht so dünn, dass der Sauerstoff aufgenommen und auf die roten Blutkörperchen übertragen werden kann. Das sauerstoffhaltige Blut gelangt nun über wieder größer werdende Gefäße in den Kreislauf des Fisches. Der Gehalt an gelöstem Sauerstoff im Wasser ist abhängig von der Temperatur. Kälteres Wasser enthält deutlich mehr Sauerstoff. Auch der Verbrauch der Fische ist unterschiedlich. Er ist in wärmerem Wasser höher, auch nach der Futteraufnahme oder bei Stress steigt er an.

Gonaden

Die Hoden befinden sich beidseits der Schwimmblase. Der Reifezyklus der Geschlechtsorgane durchläuft vier Stadien, das Ruhestadium (im Herbst und Winter in unbeheizten Naturteichen), das Anbildungsstadium,

das Reifestadium und das Nachlaichstadium. Im Reifestadium können die Hoden bis zu 10 % der Körpermasse ausmachen. Die paarigen Ausführungsgänge verbinden sich kurz vor der Genitalpapille und münden dort gemeinsam. Die Spermien werden auf diesem Wege ins Wasser abgegeben.

Die Ovarien liegen ebenso beidseitig neben der Schwimmblase und durchlaufen ebenfalls den bei den Hoden genannten Reifezyklus. Im Reifestadium können sie bis zu 40 % der Körpermasse ausmachen. Die paarigen Ausführungsgänge verbinden sich kurz vor der Genitalpapille und münden dort gemeinsam. Die Eier werden auf diesem Weg ins Wasser abgegeben. Zum Ablaichen suchen die Koi bevorzugt Flachwasserbereiche mit Pflanzen auf. Die Befruchtung der Eier erfolgt außerhalb des Tierkörpers.

Verdauungstrakt

Die Maulhöhle selbst wird durch die vorstülpbaren Lippen begrenzt, mit den Barteln als Tastorganen. Im Schlundbereich liegen beim Koi die Schlundzähne und eine verhornte Kauplatte (Karpfenstein) als Widerlager, die zur Zerkleinerung der Nahrung dienen. Die Zähne des Karpfens werden im Lauf des Lebens immer wieder gewechselt. Der Ösophagus (Speiseröhre) mündet direkt in eine magenähnliche Erweiterung des Darmes, ein echter Magen fehlt den Karpfen. Hier erfolgt die Aufschlüsselung der Nahrung in einzelne Bestandteile (Fette, Kohlenhydrate und Eiweiße), die über die Darmschleimhaut aufgenommen werden. Der Verdauungsapparat endet mit dem After.

Leber

Die Leber ist in die Darmschlingen eingebettet. Über sie laufen die Ab-, Auf- und Umbauprozesse der aufgenommenen Nahrung ab. Die im Körper anfallenden Endprodukte des Eiweißstoffwechsels werden hier in Ammonium umgewandelt, das über die Kiemen ausgeschieden wird. Die Gallenblase ist in die Leber eingebettet und dient als Reservoir für die Galle, die aus Blutfarbstoffen in der Leber gebildet wird. Sie ist essenziell für die Fettverdauung und wird über den Gallengang in den ersten Darmabschnitt eingeleitet. Eine stark gefüllte Gallenblase ist ein Anzeichen dafür, dass das Tier schon länger keine Nahrung aufgenommen hat.

Schwimmblase

Die Schwimmblase besteht bei den Koi aus zwei Kammern, die miteinander in Verbindung stehen. Sie dient der Aufrechterhaltung des Gleichgewichts (Schwebeorgan). Für eine Angleichung des Innendrucks an die Wassertiefe sorgt eine Verbindung mit dem Verdauungstrakt (*Ductus pneumaticus*).

Ausscheidungsorgane

Die Nieren verlaufen beidseits direkt unterhalb der Wirbelsäule auf der gesamten Länge der Leibeshöhle. Auf diesem Weg werden harnpflichtige Substanzen ausgeschieden. Der Harn ist sehr unkonzentriert, da über Haut und Kiemen ständig neues Wasser aufgenommen wird. Neben der Funktion als Ausscheidungsorgan haben die Nieren auch eine wichtige Aufgabe in der Blutbildung und enthalten Schilddrüsengewebe.

Auch die Kiemen sind ein wichtiges Ausscheidungsorgan. Über sie wird ein Großteil der Stickstoffverbindungen an die Umwelt abgegeben.

Herz-Kreislaufapparat

Das Herz sorgt durch den „Herzschlag" dafür, dass das Blut in den Blutgefäßen im Körper zirkuliert und so die Organe mit Sauerstoff und Nährstoffen versorgt werden. Das sauerstoffarme Blut wird vom Herzen in die

Die Schwimmblase ermöglicht es dem Koi, schwerelos durch den Teich zu schweben.

Kiemen gepumpt, dort mit Sauerstoff angereichert und über immer kleiner werdende, sich verzweigende Blutgefäße in die Peripherie weitergeleitet.

Milz

Die Milz dient auch beim Koi als Blutspeicher und hat eine wichtige Funktion im Immunsystem.

Augen

Die Augen sind genauso aufgebaut wie die der Säugetiere. Allerdings erfolgt die Einstellung der Schärfe beim Fisch über eine Verschiebung der Linse, beim Säugetier hingegen über eine Formveränderung der Linse. Die Koi haben ein sehr gut ausgeprägtes Sehvermögen und können auch Farben wahrnehmen.

Seitenlinienorgan

Dieses Sinnesorgan verläuft auf der Körpermitte der Koi und besteht aus Poren, über die jede Wasserbewegung an Sinneszellen in einem darunter befindlichen Kanälchen vermittelt werden kann, die diese wiederum an das Gehirn weiterleiten. Dadurch können die Fische Hindernisse, bewegt oder unbewegt, wahrnehmen und entsprechend darauf reagieren.

Leitsymptome der wichtigsten Koikrankheiten

Ein genaues Beobachten der Koi und deren Verhalten ermöglicht es, Krankheiten oft schon im Anfangsstadium zu erkennen. Je eher sie erkannt werden, umso aussichtsreicher sind die Therapiechancen.

Scheuern am Teichgrund

Scheuern sich die Koi am Teichgrund oder an im Teich befindlichen Gegenständen, ist das ein Anzeichen dafür, dass den Fisch etwas auf Haut oder Kiemen irritiert, das er auf diesem Weg abstreifen will. Zumeist ist die Ursache hierfür ein Parasitenbefall. Darauf wird in den folgenden Kapiteln näher eingegangen.

Auch die Gasblasenkrankheit kann dieses Verhalten hervorrufen. Diese kann nach häufigen, reichlichen Wasserwechseln auftreten, wenn dafür deutlich kälteres Wasser eingeleitet wird. Kaltes Wasser hat eine deutlich höhere Sättigung mit Luft, welche wiederum einen hohen Stickstoffanteil enthält. Die Symptome selbst treten bei einer Gesamtgassättigung von über 100 % auf. Die Koi nehmen den hohen Stickstoffgehalt zwangsläufig über die Kiemen in den Blutkreislauf auf. Verändert sich nun die Stickstoffbindungsfähigkeit durch einen Anstieg der Wassertemperatur oder andere Faktoren, so perlt dieses Gas aus. Diese Gasblasen verursachen Embolien, indem sie in kleineren Kapillaren wie in den Kiemen, den Flossen, der Haut und anderen Organen hängen bleiben. Dies ist für das betroffene Tier äußerst unangenehm und schmerzhaft.

Die Gasblasenkrankheit kann nicht nur durch eine Übersättigung des Wassers mit Stickstoff, sondern auch durch eine zu hohe Sauerstoffsättigung ausgelöst werden. Bei Transporten sind durch Übersättigung mit Sauerstoff Gewebeschädigungen möglich.

Auch sauerstoffproduzierende Algenfelder oder zu hoher Lufteintrag in den Teich können die Gasblasenkrankheit auslösen. Quell- oder Brunnenwasser kann mit Sauerstoff- und/oder Stickstoff übersättigt sein. Die Gasblasenkrankheit kann auch auftreten, wenn unter Druck stehendes Wasser zugeführt wird. Die Gaskonzentrationen können nur direkt am Teich gemessen werden, da sich durch Lagerung, Temperatur und Transport die Werte verändern.

Zur Therapie ist eine Senkung der Gesamtgassättigung nötig. Das kann über eine möglichst große Oberflächenbewegung erreicht werden, auch Wasserwechsel sind in bestimmten Situationen sinnvoll.

Atemnot

Parasiten

Verschiedene Parasiten können eine Atemnot hervorrufen. Das geschieht durch eine massive Schädigung des Kiemenepithels. Dadurch sind die Fische nicht mehr in der Lage, ausreichend Sauerstoff in den Organismus aufzunehmen, was zu Atemnot führt. Weitere Symptome sind das Stehen am sauerstoffreichen Zufluss, Scheuern, Unruhe, die Kiemen wirken verschleimt, was die Sauerstoffaufnahme zusätzlich massiv erschwert. Eine genaue Unterscheidung der Parasiten ist über einen Kiemenabstrich (Nativpräparat) möglich, der unter dem Mikroskop betrachtet wird.

Sind die Koi mit Parasiten befallen, scheuern sie sich am Teichgrund, an Pflanzen oder an anderen Gegenständen.

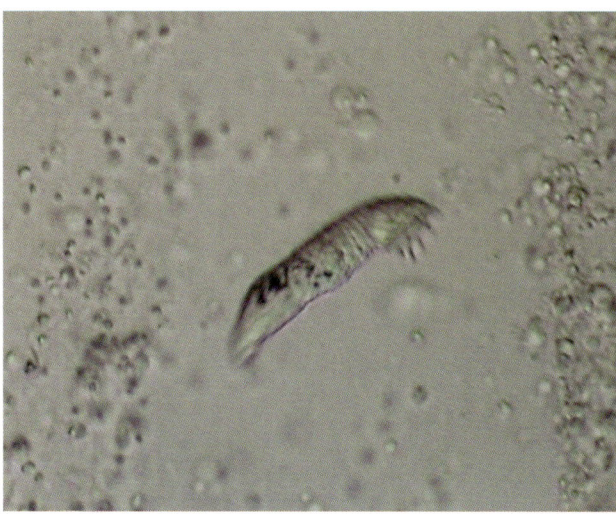

Ein Kiemenhakensaugwurm: Dactylogyrus (Mikroskop, 100fache Vergrößerung)

An erster Stelle sind aufgrund der Häufigkeit die Haut- und Kiemenhakensaugwürmer (*Gyrodactylus* und *Dactylogyrus*) zu nennen.

Die Kiemenwürmer bevölkern vorwiegend, aber nicht ausschließlich, die Kiemen. Diese Parasiten besitzen einen ausgeprägten Hakenapparat, mit dem sie sich am Fisch anheften können und dadurch mittel- und langfristig zu massiven Schäden führen. Sie ernähren sich außerdem noch von Kiemenepithel und Sekret, was zusätzliche Verletzungen hervorruft. Häufig bieten diese Traumata eine Eintrittspforte für Sekundärinfektionen. Die Parasiten geben Eier oder Junge ins Wasser ab, deren Entwicklungsdauer von der Temperatur abhängig ist. Diese sind äußerst widerstandsfähig und können problemlos im Teich überwintern. Die Larven sind freischwimmend und suchen sich so aktiv ihren Wirt. Die betroffenen Koi zeigen Atemnot, eine erhöhte Atemfrequenz, Unruhe und das Scheuern an Gegenständen als Symptome. Sie stehen auch bevorzugt an Zuläufen mit sauerstoffreichem Wasser. Die Kiemen weisen sichtbare Veränderungen auf. Sie sind oft von einer deutlichen Schleimschicht bedeckt und wirken angefressen, fleckig und blass.

Auch Hauthakensaugwürmer können die Kiemen befallen und verursachen dann die gleichen Symptome wie Kiemenhakensaugwürmer.

Bei einem Massenbefall mit dem einzelligen Ziliaten *Ichthyophthirius multifiliis* kann das Kiemenepithel, in das sich die Parasiten ebenso wie in die Haut zur Reifung einbohren, schweren Schaden nehmen. Diese großflächigen Schädigungen führen zu Atemnot. Die Symptome ähneln denen bei einem Befall mit Haut- oder Kiemenhakensaugwürmern.

Ein weiterer zu erwähnender einzelliger Parasit ist Costia (*Ichthyobodo necatrix*). In Japan ist Costia als Koikiller Nr. 1 gefürchtet. Auch dieser kann sich durch Fortsätze (hier: Flagellen) fortbewegen und sich so aktiv einen Wirt suchen. Dort durchbohrt er das Haut- und Kiemenepithel, was ebenfalls zu großen Schäden führt, die wiederum Atemnot zur Folge haben. Die Vermehrung erfolgt bei diesen Parasiten durch Längsteilung.

Auch *Trichodina* kann unter Umständen zu Atemnot führen. Diese Einzeller leben normalerweise im Wasser und werden erst bei geschwächten Tieren oder einem massiven Vorkommen im Teich zur Gefahr. Sie ernähren sich dann von Haut- und Kiemenepithel und führen so, wie die bereits beschriebenen Parasiten, zu Schädigungen des Epithels und damit zu Atemnot. Leider kommen bei Koi heute fast nur noch äußerst behandlungsresistente *Trichodina* vor. Nur wenige Mittel entfernen sie zuverlässig.

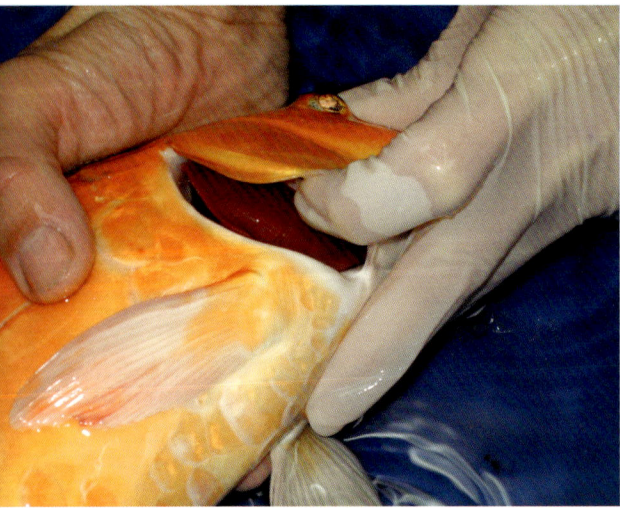

So sehen gesunde Kiemen aus.

Kiemennekrosen sind fleckig hell.

Sauerstoffmangel

Auch Sauerstoffmangel kann die Ursache für Atemnot sein. Es empfiehlt sich, den Sauerstoffgehalt des Wassers zu messen, um festzustellen, ob diese am nicht vorhandenen Sauerstoff liegt oder von anderen Faktoren verursacht wird. Diese Faktoren können vermehrter Umsatz nach der Nahrungsaufnahme, Überbesatz, hohe Wassertemperaturen (je höher die Temperatur, umso geringer der Sauerstoffgehalt), übermäßiger Pflanzenbewuchs (Pflanzen verbrauchen nachts viel Sauerstoff) u.a. sein.

Bakterien

Zu erwähnen ist auch ein bakterieller Befall der Kiemen. Symptomatisch hierfür sind Veränderungen der Kiemen, die von Rötungen bis hin zu Nekrosen (abgestorbene Bereiche) reichen können, und zumeist mit einer deutlichen Verschleimung einhergehen. Eine Therapie mit Antibiotika kann hier eventuell noch eine Rettung bringen, was allerdings von der Wirksamkeit des Therapeutikums und der Stärke der Veränderungen abhängig ist. Die Behandlung der Kiemenoberfläche betroffener Koi mit geeigneten Mitteln ist möglich, sollte aber dem erfahrenen Tierarzt überlassen bleiben.

Viren

Akut um sich greifende Atemnot (schwerste Notatmung) ist auch ein Symptom einer Koi-Herpesvirusinfektion (Cyprines Herpesvirus III). Dabei handelt es sich um eine sehr schwerwiegende Erkrankung, die durch den Kontakt mit infizierten Tieren übertragen werden kann. Die Dauer zwischen der Infektion und Erkrankung liegt bei etwa 7–18 Tagen. Die betroffenen Koi erkranken zu fast 100 %, die Sterblichkeit ist ähnlich hoch. Äußerlich sind Veränderungen der Kiemen mit starken Schleimauflagerungen und Trübungen des Hautschleims zu sehen. Die Tiere weisen ein schlechtes Allgemeinbefinden auf und zeigen Atemnot. Ist der Bestand mit dem Koi-Herpesvirus infiziert, so gibt es keine Rettung mehr. Es ist lediglich möglich, die Koi zu schützen, indem man auf unkontrollierte Zukäufe verzichtet, neue Tiere ausreichend lange in Quarantäne hält und nur Tiere von Händlern bezieht, die alle neuen Koilieferungen in ausreichender Zahl testen lassen. Lassen Sie sich die Labortests vom Händler zeigen! Teilweise werden Fische angeboten, die angeblich „geimpft" sind. Dabei handelt es sich allerdings lediglich um Tiere, die eine Infektion überstanden haben. Diese können aber weiterhin Viren ausscheiden und so den Bestand vernichten.

Neben den Koi erkranken auch Karpfen, andere Fischarten wie Goldfische zeigen keine Symptome, können aber als Überträger dienen.

Pilze

Eine weitere Ursache für Atemnot kann die so genannte Branchiomykose (*Branchiomyces spp.*) sein. Hierbei handelt es sich um einen Befall der Blutgefäße der Kiemen mit Pilzen, wodurch der Blutfluss behindert wird. Diese rasch fortschreitende Erkrankung ist besonders in organisch stark belasteten Teichen (hoher Ammoniak- und Ammoniumgehalt) oder Gewässern mit deutlichen pH-Wert-Schwankungen ein Problem, da die Pilze die Verätzung der Kiemen als Eintrittspforte benötigen. Kommt dann noch eine niedrige Sauerstoffsättigung hinzu, so führt der Befall zu nennenswerten Verlusten. Betroffene Koi sondern sich ab und stehen in sauerstoffreichen Bereichen des Teiches. Sie stellen die Futteraufnahme ein und zeigen eine heftige Atmung. Die Kiemen wirken verschleimt und ausgefranst und weisen rotbraune, blutunterlaufene Bereiche auf. Sichtbar ist die Nekrose der Kiemen insbesondere an den Spitzen: Sie sind teils weiß, teils rot. Um den erkrankten Tieren das Atmen zu erleichtern, sollte eine ausreichende Sättigung des Wassers mit Sauerstoff gewährleistet sein. Auch die Optimierung der Wasserqualität ist wichtig.

Vergiftungen

Auch Intoxikationen (= Vergiftungen) müssen als Grund für Atemnot immer in Betracht gezogen werden. Besonders zu erwähnen ist eine Vergiftung mit Ammoniak. Es entsteht im Stoffwechsel der Fische, ebenso wie durch den Abbau von organischen Materialien im Teich. Ist der Ammoniakwert dauerhaft hoch, so schädigt das die Fischgesundheit. Die Koi sind anfälliger für Krankheiten, was unter anderem auch durch die in Mitleidenschaft gezogene Schleimschicht auf der Haut begründet ist. Bei massiv erhöhten Ammoniakwerten kommt es zu Vergiftungserscheinungen. Die Symptome sind verstärkte Schleimbildung, Kiemenveränderungen, Haut- und Flossenschäden, Schock, ungerichtete Bewegungen, Todesfälle. Als Notfallmaßnahme ist ein großzügiger Wasserwechsel zu machen, um die Konzentration zu senken. Nitrit entsteht durch die Umwandlung von Ammonium und Ammoniak. Im Blut geht Nitrit eine Verbindung mit dem Eisen im Hämoglobin der roten Blutkörperchen ein. Es entsteht so Methämoglobin, das keinen Sauerstoff mehr binden kann. Bei einer dauerhaft grenzwertigen Nitritkonzentration im Wasser sind die Fische anfälliger für Erkrankungen und haben eine kürzere Lebenserwartung. Bei massiv erhöhten Werten kommt es zu Symptomen wie bei anderen Intoxikationen auch. Die Fische sind unruhig und schreckhaft.

Natürlich führt auch die Einleitung von Schadstoffen zu Intoxikationen. Besonders zu nennen sind hier Säuren und Laugen, die durch starken Regen in den Teich hineingespült werden (saurer Regen, Ausschwemmungen von Baustoffen, Mörtel, Anstrichen etc.).

In allen genannten Fällen kann nur ein sofortiger Wasserwechsel helfen.

Bei Gartenarbeiten können Spritzmittel in den Teich gelangen, wenn der Sicherheitsabstand zu gering ist.

Kollabieren

Die Koi liegen am Teichgrund oder schwimmen mit dem Bauch nach oben an der Teichoberfläche.

Eine Ursache kann akuter Sauerstoffmangel sein. Die Sauerstoffsättigung nimmt bei steigender Wassertemperatur ab, wobei gleichzeitig der Sauerstoffbedarf der Koi ansteigt. Auch haben Jungtiere und Fische nach der Fütterung oder bei Stress einen erhöhten Bedarf. Sollte einmal eine Wassertemperatur von 30° C oder mehr erreicht werden, so ist jegliche Fütterung der Koi einzustellen! Neben diesen Ursachen kann auch der Sauerstoffverbrauch der Wasserpflanzen bei Nacht und ein zu hoher Fischbesatz u.a. eine Erklärung liefern. Symptomatisch ist, dass sich die Tiere am Einströmer versammeln, sie schnappen nach Luft, haben weit abgespreizte Kiemen, kippen und sterben ohne geeignete Gegenmaßnahmen. Entscheidend zur Rettung der Fische ist es, auf schnellstem Wege für eine zusätzliche Belüftung zu sorgen und langfristig die Ursache zu beseitigen.

Bei Entzündungen des Darmes oder der Schwimmblase kann es sein, dass der Koi die Gasmenge, die für das Schweben im Wasser nötig ist, nicht mehr exakt kontrollieren kann. Bei zu geringem Auftrieb liegt er in Seitenlage am Boden. Ist das länger der Fall, kann es zu einer Verschiebung der Schwimmblase zur Seite hin kommen; es ist dem Tier dadurch nur noch schwer möglich, die physiologische Körperposition einzunehmen.

Hat ein Koi andererseits zuviel Gas im Inneren des Körpers, so schwimmt er wie ein aufgetauchtes U-Boot an der Wasseroberfläche und kann nicht mehr oder nur sehr mühsam abtauchen. Ursache von Gasansammlungen können Gärprozesse im Magen-Darm-Trakt (falsches Futter? zuviel gefüttert? träger Darm?) sein, ferner eine perforierte oder geplatzte Schwimmblase (Transportschaden? Fangverletzung? nicht erfolgter Druckausgleich?). Wenn der Koi nicht mehr abtauchen kann, drohen zudem äußere Verletzungen durch Katzen und Krähen. Die Gasansammlung im Körper ist für den Koi lebensbedrohlich. Geht das Gas nicht auf natürliche Weise ab, so muss vom Tierarzt, evtl. durch Punktion, Gas nach außen abgelassen werden, um den Tod des Koi zu verhindern. Solche Eingriffe sollten nur vorgenommen werden, wenn man Kenntnis von der Lokalisation des Gases und in der Nähe liegender Organe hat. Ansonsten kann der Schaden, den man anrichtet, groß sein.

Tumore, die sich mehr zu einer Körperseite hin entwickelt haben, können ebenso das Gleichgewicht des Koi stören. Diese Tumore gehen zumeist von den Gonaden, der Leber oder den Nieren aus.

Apathie

Apathische Koi liegen oder stehen teilnahmslos, meist mit dem Kopf nach unten geneigt, im Freiwasser oder an Flachstellen. Sie ignorieren die anderen Fische und beteiligen sich nicht mehr am Schwarmgeschehen (Fütterung, Umherschwimmen). Teilnahmslosigkeit ist ein relativ unspezifisches Symptom, das ganz verschiedene Ursachen haben kann. Allgemein ist Apathie ein Hinweis auf eine schwere Beein-

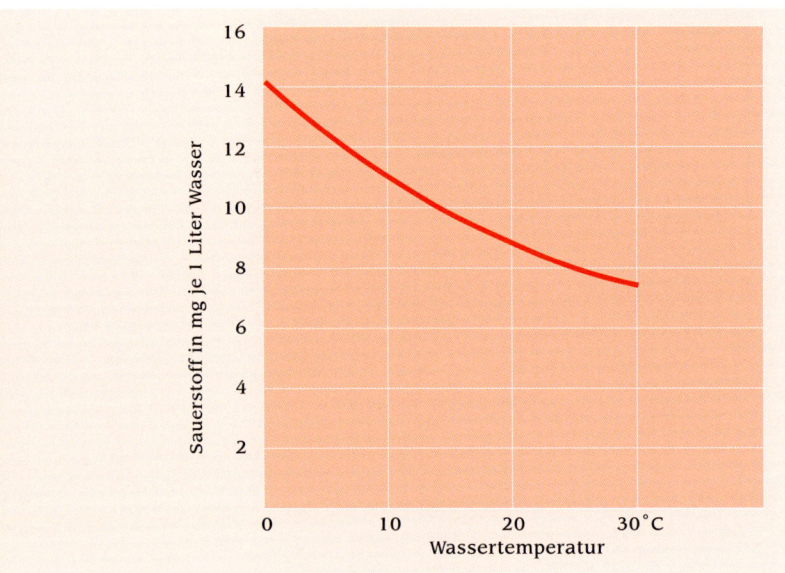

Abhängigkeit der gelösten Sauerstoffmenge von der Wassertemperatur

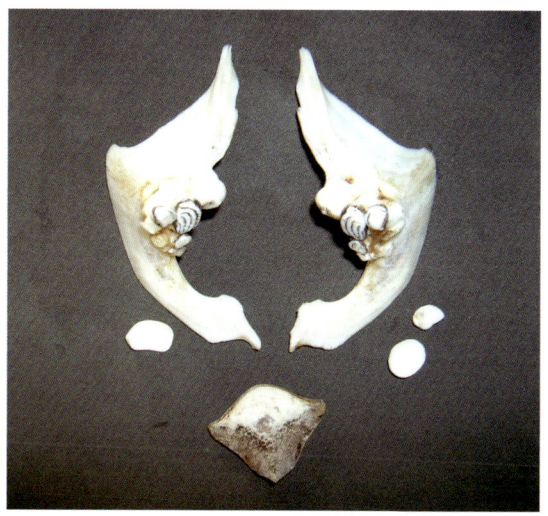

Schlundzähne des Karpfen sowie gewechselte Zähnchen und die verhornte Kauplatte, der sog. Karpfenstein (unten), der beim Zermahlen der Nahrung als Widerlager der Schlundzähne dient.

Wenn Koi entgegen ihrer sonstigen Gewohnheiten nicht zum Futterplatz kommen, kann es daran liegen, dass sie gerade einen oder mehrere Zähne wechseln.

trächtigung des betroffenen Tieres. Grund hierfür kann eine massive Infektion mit Bakterien und Parasiten sein, ebenso wie das Energiemangelsyndrom, Altersschwäche, Intoxikationen, Viruserkrankungen, Sauerstoffmangel und vieles mehr. Je nach Ursache können ein einzelner Fisch oder mehrere betroffen sein. Zumeist gehen mit der Apathie noch andere Symptome einher, die vielleicht Aufschluss über den Grund der Erkrankung geben können.

Futterverweigerung, Appetitlosigkeit

Futterverweigerung kann sowohl physiologische, das heißt ganz normale, als auch pathologische Ursachen haben, also auf Krankheiten hinweisen.

Physiologisch

Zum normalen Verhaltensrepertoire der Koi gehört es, dass sie bei besonders niedrigen Temperaturen die Nahrungsaufnahme verweigern. Grund hierfür ist die Tatsache, dass bei diesen Bedingungen die Verdauungsenzyme nur reduziert oder gar nicht arbeiten, so dass eine Aufschlüsselung der Nahrung nicht möglich ist. In der Ruhephase im Winter ist der gesamte Stoffwechsel stark zurückgefahren, um Energie zu sparen.

Wie bereits erwähnt verfügen die Karpfenartigen über Schlundzähne. Diese wachsen und können auch erneuert werden. In dieser Phase stellen die betroffenen Tiere meist kurzfristig die Futteraufnahme ein. Am Beckengrund oder im Filter finden sich nach dem erfolgten Zahnwechsel dann gelegentlich die alten Zähnchen.

Es kann durchaus auch vorkommen, dass die Koi eine andere schmackhafte, ergiebige Futterquelle (zum Beispiel Laich) entdeckt haben, und deshalb bei der offiziellen Fütterung bereits satt sind.

Werden neue Tiere gekauft und in den Teich eingesetzt, so müssen diese sich erst einmal auf die neuen Bedingungen einstellen. Die Neuen sind eventuell am Anfang besonders scheu und trauen sich noch nicht an die Futterstelle. Es ist auch denkbar, dass sie eine andere Futterart (Schwimmfutter, Sinkfutter) gewöhnt sind und sich erst umstellen müssen. Diese Phase sollte aber relativ schnell überwunden sein. Mit besonderen Leckereien wie Seiden-

Stark abgemagerter Koi.

Bandwürmer aus dem Darm eines gestorbenen Koi.

raupenpuppen oder Gemüsemais, die man sonst kaum geben sollte, kann man testen, ob die Futterverweigerung total oder partiell ist.

Pathologisch

Eine länger andauernde Futterverweigerung gerade bei einzelnen Koi deutet immer auf eine Erkrankung hin. Allerdings handelt es sich hierbei um ein sehr allgemeines Symptom, das zumeist lediglich darauf hinweist, dass sich das betroffene Tier sehr schlecht fühlt. Eine genaue Abklärung der Ursache ist hier dringend erforderlich!

Die Einstellung der Futteraufnahme kann Ursachen haben, die direkt mit dem Vorgang der Nahrungsaufnahme zu tun haben. Manchmal kommt es vor, dass sich die Koi auf der Nahrungssuche einen Fremdkörper einspießen, auch ins Maul aufgenommene und dann quer liegende Steine können von Koi manchmal nicht wieder ausgespuckt werden und behindern die Aufnahme von Futter. Diese müssen dann vorsichtig entfernt werden.

Auch Tumore im Maul- und Schlundbereich können die Futteraufnahme unmöglich machen. In einem solchen Fall sollte ein Tierarzt aufgesucht werden. Eventuell besteht die Möglichkeit einer Operation. Ist dies nicht

der Fall, muss eine Euthanasie in Erwägung gezogen werden, um dem Tier unnötiges Leid zu ersparen.

Kotveränderungen

Parasiten

Oft sind Veränderungen des Kotes auf einen Befall mit Darmparasiten zurückzuführen. Hier sind zum einen Bandwürmer zu nennen. Zumeist handelt es sich um Parasiten der Gattung *Bothriocephalus*. Die Eier werden in das Wasser abgegeben, wo aus ihnen freischwimmende Larven schlüpfen. Zur weiteren Entwicklung sind Zwischenwirte nötig, wie zum Beispiel Hüpferlinge (*Cyclops spp.*), die sich – z.B. über Wasserpflanzen eingeschleppt – in jedem Teich ansiedeln können. Diese befallenen Kleinkrebse werden wiederum vom Koi aufgenommen, und der Parasit kann sich nun im Fischdarm zum erwachsenen Bandwurm weiterentwickeln, der eine Körperlänge bis zu 20 cm erreichen kann. Zumeist zeigen sich erst relativ spät nach dem Befall die ersten Symptome. Dazu gehört Abmagerung bei guter Futteraufnahme. Todesfälle bei größeren Koi sind im Gegensatz zu nennenswerten Verlusten bei Jungtieren selten. Ein Bandwurmbefall kommt relativ selten vor und ist meist ein Zufallsbefund bei der Sektion toter Fische.

Auch Nematoden der Gattung *Capillaria* können als Darmparasiten bei Koi vorkommen und führen bei starker Vermehrung zu schleimigem Kot, zögerlicher Futteraufnahme und Absonderung vom Schwarm. Der mikroskopische Nachweis gelingt durch das Auffinden von Capillaria-Eiern aus frischen Kotstückchen oder von ganzen Haarwürmern aus dem Darminneren von verstorbenen oder geopferten Koi. Auch diese Parasiten kommen in unseren Koiteichen selten vor. Eine Entwurmung durch den Tierarzt ist möglich.

Auch krankheitserregende einzellige Parasiten können zu Kotveränderungen führen. Besonders zu erwähnen sind hier *Hexamita* und *Spironucleus*. Das sind spiegelsymmetrische im Darm lebende Flagellaten, die sich durch sechs der insgesamt acht Geißeln, die am Vorderende entspringen, fortbewegen können. Diese Darmflagellaten können junge Koi (Koibrut) schwer schädigen und zu Abmagerung und weißen, schleimigen Kotsträngen führen. Sie werden als Schwächeparasiten angesehen und sind im Gartenteich glücklicherweise recht selten. Ähnliches gilt für Infektionen mit *Cryptobia* und *Trichomonas*. Alle genannten Einzeller lassen sich in frischem Kot nachweisen, *Cryptobia* auch in Blutausstrichen. *Cryptobia* wird für die „Schlafkrankheit der Fische" verantwortlich gemacht, von der man immer wieder liest, die aber in unseren Koiteichen glücklicherweise keine Rolle zu spielen scheint. Alle genannten Einzeller können gezielt mit Medikamenten bekämpft werden. Wichtig ist jedoch die schnelle Diagnose, denn gerade bei Jungfischen führt eine Massenvermehrung der Parasiten schnell zum Tode. Eine Vielzahl von möglichen Behandlungsmethoden findet sich im Falle des Falles im KOSMOS-Buch „Krankheiten der Aquarienfische, mit Krankheiten der Garten-

Bei zu reichlicher Fütterung wird das Futter größtenteils unverdaut mit dem Kot ausgeschieden.

teichfische" von Dieter Untergasser (2006). Eine Behandlung sollte wegen der Giftigkeit der Medikamente immer dem Fachmann überlassen werden. Auch sind die Medikamente oft nicht frei erhältlich. Koi in guter Kondition kommen mit einer geringen Protozoenmenge gut auch ohne Behandlung zurecht.

Ungeeignetes Futter

Natürlich hat auch die Wahl des Futtermittels Einfluss auf den Kot. Die käuflich zu erwerbenden Futter haben meist eine sehr hohe Verdaulichkeit, was sich auch im Kot widerspiegelt. Salate, Kräuter und andere Pflanzen hingegen können nicht so gründlich aufgeschlossen werden, so dass der Kot etwas weniger fein aussieht und Pflanzenreste enthält. Dennoch sind gerade Pflanzen ein wertvoller, wichtiger Nahrungsbestandteil, auf den man nur wegen der Wasserqualität nicht verzichten sollte. Wichtig ist für Koi, wie auch für alle anderen Fische, eine ausgewogene, abwechslungsreiche Ernährung.

Es ist wichtig, darauf zu achten, dass das Haltbarkeitsdatum nicht überschritten wird, offenes Futter sachgemäß gelagert (trocken, kühl, dunkel) und nicht zu lange nach dem Öffnen verwendet wird. Verdorbenes Futter ist umgehend zu entsorgen. Auch augenschein-

lich noch verwendbares Futter kann bei langer Lagerung schon wertlos sein, da Vitamine relativ schnell bei Helligkeit, Sauerstoffeintrag und ungeeigneter Aufbewahrung zerfallen. (Zudem wird feuchtes Futter schnell von Pilzen befallen, die Gifte produzieren.) Verwendet man dieses dennoch, so kann es natürlich zu Veränderungen des Kotes führen, ebenso wie der Wechsel auf ein anderes, ungewohntes Futter.

Im zeitigen Frühjahr, wenn noch keine richtige Verdauung möglich ist, finden sich anstatt echten Kotes teilweise nur Darmausgüsse in Form von langen, glasigen Schläuchen. Es handelt sich dabei um abgehende alte Zellen des Darmepithels und nicht um ein Produkt der Verdauung. Bei folgender Erwärmung und regulärer Futteraufnahme sollte der Kot wieder normales Aussehen annehmen.

Hautveränderungen und Flossendefekte

Pilze

Pilze und Pilzsporen finden sich überall in der Erde, im Wasser und auch im Teichschlamm. Wenige Pilzarten sind fischpathogen, die meisten können als fakultativ pathogen angese-

Koi mit deutlich erkennbarer Verpilzung auf der Haut.

Koi mit Hauterosionen, verursacht durch eine bakterielle Infektion. Während einige Stellen schon abheilen, sind andere noch blutig.

hen werden, das heißt, dass die Pilze nur bei geschwächten, kranken Tieren oder Koi mit Schädigungen an Haut und Kiemen eine Eintrittspforte für eine Infektion finden. Ursache hierfür können unter anderem Verletzungen, starker Parasitenbefall und eine Verschiebung des pH-Wertes sein. Der Befall zeigt sich auf der Haut je nach Befallsstärke als leichter Flaum oder watteähnlicher Belag. Für gewöhnlich beschränkt sich die Pilzinfektion auf Haut und Kiemen und dringt selten in die inneren Organe vor. Gelegentlich können sich auch Algen in der verpilzten Stelle ansiedeln und dem Pilz eine grüne Farbe geben.

Bakterien

Bakterien sind ubiquitär, das heißt sie kommen überall vor, in der Erde, dem Wasser; auch im Leitungswasser sind geringe Mengen an Bakterien erlaubt. Wir machen uns die Bakterien auch im Teich zunutze, da sie für ein gutes Gleichgewicht des Wassers verantwortlich sind und im Filter einen wertvollen Dienst beim Abbau von Abfallstoffen leisten. Es gibt aber auch pathogene und fakultativ pathogene Bakterien, vor allem die Arten *Citrobacter spp.*, *Aeromonas spp.* und *Pseudomonas spp.* sind zu nennen. Normalerweise ist der Fisch durch seine Schleimschicht auf der Körperoberfläche gut geschützt. Allerdings können selbst kleinste Verletzungen auf Haut und Kiemen, Parasitenbefall, Stress, Verunreinigungen des Wassers, Veränderungen des pH-Wertes und eine unangemessene Ernährung das Eindringen von Bakterien ermöglichen. Von einer lokalen Infektion ausgehend, kann rasch eine generalisierte Infektion des ganzen Körpers entstehen und für den Koi lebensgefährlich werden.

Anzeichen für eine Infektion sind Rötungen auf der Haut bis hin zu mehr oder weniger tiefen und großen Geschwüren. Auch fortschreitende Flossendefekte sind oft zu beobachten. Bei kleineren Defekten zeigen sich die Fische meist mit einem ungestörten Allgemeinbefinden und nehmen auch noch Futter auf. Kommt es zu einer großflächigen Veränderung der

Tier mit einer deutlichen Rötung der Körperoberfläche.

Haut oder zu einer generalisierten Infektion, dann zeigen die Koi deutliche Anzeichen einer Erkrankung und können an dieser Infektion verenden.

Eine Behandlung ist bei bakteriellen Infektionen immer nötig. Es ist sinnvoll, den erkrankten Fisch dazu in ein Quarantänebecken zu setzen, damit eine regelmäßige Behandlung möglich ist, der Verlauf der Infektion und der Ausheilung beobachtet werden kann und das Tier nicht jedes Mal dem Stress des Herausfangens ausgesetzt ist. Möglich ist sowohl eine lokale Behandlung als auch eine Behandlung des gesamten Organismus über das Wasser oder die Verabreichung von Medikamenten und Kochsalzlösung.

Viren

Viruserkrankungen können einen ganzen Bestand gefährden. Sie werden in der Regel durch infizierte Tiere eingeschleppt, aber auch durch kontaminierte Geräte. Man sollte daher mit dem Kauf neuer Fische äußerst vorsichtig sein, und eine Quarantäne durchführen. Zu bedenken ist, dass die infizierten Fische nicht unbedingt Symptome zeigen müssen.

Koi mit deutlichen Zubildungen am Maul, die eine In-
fektion mit Herpesvirus cyprini I als Ursache haben.

Weiße Beläge auf der Haut sind einzelne kleine
Epitheliome.

Eine Erkrankung, die Hautveränderungen hervorruft, ist das Epitheliom des Karpfens, die früher als Karpfenpockenerkrankung bezeichnet wurde und die durch das Herpesvirus cyprini I hervorgerufen wird, aber nicht identisch ist mit der Koi-Herpesinfektion (Cyprines Herpesvirus III). Eindeutige Symptome für eine Infektion sind einzelne knotige Hautveränderungen von einer weißlichen glasigen Farbe, die meist von fest sitzenden weißen Plaques begleitet werden. Diese entstehen durch eine übermäßige Teilung der Zellen der Epidermis. Bevorzugte Stellen für diese Wucherungen sind der Bereich um das Maul, Flanken und die Flossen. Die Veränderungen verschwinden meist bei höheren Temperaturen im Frühjahr und Sommer und treten immer nur bei einigen der Koi auf. Eine Beseitigung des Virus ist nicht möglich, es sollte daher aufgepasst werden, diese Infektion nicht auf andere Bestände zu übertragen. Manche dieser Veränderungen können weiter wachsen und es bilden sich größere unregelmäßige rosa-weißliche Geschwüre, die sich auch infizieren können. Diese Wucherungen können das Tier vor allem im Bereich des Maules behindern oder stören. Außerdem besteht eine nicht unerhebliche Übertragungsgefahr auf andere Koi. Daher sollte die Umfangsvermehrung durch den Tierarzt in einer kleineren OP in Narkose entfernt werden.

Da der Ausbruch der Erkrankung durch verschiedene Faktoren wie niedrige Temperaturen, Stress und unzureichendes Futter gefördert wird, sind regelmäßige Wasserwechsel, eine Beheizung bei niedrigen Temperaturen, die Fütterung der Tiere mit frischem Futter, das ausreichend Mineralien und Spurenelemente enthält, damit sich das Immunsystem des betroffenen Fisches mit der Viruserkrankung auseinandersetzen kann, vorteilhaft.

Parasiten

Die Parasiten, die primär Trübungen von Haut und Augen verursachen, wurden bereits im entsprechenden Kapitel behandelt. Weitere Schädlinge, die Veränderungen an Haut und Flossen verursachen, gehören zur Gruppe der Arthropoda (Gliederfüßer).

Karpfenlaus

Erwähnenswert ist ein Befall mit Karpfenläusen (*Argulus foliaceus*). Das sind parasitische Krebse (Crustacea). Diese Krebse werden bis zu 8 mm groß, sind also mit bloßem Auge erkennbar und wachsen mit jeder Häutung. Sie können gut schwimmen und heften sich mit Saugnäpfen an den Wirt an. Die Parasiten legen Eier bevorzugt an Pflanzen ab.

Diese können problemlos den Winter überstehen. Die geschlüpften Läuse sehen genauso aus wie die erwachsenen Tiere. Die Mundwerkzeuge sind zu einer Art Giftstachel umgebaut, mit dem die Haut des Koi verletzt wird um Blut zu saugen. Der Bereich der Wunde ist blutunterlaufen und von einem Wall umrahmt. Neben dem üblichen Risiko einer Sekundärinfektion können die Karpfenläuse selbst auch als Überträger von Bakterien und Viren fungieren. Während eines Karpfenlausbefalls ändert sich das Verhalten der Tiere dramatisch: sie werden scheu und schreckhaft und stellen die Futteraufnahme letztlich ein.

Ankerwürmer

Auch Ankerwürmer (*Lernaea spp.*) können die Ursache für Hautveränderungen sein. Den Namen haben die Parasiten, die eigentlich zu den Krebstieren gehören, durch den ankerförmigen Kopffortsatz der Weibchen erhalten. Die Eier werden ins Wasser abgegeben und nach einiger Zeit, je nach Temperatur, schlüpfen die Larven (Nauplien). Nach fünf Häutungen werden daraus die sogenannten Copepoditen, die sich von Blut und Hautschleim der Fische ernähren. Nach der vierten Häutung erfolgt die Kopulation, die Männchen sterben und die Weibchen bohren sich in die Haut des Koi, verankern sich in der Muskulatur und reifen zum erwachsenen Ankerwurm heran.

Da die *Lernaea* höhere Temperaturen bevorzugen, verursachen sie im Sommer den größten Schaden. Symptome sind Scheuern, Hautveränderungen, die durch Sekundärinfektionen hervorgerufen werden und Pilzbefall. Die erwachsenen Würmer sind so groß, dass sie auf der Haut zu erkennen sind. Glücklicherweise werden diese Parasiten für gewöhnlich schon beim Importeur im Quarantänebecken entdeckt und behandelt.

Fischegel

Fischegel können in Einzelfällen in Koiteichen auftreten, überwiegend in naturnahen Teichen. Der gemeine Fischegel (*Piscicola geometra*) ist etwa 2 bis 5 cm lang. Er heftet sich am Fisch fest und ernährt sich vom Blut des befallenen Wirtes. Bei Jungfischen kann der dadurch entstehende Blutverlust zum Tod führen. Größere Koi können den Blutverlust meist ausgleichen, sind aber durch die Übertragung von Blutparasiten beim Saugakt von Folgeerkrankungen bedroht. Bei geringem Befall genügt die manuelle Entfernung der Egel. Bei regelmäßigem und starkem Befall bleibt als Maßnahme nur die Ausquartierung der Koi, der danach trockengelegt und desinfiziert wird. Gleichzeitig werden die Koi in der Quarantäne im Salzbad behandelt. Alternativ können auch Kurzbäder in Kaliumpermanganatlösungen die Fischegel zum Verlassen der Koi bewegen. Um diese ganze Prozedur, die die Koi sehr stresst, nicht durchführen zu müssen, empfiehlt es sich, keine Fische und Pflanzen aus freien Gewässern in den Koiteich zu bringen. Koi, die man aus „Naturteichen" bekommt, müssen auf Egel untersucht werden! Ein Befall mit Fischegeln ist in Koiteichen sehr selten.

Vor den Fischegeln braucht man sich als Mensch auch nicht zu fürchten, da sie, wie ihr Name schon sagt, nur an Fischen, allenfalls noch an Amphibien, parasitieren.

Ein Befall mit Karpfenläusen ist selten. Wenn er aber auftritt, schädigt er die Koi sehr.

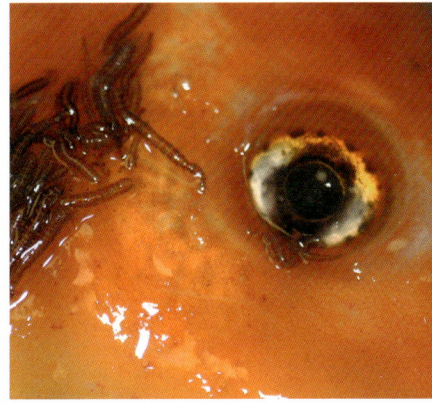

Hier ein Koi mit starkem Fischegelbefall.

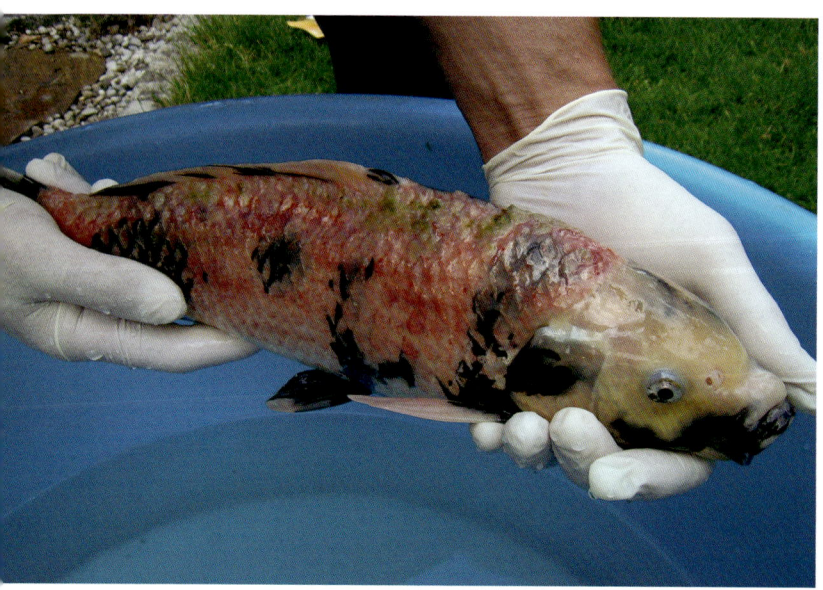

Tier mit massiven Verbrennungen durch übermäßige Sonneneinstrahlung.

Mechanische Ursachen

Nicht zu vergessen sind auch die Verletzungen, die sich die Koi durch scharfkantige Gegenstände (Steine, Kanten), unsachgemäßes Handling, oder Beutegreifer (Katzen, Krähen u. a.) zuziehen können. Auch Teichwände aus rauem Beton stellen eine Gefahrenquelle dar. Selbst kleine Verletzungen können sich durch Sekundärinfektionen mit Bakterien entzünden. Bei guter

Wasserqualität und Fütterung verfügen Koi über ein intaktes Immunsystem und ausreichende Selbstheilungskräfte. Mögliche Gefahrenquellen (Bruchsteine, Drahtenden, Rohrschellen, hervorstehende Schrauben) müssen unbedingt aus dem Teich entfernt oder mittels Silikonummantelung ungefährlich gemacht werden.

Sonnenbrand

Sonnenbrand ist nicht nur für uns Menschen bei einer hohen UV-Intensität ein Problem, auch unsere Koi können davon betroffen sein. Besonders die unpigmentierten, hellen Hautbezirke am Rücken sind gefährdet. Gerade bei flachen Teichen oder Teichbereichen ohne ausreichenden Schatten kommt es relativ leicht zu Hautrötungen, in schweren Fällen auch zur Blasenbildung. Es besteht wie bei allen Hautveränderungen die Gefahr einer Sekundärinfektion der Schuppentaschen und der Schuppen. Dadurch können auch tiefergehende Hautdefekte bis hin zur Muskulatur entstehen. Um derartige Probleme zu vermeiden, müssen den Tieren ausreichende Schattenplätze zur Verfügung stehen. UV-undurchlässige Sonnensegel können hier helfen, die auch als positiven Nebeneffekt das Algenwachstum reduzieren. Auch Seerosen sind als Unterstand geeignet.

Opaquer weißlicher Belag auf der Oberfläche; früher als „Koipocken" bezeichnet.

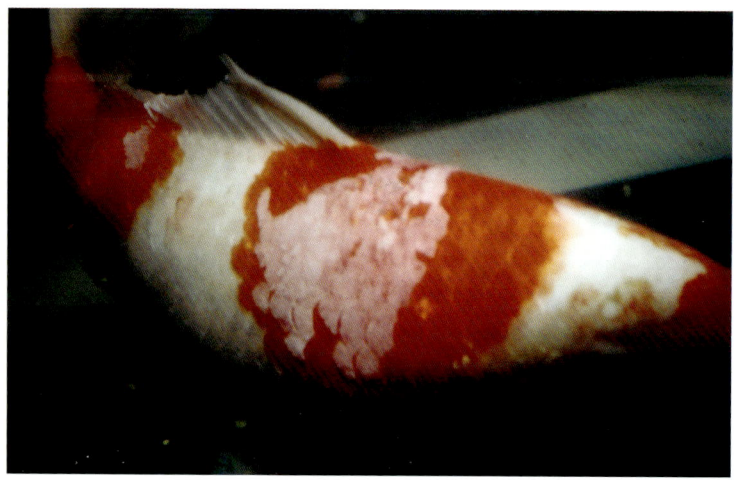

Die vom Virus befohlene Wucherung der Epidermiszellen führt zu flächigen Auflagerungen.

Eine chronisch schlechte Wasserqualität, insbesondere hohe, aber nicht akut tödliche Ammoniakwerte im Teich führen zu Haut- und Flossenschäden. Ammoniak ist ein starkes Schleimhautgift, das auf Dauer zu Epithelhyperplasien und Entzündungen führt. Eintrittspforten für Bakterien werden geöffnet. Eine Invasion durch Bakterien kann vom Fisch so nicht mehr verhindert werden.

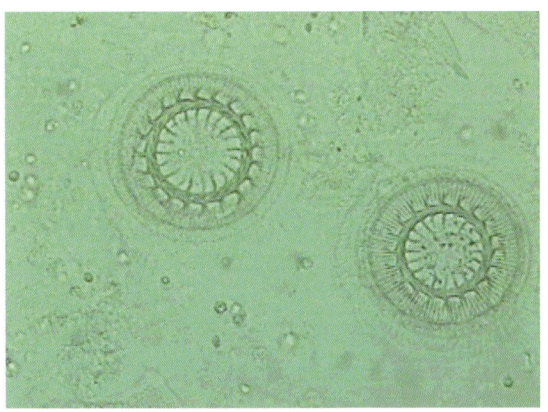

Trichodinen sehen unter dem Mikroskop wunderschön aus; einzelne sind harmlos.

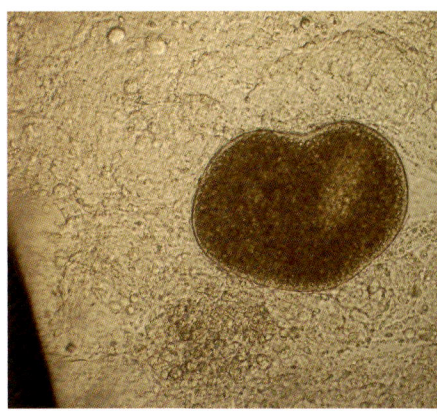

Der Ziliat Ichthyophthirius multifiliis bei 100facher Vergrößerung.

Trübungen an Haut und Augen

Trübungen an Haut und Augen können ganz unterschiedliche Ursachen haben.

Viren

Ein bereits im Kapitel Hautveränderungen erwähntes Problem ist die Plaquebildung bei der Herpes-cyprini-I-Infektion, die neuerdings als Epitheliom der Karpfen bezeichnet wird. Ein Symptom einer Koi-Herpesvirusinfektion (neues Herpesvirus, III, KHV) ist auch die Trübung des Hautschleimes. Die Erkrankung wurde bereits näher erläutert.

Bakterien

Eine vermehrte Schleimbildung, die eine Trübung der Haut bewirkt, zeigt sich meist als Symptom bei bakteriellen Infektionen oder Parasitenbefall.

Bei bakteriellen Infektionen liegen meist mehr oder weniger großflächige Rötungen vor, die häufig von Hautdefekten begleitet werden. Je nach Schwere der Erkrankung kann das Allgemeinbefinden beeinträchtigt sein. Eine Unterscheidung zwischen bakterieller und parasitärer Infektion der Haut kann über eine mikroskopische Untersuchung erfolgen.

Parasiten

Die Ursache für Hauttrübungen liegt oft in einem starken Parasitenbefall. Diese können schon lange Zeit im Bestand sein und durch ungünstige Faktoren überhand genommen haben. Auch ein Einschleppen durch neu gekaufte Fische ist denkbar. Einige Parasiten sind reine Schwächeparasiten, das heißt dass sie nur für erkrankte Koi eine Gefahr darstellen. Eine grobe Einteilung kann in einzellige und mehrzellige Parasiten vorgenommen werden. Es sollen im Rahmen dieses Kapitels nur einige der wichtigsten Erkrankungen genannt werden.

Einzeller

Erwähnt sei der Befall mit *Ichthyophthirius multifiliis* (Pünktchenkrankheit). Dieser Einzeller reift in Haut- und Kiemenepithel und durchbricht dann die Haut, was zu schweren Verletzungen und Störungen im Flüssigkeitshaushalt des betroffenen Tieres führen kann. Außerhalb des Tierkörpers suchen sich die Parasiten, die sich mit Zilien fortbewegen können, ein geeignetes Substrat, bilden dort Zysten und teilen sich vielfach, wodurch es zu einem Massenbefall kommt. Die erkrankten Koi haben auf Haut, Kiemen und Augen weiße Pünktchen, scheuern sich und zeigen Atemnot.

Trichodina spp. leben normalerweise im Wasser und ernähren sich dort von organischem Material. In stark belasteten Teichen können sie unter Umständen auch Fische befallen und so zu Haut- und Kiemenirritationen führen, die sich durch das Scheuern an Gegenständen und Trübungen der Haut äußern können, bis hin zu Atemstörungen. Eine kurzfristige Therapie kann erforderlich sein, langfristig ist allerdings eine Sanierung des Teiches (Reinigung der Filteranlagen, Filter mit stärkerer Leistung) nötig, so dass die Wasserqualität deutlich verbessert wird. Neuerdings bereitet die Resistenz dieser Parasiten große Probleme. Es werden dann in der Folge von Koihaltern auch Chemikalien angewendet, die für die Koi sehr gefährlich sind.

Ein weiterer einzelliger Parasit der nennenswerte Hautveränderungen hervorrufen kann ist *Ichtyobodo necator* (früher *Costia necatrix*). Wegen des viel bekannteren alten Namens soll zur besseren Verständlichkeit hier weiter von „Costia" gesprochen werden. Costia heftet sich an Haut und Kiemen des Wirtes an und ernährt sich von Gewebebestandteilen. Wie bei den bereits oben beschriebenen Parasiten, sind auch hier wieder vermehrte Schleimproduktion (weißlicher Schimmer), Scheuern an Gegenständen, Rötungen von Haut und Kiemen, eventuell Atemnot, Teilnahmslosigkeit, eingefallene Augen und andere Symptome zu nennen. Da es sich bei Costia um sehr kleine Einzeller handelt, wird die Diagnose mittels eines Hautabstrichs unter dem Mikroskop gestellt.

Dieser Parasit hat große Bedeutung für unsere Koi. Vor Beginn der Überwinterung sollte der Koibestand möglichst frei von *Costia* sein. Ansonsten besteht bis zum Frühjahr die Gefahr eines schleichenden Todes der Koi.

Wie Costia ist auch *Chilodonella piscicola* ein einzelliger Parasit. Man nennt ihn wegen seiner Form auch den großen herzförmigen Hauttrüber. Da er sich in einem Temperaturbereich von 5 bis 10° C besonders wohl fühlt und stark vermehrt, stellt er eine Gefahr für Koi in der Überwinterung dar. In Koiteichen ist dieser Parasit selten zu finden, kann aber durch Besatz aus Freilandteichen eingeschleppt werden. Japanische Koi reagieren empfindlich auf diesen Parasiten. Auch geschwächte und kranke Koi sind diesen Parasiten ausgeliefert.

Da Parasiten wie *Costia*, *Chilodonella*, *Trichodina*, *Oodinum* und *Gyrodactylus* die typisch milchige Trübung verursachen, fasste man sie in der Fischzucht früher unter der Bezeichnung „Hauttrüber" zusammen.

Hautwürmer (Gyrodactylus)

Bei einem Befall mit dem lebendgebärenden Hauthakensaugwurm (*Gyrodactylus*) kann es zu sehr auffallenden Hauttrübungen durch Abschleimen des Koi kommen. Im Schleim finden sich unter dem Mikroskop dann Unmengen dieser hakenbewehrten Würmer. Sogar die nächste Wurmgeneration ist bei 100facher Vergrößerung gut zu erkennen: Jeder erwachsene Wurm trägt im Innern schon einen fast vollständigen jungen Wurm mit sich. Bei der folgenden Behandlung mit einem Anthelminthikum (= Wurmmittel) hat das den Vorteil, dass eine Wurmkur nur einmal durchgeführt zu werden braucht, da im Gegensatz zu eierlegenden Würmern bei der Behandlung der ganze Bestand eliminiert wird und keine Eier übrig bleiben.

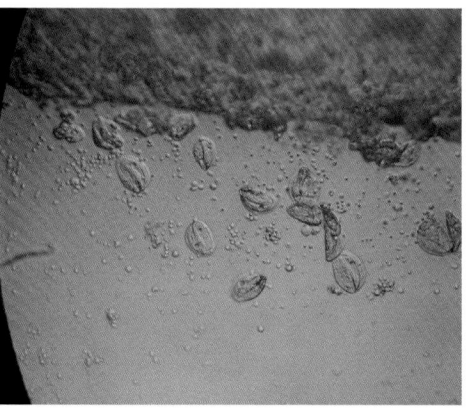

Massenbefall mit Costia. Nachweis unter dem Mikroskop, 100fache Vergrößerung

Massenbefall mit Chilodonella. Nachweis unter dem Mikroskop (100fache Vergrößerung).

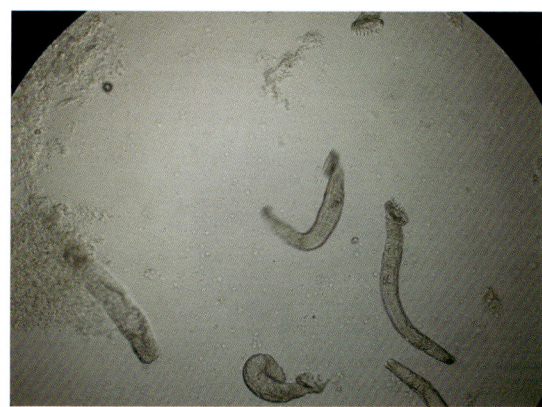

Starker Befall mit Hauthakensaugwürmern in einer Schleimprobe von der Körperoberfläche eines Koi (40fache Vergrößerung).

Augenerkrankungen

Augenerkrankungen sind zum Glück bei Koi nicht sehr häufig. Der Verlust der Sehkraft kann durch andere Sinne weitgehend ausgeglichen werden (Barteln, Seitenlinienorgan, Sinneszellen in der Haut, Geruchssinn). Für Augenerkrankungen kommen ganz unterschiedliche Ursachen in Frage. Ein spezialisierter Tierarzt kann hier die Abklärung vornehmen (Abstrich, Bakteriologie). Bei Augenveränderungen kann es sich durchaus lediglich um ein Symptom einer Allgemeinerkrankung handeln (Bakterielle Infektionen, Bauchwassersucht).

Angeborene

Es kommt bei der Fischbrut durchaus vor, dass bei Einzeltieren die Augenanlage selbst fehlt. Diese Tiere kommen aber für gewöhnlich nicht in den Handel, da sie bereits vorher aussortiert werden.

Verletzungen

Scharfe Gegenstände oder Kanten können neben Haut- auch Augenverletzungen hervorrufen. Solche Verletzungen werden vom Koihalter leider erst sehr spät bemerkt. Handelt es sich dabei um tiefergehende Schädigungen, die bis ins Augeninnere reichen, so ist die Sehkraft zumeist verloren. Solche Verletzungen ermöglichen das Eindringen von Bakterien, die das Auge von innen her angreifen. Oft bleibt hier nur das Entfernen des befallenen Auges, da eine Infektion sehr rasch auf das Gehirn übergreifen kann.

Bei der Heilung von oberflächlichen Hornhautverletzungen kommt es zu einer Narbenbildung, die eine Pigmentierung der Oberfläche zur Folge hat. Die Augeninnenstrukturen sind so nicht mehr zu erkennen, das Tier ist auf dem betroffenen Auge blind.

Bei Überwinterungstemperaturen im Frostbereich (um 0° C) kann es zu oberflächlichen Erfrierungen kommen, die sich in Form einer weißlichen Eintrübung der Hornhaut zeigt. Die Frostschäden betreffen meist auch andere Organe und führen in der Regel zum Tode. Auch aus diesem Grunde sollten Fische nicht bei Wassertemperaturen unter 4° C überwintert werden. Treten die Augen aufgrund einer anderen Erkrankung stark hervor, so hat der betreffende Koi auch ein erhöhtes Risiko, sich beim Umherschwimmen ernsthaft zu verletzen. Am Teich sollten keine Aktionen stattfinden, die die Koi erschrecken.

Augenverletzungen oder -anomalien lassen sich beim Füttern auch von Laien gut erkennen.

Parasiten

Für gewöhnlich existieren im Koiteich keine Parasiten, die ausschließlich das Auge befallen. Vielmehr handelt es sich um Parasiten, die die Körperoberfläche besiedeln, und somit auch am Auge zu Trübungen führen können. Zu nennen sind hier einzellige Parasiten wie *Trichodina spp.* Der in vielen Büchern über Fischkrankheiten beschriebene Wurmstar ist eine Linsentrübung, hervorgerufen durch die Saugwurmlarven des Parasiten *Diplostomum spathaceum*, der in Koiteichen normalerweise nicht vorkommt. Es sollten allerdings möglichst keine Wasserschnecken aus freien Gewässern in den Teich gesetzt werden, denn sie könnten Larven enthalten. Die Larven verlassen dann zu gegebener Zeit die Schnecke und suchen sich einen Fisch, um ihre Entwicklung fortzusetzen.

Bakterien

Bakterielle Infektionen können neben der Haut auch die Augen betreffen. Zumeist ist hierfür eine Verletzung die Eintrittspforte. Aber auch starker Parasitenbefall und Schädigungen der schützenden Schleimschicht können Sekundärinfektionen ermöglichen. Zur Therapie ist der Einsatz von Antibiotika sinnvoll, dennoch ist in den meisten Fällen die Sehkraft bedroht.

Pilze

Bei festgestellten Trübungen der Augen können auch Pilze die Ursache sein.

Tumore

Tritt ein Auge stark aus der Augenhöhle hervor, so besteht die Möglichkeit, dass sich dahinter ein Raum fordernder Prozess befindet. Es kann sich hierbei um einen Tumor handeln.

Umfangsvermehrung am Körper

Pathologische Veränderungen

Tumore Immer wieder kommt es vor, dass einzelne Koi deutlich schneller an Körpermasse zulegen als die Partnertiere. Oft wirkt der Bauch unförmig, die Schwellung ist asymmetrisch. Beim Fortschreiten der Erkrankung verschlechtert sich das Allgemeinbefinden des betroffenen Tieres und es stellt die Futteraufnahme ein. In einem solchen Fall muss zuerst die Ursache abgeklärt werden; oft handelt es sich hierbei um einen Tumor. Diese treten häufig in Verbindung mit flüssigkeitsgefüllten Zys-

Ein Tier mit massiver Auftreibung des Bauchraumes durch einen Tumor und Flüssigkeitsansammlungen.

Koi mit einem soliden Tumor (Lymphosarkom) im Bauchraum kurz vor der OP.

ten auf. Sie neigen nur selten zur Metastasenbildung und können eventuell operativ entfernt werden. Allerdings ist dies in vielen Fällen nur eine lebensverlängernde Maßnahme. Generell ist zu sagen, dass die Prognose umso schlechter wird, je schneller der Tumor wächst und je größer er bei der Operation ist.

Laichverhaltung

Viele Teiche sind so angelegt, dass die weiblichen Fische ihr normales Ablaichverhalten nicht ausleben können. Die häufigsten Ursachen für Laichverhaltung sind tiefe Teiche ohne Flachwasserzone oder Teiche mit zu niedrigen Temperaturen, auch fehlendes Laichsubstrat spielt eine wichtige Rolle (Wasserpflanzen, Laichbürsten u. a.). Eine reichhaltige Fütterung führt natürlich auch zu einem verstärkten Laichansatz. In einem beheizten Teich können die Rogner ganzjährig Eier anbilden. Dies stellt für die Tiere eine große körperliche Anstrengung dar. Während viele Fische, die nicht ablaichen konnten, die Eier wieder resorbieren, ist bei einzelnen Weibchen zu beobachten, dass diese immer dicker werden und sich ihr Allgemeinbefinden deutlich verschlechtert. Gehen die betroffenen Koi mit dieser Belastung in die Überwinterung, so ist das oft ihr Todesurteil. Eine Operation, bei der die Eier entfernt werden, ist grundsätzlich möglich, allerdings hängt die Prognose vom Gesundheitszustand des betroffenen Koi ab. Um derartige Probleme zu vermeiden, ist es daher entscheidend, beim Bau eines neuen Koiteiches das natürliche Verhalten der Fische zu berücksichtigen, was eine Selbstverständlichkeit sein sollte und vom Tierschutzgesetz in § 2 auch ausdrücklich gefordert wird.

Bauchwassersucht

Ansteckende Form Die Bauchwassersucht entsteht durch Flüssigkeitsansammlungen im Bauchraum, die im Rahmen einer bakteriellen Infektion des Koi auftreten können. Oft wird dieses Symptom von Schuppensträube und

Tier mit deutlicher Laichanbildung

Glotzaugen begleitet. Diese Tiere sondern sich von ihren Artgenossen ab, wirken teilnahmslos, schwimmen schwankend. Das Krankheitsbild ist sehr schwerwiegend und eine Rettung des betroffenen Fisches nur in seltenen Fällen möglich.

Auch die Frühlingsvirämie der Karpfen (= SVC, hervorgerufen durch das Virus *Rhabdovirus carpio*) kann von diesem Symptom begleitet werden. In diesem Fall handelt es sich um eine Sekundärinfektion, die durch ein stark geschwächtes Immunsystem ermöglicht wird. Derart schwer erkrankte Tiere sind oft nicht mehr zu retten. Generell kann ein Anheben der Teichtemperatur, eine ausgewogene und hochwertige Fütterung, und eine Behandlung der Sekundärinfektionen die Ausheilung unterstützen. Da das Virus selbst nicht eliminiert wird, kann diese Erkrankung im nächsten Frühjahr wieder auftreten. Da nur einige Untersuchungsstellen auf den Nachweis des Virus spezialisiert sind, wird es bei Koi viel seltener gefunden als es tatsächlich vorkommt.

Nichtansteckende Form Es gibt auch die „nicht-ansteckende" Form der Bauchwassersucht. Hier sind nur einzelne Tiere betroffen.

Ein besonders fetter Koi mit über 20 Kilogramm.

Das Symptom entsteht dadurch, dass aufgrund von Organschäden der Koi den Flüssigkeitshaushalt im Körper nicht mehr regulieren kann. Hauptursache hierfür sind Nierenschäden. Diese können auch durch eine Überdosierung von Medikamenten entstehen. Da es sich bei der Niere um ein Organ handelt, das sich nicht regenerieren kann, ist in einem solchen Fall eine Genesung relativ unwahrscheinlich.

Auch im Rahmen des Energiemangelsyndroms kann es zu einer nichtinfektiösen Form der Bauchwassersucht kommen. Die Ursache liegt hier in einem Mangel von körpereigenen Proteinen, die normalerweise im Blut zirkulieren und ein Austreten der Flüssigkeit aus den Blutgefäßen durch ein hohes Bindungsvermögen verhindern.

Dieses Symptom gibt sich wieder, wenn sich der Allgemeinzustand des betroffenen Koi stabilisiert hat. Damit es gar nicht erst zu dieser Erkrankung kommt, sollten die Ratschläge der vorderen Kapitel zu Temperaturmanagement (Heizung) und Fütterung beachtet werden.

Physiologische Veränderungen

Neben den oben genannten pathologischen Veränderungen müssen auch immer physiologische Ursachen für eine Umfangsvermehrung im Bauchraum in Betracht gezogen werden. Wichtig für eine Differenzierung sind auch immer die gründlichen Beobachtungen durch den Besitzer. In diesem Rahmen ist zu erwähnen, dass einzelne Tiere besonders gierig bei der Fütterung sein können, und dementsprechend auch schneller wachsen als zurückhaltendere Fische und wesentlich korpulenter sind. Allerdings ist deren Figur gleichmäßig und symmetrisch.

Bei weiblichen Tieren können die reifen Eier bis zu 40 % der Körpermasse ausmachen, was natürlich auch zu einer deutlichen Umfangszunahme führt. Allerdings muss das nicht zwangsläufig zu einer Laichverhaltung führen. Wichtig ist es daher, den Teich so zu gestalten, dass der Koi sein natürliches Ablaichverhalten ausleben kann, wodurch die Gefahr der Laichverhaltung deutlich sinkt. In § 2 des deutschen Tierschutzgesetzes ist festgelegt, dass einem gehaltenen Tier eine verhaltensgerechte Unterbringung zu gewähren ist.

Während der Ablaichphase sollte Stress vermieden werden. Eine gründliche Beobachtung der Fische ermöglicht es, im Falle von Komplikationen rechtzeitig einzugreifen.

Am-Boden-liegen

Energiemangelsyndrom

Ein Problem bei Naturteichen ohne zusätzliche Heizung kann das Energiemangelsyndrom sein. Dieses tritt besonders in den Wintermonaten mit sehr niedrigen Wassertemperaturen auf und betrifft hauptsächlich jüngere Tiere mit geringeren Energiereserven. Auch bei erneuten Kälteeinbrüchen nach wärmeren Tagen im Frühjahr tritt dieses Problem vermehrt auf. In diesem Fall sind die Tiere bereits auf die steigenden Temperaturen eingestellt und verbrauchen die verbliebenen Energiereserven. Bei einem erneuten Kälteeinbruch wird dies den Koi zum Verhängnis. Typisch für dieses Problem ist, dass die Tiere kippen, teilnahmslos und wie tot am Boden liegen; sie reagieren kurzfristig auf Reize, fallen dann aber wieder in den komatösen Zustand zurück. Die einzig sinnvolle Therapie ist das Aufwärmen des Wassers und die Energiezufuhr durch Fütterung. Das Futter kann mit Fischöl (aus dem Koibedarfshandel) oder mit Lachsöl (in fast jedem Supermarkt erhältlich) aufgefettet werden. Aus diesen Fetten können Koi bei Kälte sehr gut die benötigte Energie gewinnen. Viele Futter enthalten zu wenig Fett. Im Winter sollte kein Sommerfutter verfüttert werden.

Eine weitere Ursache dafür, dass die Koi am Boden liegen, kann ein schlechtes Allgemeinbefinden sein. Das kann ganz unterschiedliche Gründe haben, die bereits genannt wurden. Beispielsweise bakterielle, parasitäre oder virale Infekte, Intoxikationen, Veränderungen der Schwimmblase, Laichverhaltung (= Ablaichstörung, oft nicht ganz passend als „Laichverhärtung" bezeichnet) und vieles mehr. Eine große Rolle spielen die Teichtemperatur und ihre Schwankungen im Verlauf des Jahres. Temperaturschwankungen kosten die Koi viel Kraft, die dann an anderer Stelle z.B. bei der Abwehr von Parasiten oder eindringenden Bakterien und Viren fehlt. Unter 15° C Wassertemperatur ist die Abwehr der Koi ohnehin praktisch stillgelegt. Einzelne Tiere werden zudem öfter oder immer wieder krank. Um dem Tier helfen zu können, ist hier eine genaue Abklärung der Ursache vonnöten.

Genetische Ursachen

Seltener liegt die Erklärung für dieses Symptom in einem angeborenen Schwimmblasendefekt, zu welchem beispielsweise Kumonryu neigen. Auch hier konnte allerdings beobachtet werden, dass die Symptome besonders ab Herbst bei Kälte auftreten beziehungsweise sich dann verstärken.

Zentralnervöse Störungen

Viren

Ein Grund kann das SVC-Virus (*Rhabdovirus carpio*) sein, das die Frühlingsvirämie der Karpfen auslöst. Der Ausbruch der Erkrankung tritt im Frühling auf, einer Zeit, in der der Koi durch niedrige Wassertemperaturen ein ohnehin reduziertes Immunsystem hat. Betroffen sind überwiegend geschwächte Tiere. Seltener ruft das Virus alleine die Symptome hervor, oft entstehen diese durch bakterielle Infektionen, die durch die weitere Schwächung des Koi eine Eintrittspforte finden. Erkrankte Fische sondern sich ab, nehmen kein Futter mehr auf, haben deutliche Zeichen der Bauchwassersucht und können in der Endphase zentralnervöse Störungen (Seitenlage, Teilnahmslosigkeit) zeigen. Da es sich hierbei um eine Faktorenkrankheit handelt, also verschiedene Faktoren (niedrige Wassertemperatur, schlechter Allgemeinzustand) zum Ausbruch des Krankheitsbildes nötig sind, ist es wichtig, die Haltungsbedingungen zu verbessern. Das Virus selbst kann nicht bekämpft werden.

Vergiftungen

Zentralnervöse Störungen können auch aufgrund von Vergiftungen auftreten. Zum Beispiel kann ein übermäßiger Gehalt an Schwefelwasserstoff im Wasser, der durch den anaeroben Abbau durch Bakterien im Schlamm entsteht, Probleme bereiten. Schwefelwasserstoff kann aus dem Schlamm am Teichgrund frei werden, ebenso wie durch Ausschwemmung aus massiv verunreinigten Filtermaterialien bei der Reinigung. Hier kommt es bei hohen Konzentrationen auch zu plötzlichen Todesfällen. Schlammablagerungen im Filter und den Rohren sollten deshalb unbedingt vermieden werden.

Auch eine überhöhte Konzentration von Stickstoffverbindungen (Ammoniak, Nitrit, Nitrat und Harnstoff) im Wasser kann zu zentralnervösen Störungen bis hin zu Todesfällen führen. Ammonium und Ammoniak liegen im Wasser in einem Gleichgewicht vor; bei einem höheren pH-Wert oder einem deutlichen Temperaturanstieg kann es zu einer Verschiebung des prozentualen Anteils hin zu Ammoniak kommen. In überhöhten Konzentrationen wirkt es als Nervengift. Symptome sind verstärkte Schleimbildung, Kiemenveränderungen, Schock, ungerichtete Bewegungen, Todesfälle. Nitrit ist ein Abbauprodukt von Ammoniak und bildet bei hohen Konzentrationen im Blut mit dem roten Blutfarbstoff Hämoglobin einen Komplex, das Methämoglobin. Dadurch ist eine Sauerstoffbindung der roten Blutkörperchen nicht mehr möglich. Die betroffenen Tiere verenden ohne Gegenmaßnahmen an Herz-Kreislauf-Versagen. Heute bereitet die regelmäßige Messung des Nitritwertes dank geeigneter Testsets keine Probleme mehr. Werden erhöhte Werte festgestellt, so muss man umgehend eingreifen und die Giftmenge durch Wasserwechsel herunterverdünnen oder durch entgiftende Medikamente (z.B. Präparat: sera toxivec) neutralisieren. Ziel eines Koihalters sollte es sein, bedenkliche Wasserinhaltsstoffe durch regelmäßige Kontrollen und ein dem Teich angemessenes Management (Filterleistung, Wasserwechsel, Fischbesatz, Reinigung) immer auf einem unbedenklichen Niveau zu halten, um jegliche Vergiftungsgefahr von vornherein auszuschließen. Dabei spielt die Nase des Koihalters neben dem beobachtenden Auge und den Testsets eine nicht zu unterschätzende Rolle (z.B. Ammoniakgeruch, Schwefelwasserstoffgeruch, Chlorgeruch).

Bei allen genannten Intoxikationen kann ein umgehender großzügiger Wasserwechsel das Leben der Koi retten. Dadurch wird das Gift bis zu einer ungefährlichen Konzentration herunterverdünnt. Langfristig muss dafür gesorgt werden, dass das Gleichgewicht im Teich wieder hergestellt wird. Notwendige Maßnahmen können der Einbau stärkerer Filter, der Einsatz von Filterbakterien, die Reduzierung des Fischbesatzes oder anderes sein.

Chlor ist in Deutschland, Österreich und der Schweiz selten im Trinkwasser enthalten.

Wer aber einen Feriensitz z.B. in Mittelmeerländern sein eigen nennen kann, muss dort immer mit nennenswerten Chlorgehalten im Leitungswasser rechnen. Chlor kann man riechen. Bei Ihrem Wasserversorger erhalten sie Auskunft, ob und wie gechlort wird bzw. wurde (Dauerchlorung des Wassers als Vorsorge oder Stoßchlorung bei festgestellter Verseuchung mit humanpathogenen Bakterien). Gechlortes Wasser sollte nicht sofort in den Koiteich gelangen, da ansonsten eine Chlorvergiftung droht. Diese kann sehr schnell zum Tod des gesamten Bestandes führen. Die Koi schwimmen erst zitternd und unkoordiniert durch den Teich und bleiben irgendwann liegen. Ihre Kiemen sind blass. Durch sofortiges Herausfangen und Hälterung in chlorfreiem Wasser ist manchmal eine Rettung möglich. Solche Unfälle vermeidet man, wenn nur abgestandenes Wasser (24 Stunden bei Belüftung genügen meist) verwendet wird oder wenn Wasseraufbereiter oder Wasserentgifter (z.B. Präparat toxivec von sera) eingesetzt werden.

Eine Vergiftung durch Pestizide (wenn ein Nachbar seine Obstbäume gespritzt hat!) ist oft letal. Aus Berichten von Koihaltern ergibt sich die Giftigkeit von Insektiziden und Herbiziden: Obwohl der Einsatzort beim Nachbarn 50 oder mehr Meter entfernt sein kann, sind die Auswirkungen auf Teichbewohner teilweise schlimm, je nach Spritzgift, Windrichtung und Spritzdauer. Am besten stimmt man sich mit den Nachbarn ab und bittet sie, nur Spritzmittel auszubringen, wenn der Wind aus Richtung Teich kommt; auch Pestizide, die in den Boden eindringen und in den Teich geschwemmt werden, stellen eine große Gefahr dar.

Bakterien

Auch Infektionen können zu zentralnervösen Störungen führen. Es kommt durchaus vor, dass Bakterien das Gehirn, die Hirnhäute oder das Rückenmark befallen und so Veränderungen hervorrufen. In diesem Fall kann eine Behandlung mit Antibiotika, die die Blut-Hirnschranke passieren können, eventuell helfen.

Todesfälle

Manche Erkrankungen führen sehr rasch zum Tode. Dazu zählt ganz besonders die Koi-Herpesvirusinfektion (Cyprines Herpesvirus III); auch die oben angesprochenen Intoxikationen wirken ähnlich schnell. Bei den Todesfällen geben folgende Fragen einen Hinweis auf die Ursache: Sind vor kurzem neue Koi in den Teich gekommen? Ist ein Koi oder sind mehrere plötzlich gestorben? Ist ein längerer Stromausfall im Stadtviertel vorgekommen (Filter tot, Belüftung ausgefallen)? Haben fremde Personen Zugang zum Teich? Was ist in den vergangenen Tagen auf den Nachbargrundstücken passiert? Wurde ein Teilwasserwechsel vorgenommen? Kann es sein, dass die Koi von der Urlaubsvertretung schlicht totgefüttert wurden? Während Gewittern können auch große Hagelmengen

und Blitzeinschlag zu Verlusten im Teich führen. Zur Abklärung der Todesursache kann eine Sektion in Auftrag gegeben werden.

Der Zustand einer Koileiche kann mögliche Ursachen eingrenzen: Kiemen unauffällig dunkelrot oder blass oder verschleimt? Kiemennekrosen? Ist der Körper normal, gerötet, blutunterlaufen oder stark verblasst? Sind die Augen klar oder trüb? Ist der Körper unversehrt, angefressen oder aufgedunsen? Um einen Überblick und Vergleichsmöglichkeiten zu haben, sollte ein Koihalter mindestens ein bis zweimal täglich seinem Teich mitsamt der Koi inspizieren. Wer aus beruflichen oder sonstigen Gründen nur gelegentlich am Teich sein kann, sollte sich besser für einen Biotopteich ohne Koi entscheiden, der ohne tägliche Kontrolle auskommt. Ansonsten sind jährliche Totalausfälle vorprogrammiert.

Das Verhalten der Koi sagt viel über ihren Gesundheitszustand aus.

Heutige Diagnosemöglichkeiten

Zur erfolgreichen und effektiven Behandlung erkrankter Koi ist eine genaue Diagnose unerlässlich. Dafür stehen die gleichen Geräte und Verfahren zur Verfügung, die auch sonst in der Tiermedizin zur Anwendung kommen.

Diagnose mittels Mikroskop

Das Mikroskop ist das wichtigste Hilfsmittel für den Tierarzt, der mit der Behandlung von Fischen betraut ist. Am häufigsten findet es bei der parasitologischen Untersuchung Verwendung. Bei Parasiten, die Haut und Kiemen bevölkern (Ektoparasiten), wird zu diesem Zweck ein Haut- oder Kiemenabstrich angefertigt, der direkt bei 40- bis 100facher Vergrößerung beurteilt werden kann. Bei Darmparasiten kann die Diagnose durch eine Kotuntersuchung gestellt werden.

Des Weiteren ist die mikroskopische Befunderhebung im Rahmen einer Sektion wichtig. Bei der Untersuchung des Tierkörpers werden sämtliche Organe äußerlich befundet, es werden aber auch Proben genommen. Ein Teil wird für eine bakteriologische Untersuchung verwendet, der Rest für eine histologische Bewertung der Organe. Dazu müssen die Proben erst fixiert, gefärbt und in extrem dünne, haltbare Scheibchen geschnitten werden, was einige Zeit in Anspruch nimmt. Unter dem Mikroskop zeigen sich dann Veränderungen der Organe, die im ersten Augenschein nicht zu erkennen sind. Eine solche umfassende Untersuchung ist besonders wichtig, wenn es sich um ein Bestandsproblem handelt. Dadurch können oft die übrigen Fische gerettet werden. Ganz entscheidend für den Erfolg der Sektion ist es, dass es sich bei dem eingeschickten Koi um ein frisch verstorbenes Tier handelt. Der Tierkörper muss direkt nach dem Tod aus dem Wasser geholt und gekühlt werden (Gefrierschrank, Kühlaggregate während des Transportes, Expresslieferung) um den Verfall des Körpers zu stoppen, da bereits nach einigen Stunden im Wasser oder bei normalen Temperaturen eine Untersuchung unmöglich ist.

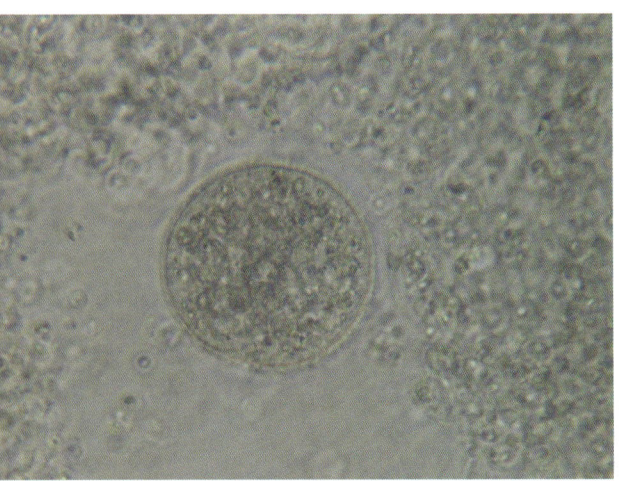

Befall mit Einzellern. Dieser dringt tief in die Haut ein.

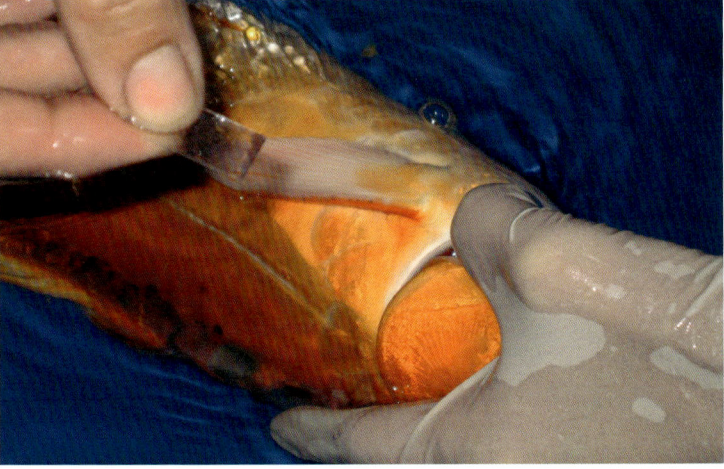

Nach der Durchführung eines Kiemenabstrichs sollte etwas Schleim am Deckgläschen haften.

Bakteriologische Untersuchungen

Vielen der oben genannten Leitsymptome wie Entzündungen der Haut, Bauchwassersucht und allgemeiner Schwäche liegt eine bakterielle Infektion zu Grunde. Nicht immer ist in solchen Fällen eine Therapie mit den im Zoohandel gängigen Mitteln erfolgreich, oft kann nur noch eine Behandlung mit Antibiotika helfen. Die unkontrollierte und unsachgemäße Anwendung der gängigen Antibiotika durch die Züchter, die Händler und die Halter hat mittlerweile zur massiven Ausbildung von Resistenzen geführt. Dieser Trend nimmt auch weiterhin zu, und es gibt immer öfter Fälle, in denen keinerlei Antibiotika mehr Wirkung zeigen. Diese Entwicklung bedroht in zunehmendem Maße auch uns Menschen, da über das Abwasser die Medikamente auch in den allgemeinen Wasserkreislauf eingebracht werden. Daher ist zu unserem eigenen Schutz ein verantwortungsvoller Umgang mit Antibiotika unumgänglich. Aufgrund der eben beschriebenen Problematik ist es sinnvoll, von veränderten Haut- oder Flossenarealen, Geschwüren o.a. Tupferproben zu nehmen. Ein geeignetes Labor kann dann den Erreger bestimmen und einen Resistenztest anlegen, der genau anzeigt, welches Antibiotikum zur erfolgversprechenden Therapie verwendet werden kann. Dieses Vorgehen ist meist schneller und effektiver, als ein langwieriger, erfolgloser Therapieversuch mit einem unwirksamen Mittel.

Virologische Untersuchungen

Die wichtigsten Viruserkrankungen der Koi sind die Koi-Herpesvirusinfektion (KHV), die Frühlingsvirämie der Karpfen (SVC) und die Karpfenpockeninfektion (Epitheliom). Erstgenannte führt nach der Infektion mit dem Cyprinen Herpesvirus III zu einem Massensterben, das aber aufgrund der Symptome auch andere Ursachen haben könnte. Gerade bei einer derart schwer-

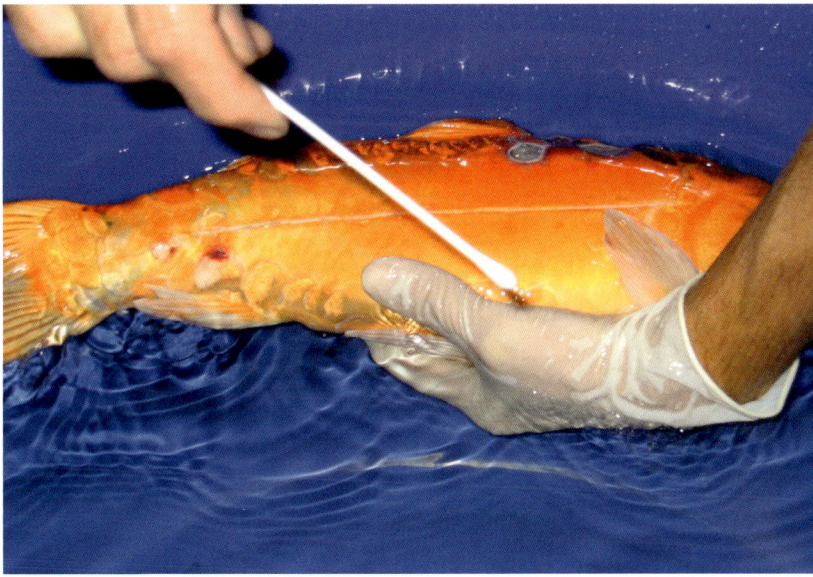

Vor der Desinfektion einer Wunde sollte eine Probe fürs Labor (Tupfer) genommen werden.

wiegenden Infektion ist es unbedingt nötig, den Grund herauszufinden. Zu diesem Zweck sollte eine Untersuchung an toten, noch gut erhaltenen Tieren durchgeführt werden. Der Virusnachweis kann aus dem Kiemengewebe erfolgen, ebenso wie aus anderen Organen (Niere, Leber, Gehirn). Damit das Ergebnis sicher ist, sollten alle oben genannten Organe gemeinsam untersucht werden. Bisher erfolgte die Diagnose meist mittels PCR. Das ist ein molekularbiologisches Nachweisverfahren mit dem Teilstücke aus der Erbsubstanz des verdächtigten Virus solange vervielfacht werden können, bis die Menge ausreicht, um mit den heute zur Verfügung stehenden Techniken nachgewiesen zu werden. Künftig wird es zusätzlich einen serologischen Test geben (ELISA-Antikörpertest), der nach Blutprobenahme ebenfalls sichere Aussagen über den Status lebender Koi ermöglicht. Ein positives Testergebnis ist anzeigepflichtig! Nach erfolgter Anzeige wird sich das zuständige Veterinäramt beim Koibesitzer melden und kann Anweisungen geben.

Die Veränderungen, die durch die Infektion mit dem Cyprinen Herpesvirus I hervorgerufen werden, sind sehr charakteristisch und werden als Epitheliome des Karpfens bezeichnet.

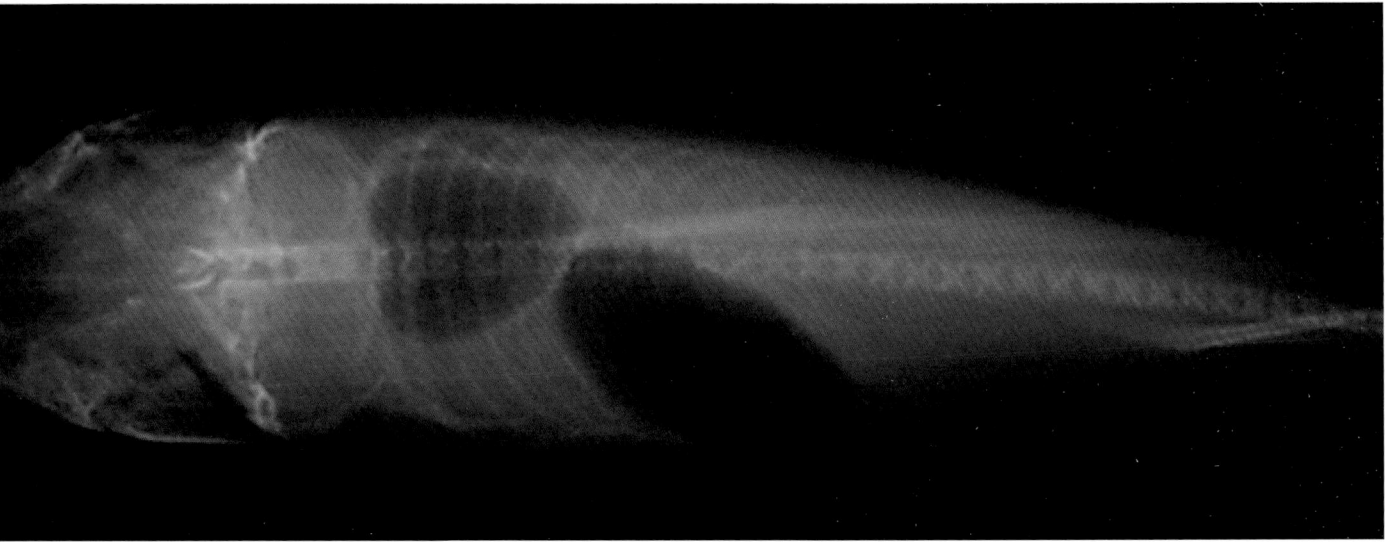

In der dorsoventralen Aufnahme (= von oben) erkennt man eine stark zur Seite hin verlagerte hintere Schwimmblasenkammer (schwarz). So erklärt die Aufnahme, warum der Koi eine seitliche Ausbeulung hat.

Um absolute Gewissheit zu erhalten, kann aber auch hier Virusmaterial aus den Hautdefekten gewonnen werden.

Das Rhabdovirus, das die Frühlingsvirämie des Karpfens auslösen kann, ist in Deutschland weit verbreitet. Aus verdächtigen Koi kann zur Anzucht des Virus Material entnommen werden. Spezialisierte Labore vermehren das Virus im Labor auf geeigneten Zellen. Vermehrt sich das Virus, so gilt der Test als positiv. Ein positives Ergebnis war bis 2005 meldepflichtig, d.h. es ging in eine staatliche Statistik ein, ansonsten geschah amtlicherseits jedoch nichts.

Abtasten (Palpation)

Das Abtasten des Fischkörpers kann weitere Erkenntnisse bringen. So ist es möglich, den Ernährungszustand zu bestimmen. Bei einem mageren Tier lassen sich die Rippen spüren. Ebenfalls ist es möglich, Umfangsvermehrungen palpatorisch zu untersuchen. Flüssigkeiten fühlen sich ganz anders an als Tumore. Der Rogen beim weiblichen Koi gibt auf Druck sanft nach, während Tumore (z.B. Lymphosarkome) als sehr hart gefühlt werden können. Eine genaue Diagnose erfordert allerdings weitergehende Untersuchungen.

Ultraschall

Der Ultraschall ist in der Humanmedizin ein wichtiges diagnostisches Mittel, das aber auch in der Tiermedizin häufig Verwendung findet.

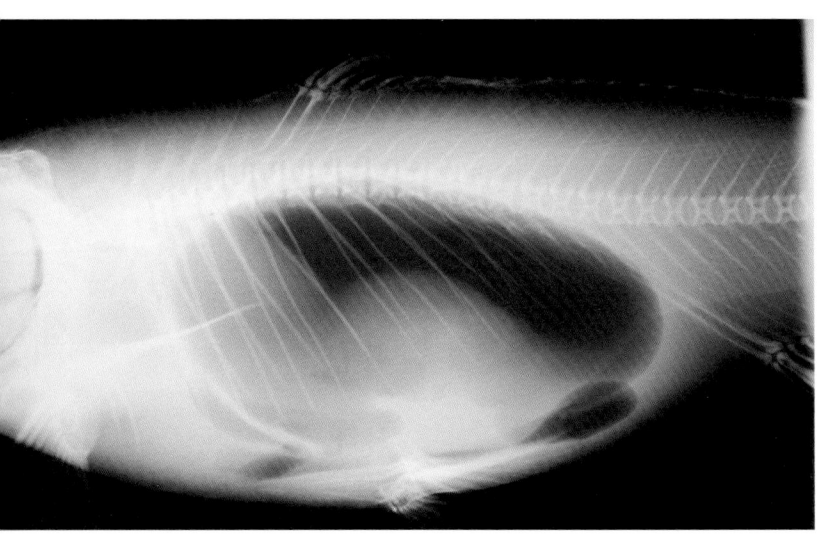

Gasansammlungen im Abdomen (= schwarzer Bereich im Inneren des Koi) treiben den Körper dieses Koi auf; ein Abtauchen ist allenfalls kurzfristig und unter viel Mühen möglich. Das Bild zeigt dem Tierarzt, an welcher Stelle punktiert werden kann.

Auch beim Koi ist eine Anwendung möglich, sollte aber nur von Tierärzten durchgeführt werden, die darin Erfahrung haben, und so die richtigen Diagnosen stellen können. Da die Untersuchung einen möglichst ruhigen Patienten erfordert, ist eine Kurznarkose mit MS-222 nötig. Der betäubte Koi bleibt zur Untersuchung in einer mit Wasser und Narkosemittel gefüllten Wanne und der Schallkopf kann auf die Körperoberfläche aufgesetzt werden. Die verschiedenen Gewebe des Körpers sind unterschiedlich schalldicht und stellen sich daher mehr oder weniger hell auf dem Bildschirm dar. Der Ultraschall kann so zum Beispiel Aufschluss geben über mögliche Veränderungen der Schwimmblase, Umfangsvermehrungen im Abdomen, der Füllung der Gallenblase und des Darmes und dem funktionellen Zustand der Gonaden.

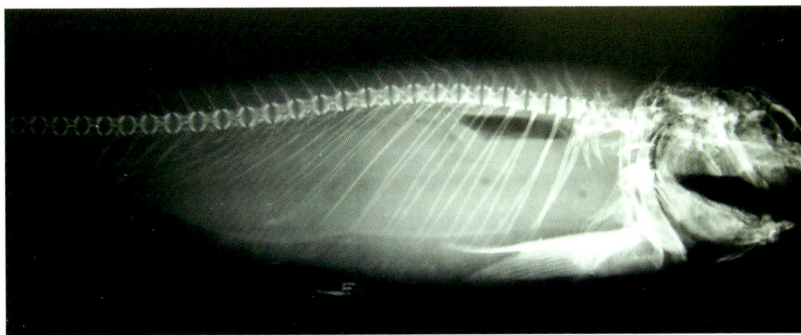

Die hintere Schwimmblasenkammer des Koi enthält kein Gas mehr, die vordere eine geringe Menge. Daher sinkt der Fisch zu Boden.

Röntgenbilder

Eine Röntgenuntersuchung kann ausschließlich am narkotisierten Fisch durchgeführt werden. Das Tier wird zum Erstellen der Aufnahme nur kurz aus dem Narkosebad genommen und sofort danach wieder ins Wasser zurückgesetzt. Die einzelnen Gewebe des Körpers stellen sich unterschiedlich deutlich dar. Mit Hilfe dieser Diagnosemöglichkeit können Knochen und Schwimmblase beurteilt werden, ebenso wie Tumore. Auch die Darmpassage lässt sich mit einer Aufnahme darstellen, bei der Kontrastmittel verwendet wird. Eine Beurteilung erfolgt in den meisten Fällen mit Hilfe von Aufnahmen mit unterschiedlichen Lagerungen des Tieres, um die Lage der Veränderungen genauer zu bestimmen.

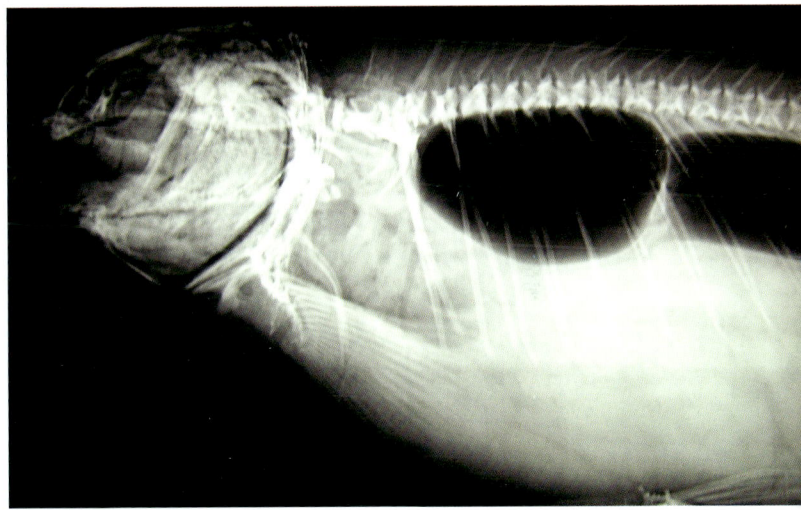

So sieht eine gesunde Schwimmblase im Röntgenbild aus (vordere und hintere Kammer sind längsoval und schwarz, d.h. vollkommen mit Gas aufgefüllt). So kann der Fisch im Wasser schweben.

Untersuchung des Blutes

Die Bestimmung von Blutparametern zur Diagnose von Krankheiten ist in der Humanmedizin üblich, ebenso wie in der Tiermedizin. Auch beim Koi ist die Blutentnahme prinzipiell möglich aus einer großen Hohlvene (*Vena cava caudalis*) unterhalb der Wirbelsäule, ein Stück hinter der Afteröffnung, wo keine lebensnotwendigen Organe verletzt werden können. So kann auch beim Fisch eine Blutuntersuchung durchgeführt werden, die bei der Diagnosefindung helfen kann. Allerdings ist zu bedenken, dass für eine umfassende Analyse eine relativ große Blutmenge nötig ist, und für kleine Tiere daher nicht in Frage kommt. Auch gibt es in Deutschland nur wenige Normbereiche für die wichtigsten Blutparameter bei Fischen. Blutwerte können sich bei Fischen schnell verändern (Fangstress, Wassertemperatur, Narkosemethode, Blutentnahmemethode).

Heutige Behandlungs- möglichkeiten

In der heutigen Zeit bietet die Medizin eine Vielzahl von Behandlungsmöglich- keiten, angefangen von Badebehandlungen, über antibiotische Behandlungen bis hin zu Operationen im und am Fisch.

Badebehandlungen

Verschiedene Krankheiten können durch Bäder gelindert oder geheilt werden. Bei Badebehand- lungen kann man Kurzbäder in einem separa- ten Becken von Dauerbädern im Teich selbst unterscheiden.

Der Vorteil von Kurzbädern ist, dass ledig- lich der erkrankte Fisch therapiert wird, man die verabreichte Dosis und Dauer der Wirksam- keit kennt und nur ein geringer Medikamenten- einsatz notwendig ist.

Der Vorteil von Dauerbädern liegt darin, dass sämtliche Fische behandelt werden.

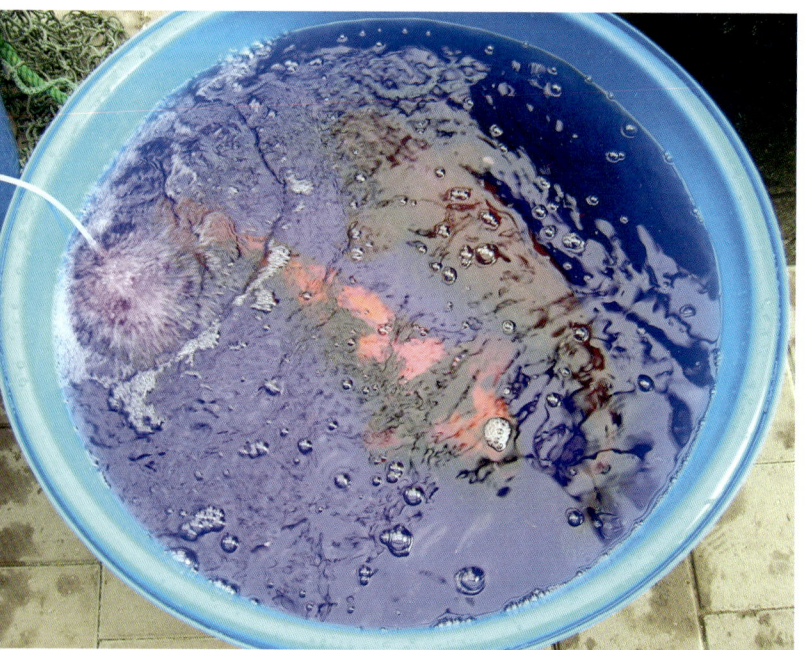

Kaliumpermanganat-Kurzbad bei guter Durchlüftung. Dabei stehen die Koi unter ständiger Beobachtung.

Jedoch bereitet die Dosierung Probleme, wenn das genaue Teichvolumen nicht bekannt ist. Zudem wirkt ein in den Teich gegebenes Medi- kament noch sehr lange weiter (Halbwertszeit) und beeinflusst die gesamte Biologie im Teich (Antibiotika wirken auch auf Filterbakterien).

Nur wer sein Teichvolumen genau kennt, darf sich an Teichbehandlungen wagen. Eine angeschlossene Wasseruhr hilft, das Teichvolu- men beim ersten Befüllen genau zu ermitteln.

Die Substanzen, die bei Badebehandlungen Anwendung finden, umfassen die gesamte Palette von Farbstoffen, Salzen, Antibiotika und Mineralstoffen. Die Anwendung sollte dem Fachmann überlassen werden. Begründung: Viele Stoffe sind für Mensch und Tier sehr gif- tig. Wirklich wirksame Stoffe sind teilweise verschreibungspflichtig, bei anderen ist die Anwendung per Gesetz beschränkt. Aus unserer Praxiserfahrung können wir sagen, dass die meisten Koi überhaupt durch falschen Medika- menteneinsatz sterben!

Örtliche Desinfektion einer Wunde

Verletzungen können bei einzelnen Koi immer wieder einmal auftreten, vor allem während der Laichzeit. Tiere in einem guten Allgemeinzu- stand sind zumeist in der Lage, mit kleineren Wunden selbst fertig zu werden. Sie besitzen ein gut funktionierendes Immunsystem und erkranken selten an Sekundärinfektionen.

Geschwächte, gestresste Koi sind dagegen sehr von bakteriellen Infektionen bedroht, die

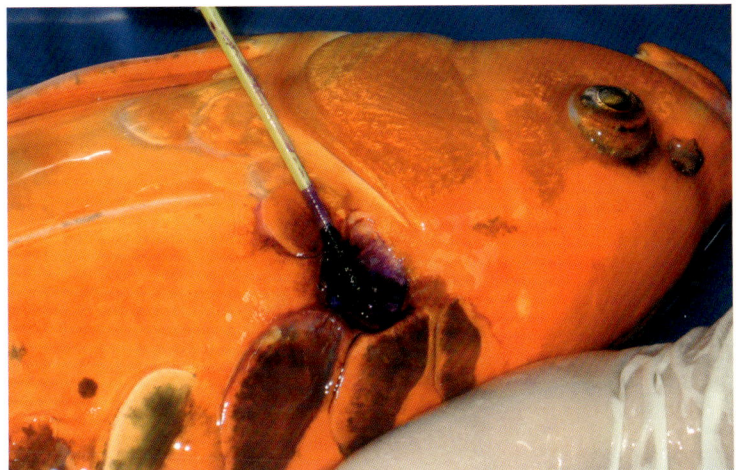

Auftragen eines Desinfektionsmittels.

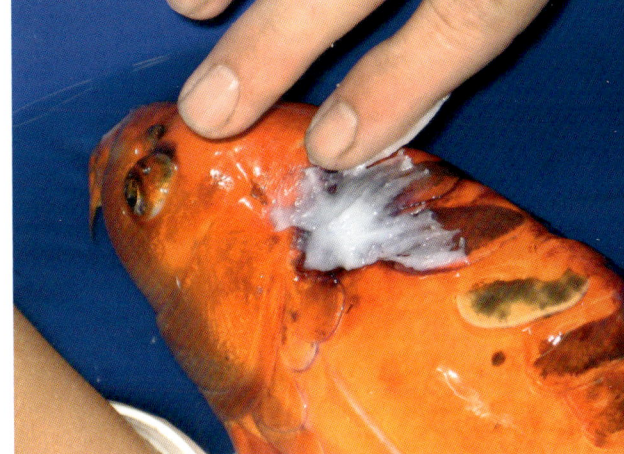

Auftragen einer antiseptischen Salbe.

auf den ganzen Körper übergreifen können. In diesem Fall empfiehlt es sich in den ersten Tagen zur Unterstützung der Heilung eine Desinfektion und gegebenenfalls eine Wundbehandlung vorzunehmen. Gute Desinfektionsmittel sind Octenisept (Spray), Betaisodonalösung (verdünnt), oder Gentianaviolettlösung (wässrig 3 %). Alle sind in der Apotheke erhältlich. Daneben gibt es gute Desinfektionsmittel in Zoogeschäften und bei manchen Koihändlern oder im Internetversand. Zur Desinfektion eignet sich auch eine stark verdünnte Wasserstoffperoxidlösung (2 %). Auch Propolispräparate und Aloe vera können verwendet werden. Allgemein ist zu sagen, dass ein gutes Desinfektionsmittel das gesunde, umgebende Gewebe nicht zu stark schädigen sollte.

Als Beispiele für aggressive Desinfektionsmittel sollen hier Alkohol, Kaliumpermanganat, und Wasserstoffperoxid genannt werden. Bei allen Desinfektionsmitteln gilt, dass eine Anwendung nur am Beginn der Therapie sinnvoll ist, um später die nachfolgende Heilung nicht zu behindern. Ist eine Wunde tiefergehend, empfiehlt sich eine Salbe oder Paste zur Wundabdeckung: Dentisept-Adhäsivpaste (beim praktischen Tierarzt) und Cyprinocur-Salbe (Koibedarfshandel) werden hier häufig eingesetzt. Erscheint die Wunde gerötet oder erosiv verändert, so sollte vor Beginn der Behandlung durch einen Tierarzt auch eine Tupferprobe vom Wundrand genommen werden, um eine bakterielle Besiedlung gezielt bekämpfen zu können. Bei stark infizierten Verletzungen kann eine Behandlung mit Antibiotika erforderlich sein.

Antibiotische Behandlung

Normalerweise ist der Koi durch seine, die Körperoberfläche überziehende Schleimschicht vor dem Eindringen von Bakterien geschützt. Dringen trotzdem Bakterien in das Körperinnere vor, werden diese vom Immunsystem eliminiert. Das gelingt jedoch nicht immer. In einem solchen Fall sollte die Genesung des Tieres durch die Anwendung von Antibiotika unterstützt werden. Antibiotika töten oder hemmen Bakterien. Es gibt hierbei verschiedene Wirkmechanismen, nach denen die Antibiotika auch in verschiedene Klassen eingeteilt werden. Allgemein ist zu sagen, dass nicht jedes Antibiotikum bei jedem Bakterium wirksam ist. Es gibt verschiedene Formen der Anwendung:

Bei der Badebehandlung finden wasserlösliche Antibiotika Verwendung. Diese wirken äußerlich und werden auch vom Fisch aufgenommen, wirken also auch innerlich.

Frisst der kranke Koi noch gut, dann kann das Medikament auch über das Futter verab-

Fisch in einer Untersuchungswanne.

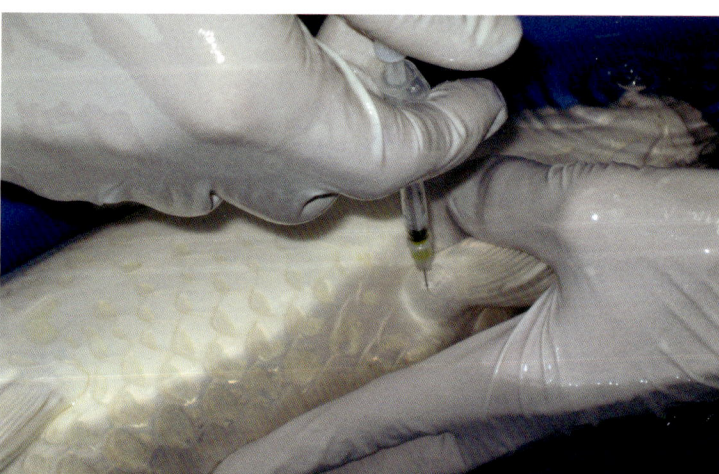

Injektion eines Antibiotikums in den Muskel.

reicht werden. Dazu kann man Futterpellets mit dem Antibiotikum tränken und nach dem Einwirken mit etwas Speiseöl versiegeln. In Brotteig eingeknetete Antibiotika werden von Koi meist sehr gerne genommen. Es muss bei einer derartigen Anwendung sichergestellt werden, dass der betroffene Koi das behandelte Futter in der richtigen Dosierung aufnimmt. Antibiotika mit starkem Eigengeruch werden verschmäht!

Bei schwerwiegenden Erkrankungen stellen die Tiere die Futteraufnahme ein, daher scheidet hier diese Form der Anwendung aus.

Antibiotika, die in einer öligen Form vorliegen, können sich nicht im Wasser verteilen, daher ist hier eine Injektion nötig. Diese wird in die Muskulatur der Brustflossen gesetzt, da sich hier keine Schuppen und ausreichend Muskulatur befinden. Durch die Injektion von Antibiotika wird sichergestellt, dass der Wirkstoff in der erforderlichen Konzentration im Körper vorliegt. Die Anwendung muss ganz konsequent und strikt nach Vorschrift durchgeführt werden, da sich sonst der Wirkstoffspiegel so weit vermindert, dass sich Resistenzen bilden und das Mittel somit unwirksam ist! Auch Überdosierungen können dem Tier schaden, da die meisten Antibiotika nierenschädlich sind!

Antibiotika können auch in Form einer Haftsalbe auf tiefergehende Hautwunden aufgetragen werden. Allerdings sind im Handel kaum antibiotikahaltige Salben verfügbar, die sich nicht gleich wieder im Wasser lösen, denn der Koisektor ist nicht sehr groß.

Äußerliche Operationen

Bei Koi sind genauso wie bei anderen Tieren kleinere und größere Operationen durchführbar. Diese Behandlungen werden in Vollnarkose durchgeführt, um dem Fisch Stress und Schmerzen zu ersparen. Die Vollnarkose erfolgt mittels eines Betäubungsbades.

Operationen, die häufiger durchgeführt werden, sind das Entfernen von Hauttumoren, Epitheliomen (Karpfenpocken) und Melanomen. Auch eingerissene Flossen können so genäht werden. Immer wieder sind bei den Jungfischen Tiere dabei, die eine Kieferfehlstellung haben. Diese lässt sich häufig durch das Anbringen von Fäden korrigieren, die das Maul in der gewünschten Stellung fixieren. Die Befestigung erfolgt am Kiemendeckel.

Nach den Eingriffen ist eine Nachsorge mit Antibiotika nötig, um das Eindringen von Bakterien in den Organismus zu verhindern. Zu diesem Zweck und zur genauen Beobachtung des betroffenen Fisches sollte er in ein kleines Quarantänebecken eingesetzt werden.

Operationen im Körperinneren

Manche Erkrankungen erfordern drastischere Maßnahmen. So besteht auch bei Koi die Möglichkeit, Bauchoperationen durchzuführen. Dies kann bei Tumorerkrankungen und Laichverhaltung nötig werden. Allerdings hängt der Erfolg der Operationen vom Gesundheitszustand des Tieres ab. Bei geschwächten Fischen liegt ein deutlich höheres Risiko vor. Die Prognose bei Tumorentfernungen hängt außerdem stark von der Art der Geschwulst ab. Meist wachsen diese wieder nach, allerdings hat der Fisch dadurch einiges an Zeit gewonnen.

Die Einleitung der Narkose erfolgt wiederum in einem Narkosebad und wird durch das Übergießen der Kiemen mit Wasser, welches mit Narkosemittel versetzt ist, fortgesetzt.

Zur Nachsorge muss der Patient unter Kontrolle gehalten werden, was am einfachsten durch das Einsetzen in ein Quarantänebecken erfolgen kann. Die Tiere müssen auch antibiotisch versorgt werden, um die Gefahr einer Sekundärinfektion möglichst gering zu halten.

Homöopathische Behandlung von Koi

Prinzipiell können zur Therapie auch homöopathische Arzneimittel eingesetzt werden. Allerdings muss hier, wie beim Menschen und bei Säugetieren auch, genau abgewogen werden, wann eine Behandlung mit Homöopathika oder konventionellen Medikamenten angeraten ist. Da die meisten Erkrankungen bei den Koi erst in fortgeschrittenem Stadium bemerkt werden, ist häufig die Anwendung von verschreibungspflichtigen Substanzen erforderlich.

Sonstige

Dem Koihalter/der Koihalterin stehen heute im Gegensatz zu früher eine Vielzahl zusätzlicher Stoffe und Mittel zur Verfügung, die dazu bei-

Koi im Narkosebad.

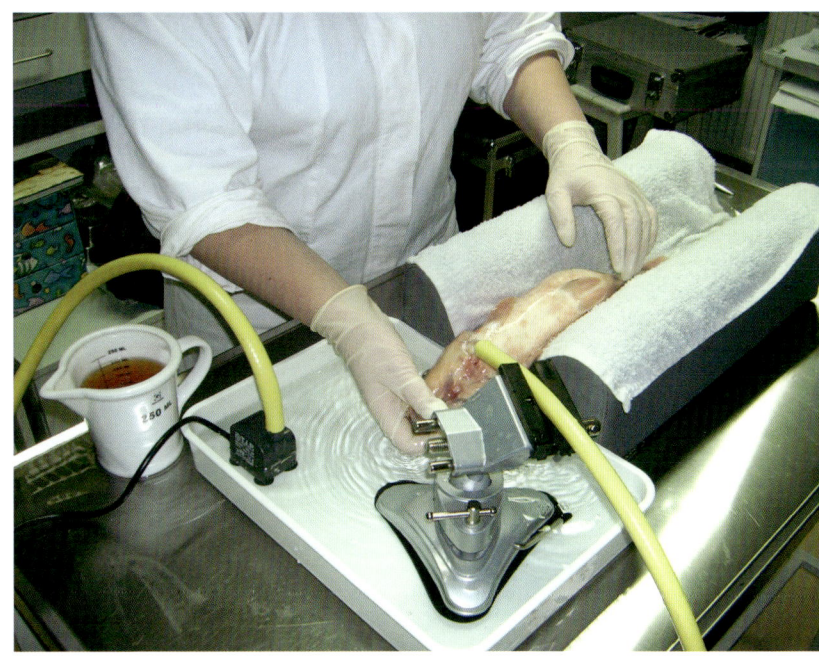

Vorbereitung zu einer Operation bei einem Koi (Narkose).

tragen können, dass die Koi im Teich gedeihen und nur selten krank werden.

Seemandelbaumblätter wurden einst in Asien für die Aquaristik entdeckt. Etwa seit dem Jahr 2000 sind sie auch in Deutschland erhältlich. Den Blättern des tropischen Seemandelbaumes wird eine antiseptische Wirkung zugesprochen.

Auch das Herausfangen der Koi kann zu Verletzungen führen.

Viele Aquarianer geben seitdem solche Blätter in ihr Aquarium, um den Keimgehalt niedrig zu halten. Die Blätter geben Farbstoffe ins Wasser ab und wirken ähnlich wie Torfprodukte. Für den Einsatz im Teich wäre der Materialeinsatz jedoch sehr hoch. In Hälterungen von Jungkoi könnte eine Anwendung versucht werden.

Huminsäuren (z.B. Aqua humin) werden schon länger eingesetzt. Einer positiven Wirkung auf die Gesundheit und Vitalität der Koi steht als Nachteil die braune Färbung des Teichwassers gegenüber, die nach einiger Zeit auf alle hellen Gegenstände (Steine, Wände, etc.) im Teich übergeht und sich festsetzt. Durch eine Veränderung des Milieus (z.B. pH-Wertsenkung durch Huminsäuren und Eichenrindenpräparate) kann die Vermehrungsrate von Bakterien deutlich vermindert werden. Bei den laufend erforderlichen Teilwasserwechseln werden die nicht gerade billigen Stoffe in die Kanalisation abgegeben.

Beta-Glukan-Lösungen, Vitamin-Mischungen, Aloe vera und diverse Mineralien und Öle sollen als Futterzusätze mit immunstärkender Wirkung die Abwehr der Koi stärken. Vieles ist sicher sinnvoll, aber bei der Vielzahl der neuen Produkte verliert der Koihalter schnell den Überblick und vergisst, dass manches bereits dem normalen Koifutter beigegeben ist. Eine optimale Versorgung mit Vitaminen ist wichtig für die Tiergesundheit. Gerade wenn man den Verdacht hat, dass das erworbene Futter schon einige Monate gelagert wurde, ist eine Aufwertung mit Vitaminen bitter nötig.

Nach wissenschaftlichen Untersuchungen benötigen die Karpfen je 1 kg Alleinfutter (88 % TS) folgende Vitaminmengen in IE bzw. mg, die in der Tabelle beschrieben sind.

Vitamin	Menge IE bzw. mg je kg Alleinfutter
A	5500
D₃	1000
E	100
K	10
B1	20
B2	20
B6	20
B12	0,02
Biotin	0,1
Cholin	550
Folsäure	5
Inosit	100
Niacin	100
Pantothensäure	50
Ascorbinsäure	30 bis 100

Verbesserung der Lebensbedingungen

Den meisten Erkrankungen liegt nicht nur eine Ursache zu Grunde. Oft handelt es sich um sogenannte Faktorenkrankheiten, das heißt um Probleme, die von verschiedenen Faktoren ausgelöst werden. Die Wasserqualität spielt zumeist eine ganz entscheidende Rolle. Eine Optimierung verbessert in vielen Fällen den Gesundheitszustand der Koi deutlich. Auch eine ausgewogene Ernährung wirkt sich sehr positiv aus. Das Futter muss den Bedürfnissen der Fische entsprechen, und darf keine Mängel durch unzureichende Hygiene aufweisen (Schimmelbildung, Haltbarkeitsdatum abgelaufen). Eine zu geringe Futterration spielt nur eine untergeordnete Rolle, in den meisten Fällen bekommen die Tiere zu viel Futter und verfetten dadurch. Diese Koi sind auch deutlich anfälliger für verschiedene Erkrankungen. Fastentage sind daher durchaus erwünscht oder die Fütterung von Grünfutter. Vitamine haben nicht nur bei uns eine wichtige Bedeutung in der Abwehr von Krankheiten, sondern auch bei unseren Haustieren. Die kommerziell erhältlichen Futtermittel sind für gewöhnlich auf die Bedürfnisse der Pfleglinge abgestimmt. Es besteht aber dennoch die Möglichkeit, Vitamine zusätzlich zu füttern (Bedarf siehe links) über die Verwendung von Grünfutter oder Vitaminpräparaten.

Koi haben, wie alle Lebewesen, eine Temperatur (hier: 23–26° C), bei der sie sich besonders wohl fühlen und die Immunabwehr gut funktioniert. Daher ist es sehr nützlich, erkrankte Tiere langsam auf diese Vorzugstemperatur aufzuwärmen, da der Fisch so besser mit der Erkrankung zurechtkommen kann.

Die Vergesellschaftungen mit anderen Arten kann manchmal von Nachteil sein. So ist zum Beispiel der Stör im Winter deutlich aktiver als der Koi, und kann so Unruhe in den Teich bringen, was zu einem übermäßigen Energieverbrauch führt. Das kann den Pflegling in durchaus ernsthafte Schwierigkeiten bringen. Ein weiteres Problem ist auch, dass manche Arten (z.B. der Goldfisch) symptomlose Überträger von Krankheitserregern sein können, die den Koibestand ernsthaft bedrohen können.

Zu einer optimalen Haltung gehört auch ein Teich, der den Bedürfnissen der Fische entspricht. Hierzu gehören eine Flachwasserzone und ein geeignetes Laichsubstrat. Dadurch können die Koi ihre natürlichen Verhaltensweisen ausleben. Laichverhaltung kann so zum Beispiel in vielen Fällen vermieden werden.

Ein übermäßiger Fischbesatz bedeutet zusätzlichen Stress, was die Tiere krankheitsanfälliger macht. Daher sollte die Anzahl der Teichbewohner der Größe entsprechen. Faustregel: 1000 Liter Wasser sollte ein mittelgroßer Koi zur Verfügung haben. Auch empfiehlt es sich, keine neuen Koi in einen gut eingelebten, funktionierenden Bestand einzusetzen. Dies bringt unnötigen Stress und birgt die Gefahr, dass Krankheiten eingeschleppt werden. Nur eine langfristige Quarantäne kann dieses Risiko minimieren.

Quarantänebecken und Behandlungen im Aquarium

Über das Thema Quarantäne weiß jeder Koihalter grundsätzlich Bescheid. Wenn es aber darauf ankommt, weil man beispielsweise einen neuen Koi gekauft oder geschenkt bekommen hat (es soll auch heute noch Koi-Tombolas

Praktisches Quarantänebecken für Koi. Dieses fasst ca. 250 Liter Wasser.

geben!), ist plötzlich alles vergessen und der Koi wird sofort in den Teich gesetzt. Nun tickt dort vielleicht eine Zeitbombe! Oft geht ja alles gut, aber irgendwann einmal …

Zur Erinnerung noch einmal die Vorteile eines Quarantänebeckens: Ein Quarantänebecken hat abgesehen von der Tatsache, dass es auch ein paar Quadratmeter Platz im Keller, dem Wintergarten oder der Garage benötigt, nur Vorteile. Solche sind: Einmal angeschafft, steht es bei jedem Neuzugang zur Verfügung. In dieser Anlage können auch schwache Koi aus dem Altbestand wieder aufgepäppelt oder behandelt werden. Bekommt einem Koi im Außenteich die winterliche Kälte nicht mehr – er ist umgekippt –, dann kann man ihn herausnehmen und bei höherer Temperatur bis zum wärmeren Frühjahr drinnen weiterpflegen. Bei Teicharbeiten und Umbauten, die über das gewöhnliche Maß hinausgehen, kann man den Koibestand kurzfristig evakuieren und vor Schlimmem bewahren.

Wenn das Quarantänebecken einmal nicht benötigt wird, ist man vielleicht froh, eine Aufbewahrungsgelegenheit für Koinachzuchten bis zu deren Abgabe zu besitzen, um die kleinen Fische aufzuziehen.

Vorteile des Quarantänebeckens

Ist ein Koi erkrankt, so ist es sinnvoll, ihn aus dem Teich zu nehmen und separat zu behandeln. Man kann so auf spezielle Erfordernisse des kranken Koi eingehen, erspart sich das Fangen im Teich und schützt vor allem die (noch) gesunden Koi im Teich vor einer möglichen Ansteckung.

Kranke Koi haben im Außenteich nur geringe Überlebenschancen wenn die Temperaturen niedrig sind. In Fällen, in denen die Bedingungen im Teich Anlass zu Stress geben oder eine erfolgreiche Behandlung unwahrscheinlich werden lassen, empfiehlt sich deshalb immer eine gesonderte Pflege in einem Krankenbecken. Wenn man ein Behandlungsbecken für kranke Koi plant, muss man sich zunächst über die Ziele im Klaren sein, die man damit verfolgt:

Behandlungsbecken für kranke Koi

◇ ein für die Genesung günstiger Temperaturbereich (über 20° C)

◇ keine Temperaturschwankungen während der Behandlung

◇ jederzeit sauberes Wasser im Becken

◇ die Beobachtung des Koi soll gut möglich sein

◇ das Becken ist ohne Anstrengungen zu reinigen und desinfizieren

◇ für Teilwasserwechsel sind Zu- und Abläufe in der Nähe

◇ das Herausfangen des Koi zur Nachbehandlung soll einfach sein

◇ der tägliche Zeitaufwand muss sich in Grenzen halten

◇ der Stress für den Koi soll minimal sein

◇ eine auch längere Behandlung (z.B. über Winter) soll möglich sein

◇ der Koi darf auf keinen Fall aus dem Becken springen können; (eine ausbruchssichere Abdeckung ist über dem Becken anzubringen)

Einrichten des Quarantänebeckens

Ob das Becken aus Glas oder Kunststoff besteht, ist Nebensache. Wichtig ist eine durchgehend gute Wasserqualität. Als Behältnisse, in denen eine separate Behandlung von Koi stattfinden kann, kommen grundsätzlich Wannen, Regentonnen, Aquarien oder aufblasbare/flexible Becken infrage. Von allen hat das Aquarium die größten Vorteile. Im Aquarium kann der kranke Koi problemlos von der Seite bzw. von unten her betrachtet und kontrolliert werden, wohingegen der Koi z.B. in Wannen nur von oben her gesehen wird, was den Fisch zudem sehr beunruhigen kann.

Im Aquarium akzeptiert der Koi im Allgemeinen einen Beobachter. Vor allem wenn man ihm durch teilweise seitliche Abdeckung (Tücher) die Möglichkeit gibt, sich in einen vermeintlich sicheren Teil des Aquariums zu begeben. Beim Hantieren in Wannen und Regentonnen schwimmen die Koi oft schreckhaft gegen die Wände, da für sie ein Feind (fischfressender Vogel) von oben zu kommen scheint.

Um dem Patienten diesen Stress zu ersparen, ist es vorteilhaft, Aquarien etwas höher aufzustellen und dann auch von der Seite her zu betreuen.

Schmutz ist im Aquarium leichter auszumachen und abzusaugen als in Wannen oder Regentonnen. Steht das Aquarium höher als der Abfluss, kann man sich eine Pumpe sparen, denn die Schwerkraft sorgt nach kurzem Ansaugen selbst für das Ablaufen des gebrauchten Wassers.

Um die Wasserqualität auf einem hohen Niveau zu halten und Behandlungsfortschritte sicherzustellen, sollte das Behandlungsbecken täglich einmal frisches Wasser erhalten: Faustregel: 70–80 % Frischwasser pro Tag in dünnem Strahl zulaufen lassen. Bei schlimmen Hautschäden des Koi kann ein zweimaliger täglicher Wasserwechsel nötig sein. Wer diesen Wasserwechsel aus Zeitgründen nicht bewerkstelligen kann, sollte erst gar kein Behandlungsbecken einrichten, da Hygiene essenziell für den Therapieerfolg ist.

Ein Filter ist bei schwer kranken Koi nicht nötig und auch nicht sinnvoll. Er würde die vom Koi abgefallenen Gewebeteile nur einsammeln und diese würden im Inneren des Filters ein Substrat für Keime darstellen, während sie vor sich hin faulen. Der Filterkreislauf würde laufend Krankheitskeime durch das Aquarium pumpen und nicht zuletzt wird durch die optische Klarheit „gefilterten" Wassers auch immer „Hygiene" suggeriert. Dies ist für den Betreuer des Beckens dann vielleicht ein Grund, auf den notwendigen Wasserwechsel zu verzichten. Den Filter kann man also getrost weglassen. Eine intakte Filterbiologie kann sich in einem Behandlungsaquarium ohnehin nicht aufbauen.

Günstigerweise steht das Aquarium in einem beheizbaren Raum. So lassen sich 20 bis 22° C problemlos halten. Zulaufendes Wasser muss annähernd die gleiche Temperatur aufweisen. Eine Wasseranalyse des örtlichen Wasserwerks gibt Auskunft über die Qualität des Wassers.

Steht ausreichend Platz zur Verfügung, dann können zwei Aquarien nebeneinander platziert werden: In einem befindet sich dann gerade der Koi während im anderen, gereinigten Becken das frisch eingelassene Wasser absteht und dabei gelöste Gase verliert. Die Möglichkeit einer Gasblasenkrankheit besteht grundsätzlich, wenn das Wasser aus der Leitung unter dem darin herrschenden starken Druck und bei niederer Temperatur eine große Menge Gas (vor allem Stickstoff) aufgenommen hat und außerhalb der Wasserleitung langsam wieder abgibt. Die Gefahr einer Schädigung der Koi durch das Gas wird oft überschätzt. Man kann sie ausschließen, wenn man das Wasser in einem unbesetzten Becken abstehen lässt. Idealerweise sollte man erst am nächsten Tag den Koi in dieses Becken setzen und das Wasser im anderen Aquarium austauschen usw. Da kranke Koi ohnehin zum Eingeben von Medikamenten herausgefangen werden müssen, erspart man sich durch günstiges Timing zusätzliche Fangaktionen. Den Koi lässt man dabei einfach in einen Kunststofffischbeutel

schwimmen und setzt ihn zusammen mit einigen Litern Wasser um. Wenn die Koi mit Wasser im Beutel umgesetzt werden, sind sie viel ruhiger, als in einem Koischlauch ohne Wasser.

Der Sauerstoffgehalt im Behandlungsbecken sollte ab und zu gemessen werden. Vor allem dann, wenn der Patient schnell atmet. Es sollten schließlich 2 bis 4 (!) Luftausströmer je Becken in Betrieb sein. Die verursachten Wasserturbulenzen dürfen die Koi nicht stören.

Wie groß das Aquarium sein muss, entscheidet die Fischgröße und das Temperament des Koi. Im Teich sollte man einem Koi möglichst viel Schwimmraum bieten, aber ein Aquarium darf nicht zuviel Inhalt haben! Was nutzt ein großes Becken,

wenn Sie später für die Wasserwechsel, die sich je Becken bis zu 1 Stunde hinziehen können, keine Zeit zu haben? Also: Lieber ein 200-Liter-Becken benutzen, in dem dann auch wirklich 150 Liter Wasser gewechselt werden, statt ein 500 Liter-Becken, in dem jeden Tag 350 Liter altes, muffiges Wasser verbleiben, weil nur 150 Liter abgelassen und nachgefüllt werden.

Ganz entscheidend ist auch eine geeignete Abdeckung des Beckens. Es passiert immer noch viel zu oft, dass Fische sterben, weil sie aus dem Aquarium gesprungen sind. Verläuft die Behandlung optimal, ist der Fisch nach ½ bis 1 Monat (äußerliche Wunden) bzw. zwei bis drei Monaten (Schwimmblasenerkrankungen) wieder gesund. In der Winterzeit ist ein Zurücksetzen häufig nicht möglich, sodass der Koi bis zum Frühjahr im Haus bleiben muss.

Notfallversorgung

Notfälle kommen überall einmal vor. Wenn man bedenkt, dass man als Koi-halter der Chef einer Horde von vielleicht fünfzig verschiedenen Koiindividuen ist, wird schnell klar, dass bei dem einen oder anderen Fisch einmal etwas vorkommen kann.

Belüftung mittels Wasser-pumpe

Der Ausfall der Belüftung und der Filteranlage durch Stromausfall ist wohl der schlimmste akute Fall, auf den man vorbereitet sein sollte. Wenn man über keine Notstromanlage verfügt, kann man den Teich über die Trinkwasserlei-tung (Wasserstrahl) notdürftig belüften. Man dreht den Gartenschlauchhahn stark auf und lässt Wasser in hohem Bogen in den Teich pras-seln. Im Sommer wird sich durch die erreichte leichte Kühlung zusätzlicher Sauerstoff im Teich lösen können. Das bessert die Situation meistens. Dennoch muss auch die Filterleis-tung schnellstens wiederhergestellt werden.

Belüftung eines einzelnen kranken Koi in einer Quarantänewanne.

Beatmung mittels Sprudel-stein

Einzelne Koi können mittels eines Sprudelstei-nes mit Sauerstoff versorgt werden. So gewinnt man Zeit und kann versuchen, einen Tierarzt zu erreichen und die Ursache zu erforschen. Auch bei der Unterbringung einzelner kranker Tiere sollten Membranpumpen mit Sprudelstein ver-wendet werden.

Der Ausströmer sollte nach einer erfolgreichen Behandlung vorsichtshalber ersetzt werden, um so eine mögliche Übertragung von Krankheiten zu vermeiden. Der Luftschlauch wird gereinigt und desinfiziert, ebenso das Quarantänebe-cken. Da die Membranpumpe mit dem Wasser des Behälters nicht in Berührung kommt, geht von ihr kein Risiko aus.

Versorgung mit Sauerstoff

Bei totalem Ausfall der Technik, der auch in absehbarer Zeit nicht behoben werden kann, ist die „Lagerung" der Koi in sauerstoffgefüllten Koibeuteln möglich. So kamen sie schließlich auch aus Japan zu uns.

Dazu braucht man nur 10 bis 30 Koitüten – je nach Bestandsgröße – und eine Sauestoff-flasche. Alles sollte natürlich schon im Werk-zeugkeller bereitstehen, denn wenn der Notfall eintritt, ist es meistens Samstag oder Sonntag und niemand ist erreichbar, der schnell zur Seite stehen kann! Sind die Koi in den Beuteln, so hat man einige Stunden Zeit, das technische Problem anzugehen.

Koi-Apotheke

Ist eine Koiapotheke notwendig? Grundsätzlich hat der Tierarzt alles in frischer Qualität vorrätig. In Notsituationen oder am Wochenende bzw. an Feiertagen kann es jedoch vorkommen, dass der Koihalter vorübergehend auf sich allein gestellt ist. Für solche Situationen ist es vorteilhaft, eine geringe Anzahl von Mitteln vorrätig zu halten.

Eine solche Koiapotheke könnte enthalten: Eine Lösung oder ein Spray zur lokalen Desinfektion kleiner entzündeter Stellen (Schleimhaut- und Wundantiseptik), eine Wundsalbe zur Abdeckung von Läsionen. Ferner eine Pinzette mit Zähnchen zum Entfernen zerstörter Schuppen und eine Schere. Zum Ruhigstellen des Koi während der Behandlung kann eine Chemikalie aus der Apotheke oder dem Koibedarfshandel (z.B. Nelkenöl) vorrätig gehalten werden, wobei eine Überdosierung tödlich enden kann und somit die Anwendung eher dem Fachmann vorbehalten sein sollte. Mit Ohrstäbchen lassen sich Wunden gut reinigen. In der Apotheke bekommt man ähnliche Tupfer für eine bakteriologische Untersuchung, mit denen man <u>vor</u> der Desinfektion einer Wunde in dieser Material aufnehmen kann. Man macht dies, um die beteiligten Bakterien zu bestimmen, damit der Tierarzt ein wirksames Antibiotikum verschreiben kann.

Heilmittel gegen Parasiten sind bei spezialisierten Tierärzten, in Garten- und Teichmärkten sowie bei Koihändlern meist in ausreichender Menge vorrätig, so dass sie immer dann frisch beschafft werden können, wenn Bedarf besteht. Medikamente sollten nicht lange gelagert werden. Während der Lagerung zersetzen sie sich nach und nach, besonders bei Einwirkung von Licht, Wärme und/oder Kälte. Einige Mittel, z.B. Formalin und FMC, werden für Fische giftig, wenn sie falsch gelagert werden. Auch in der Fachliteratur stehen oft unrichtige Angaben zur Lagerung. Einzig der Aufdruck auf dem gekauften Heilmittel ist ausschlaggebend. Der Beipackzettel eines Heilmittels ist genauestens zu lesen. Generell sollte die Therapie nie nur auf

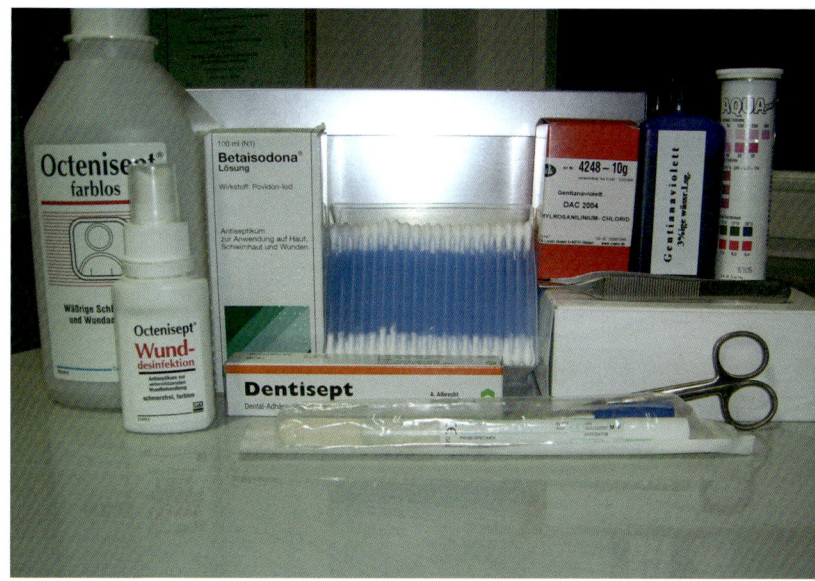

Vorschlag für eine kleine „Koi-Apotheke": All das ist im Notfall nützlich.

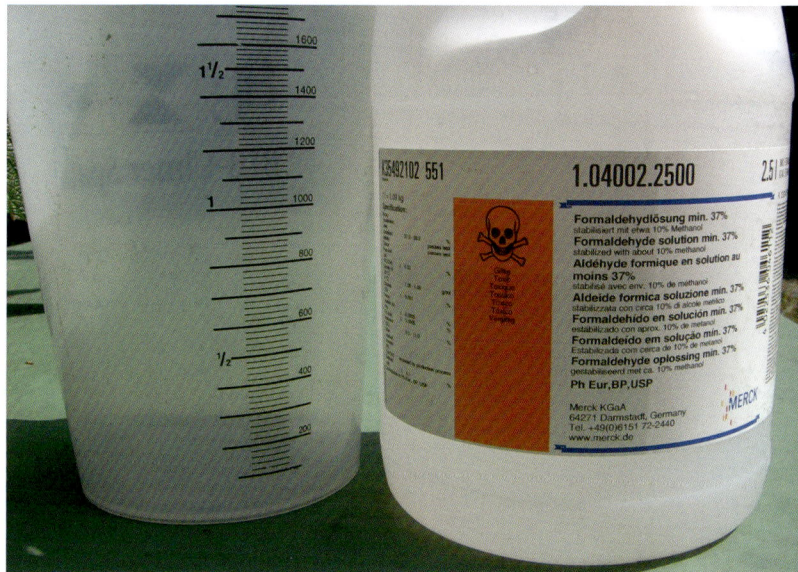

Formalin oder formalinhaltige Präparate sollten im Notfall kurzfristig verfügbar sein. Am besten schon vorher eine Bezugsquelle (Apotheke oder Koibedarfshandel) in der Nähe suchen.

Verdacht erfolgen, da häufig Irrtümer zugrunde liegen. Eine genaue Diagnose durch fachkundige Personen erspart viel Zeit, die den Tieren nur zugute kommt. Daher dient die Koi-Apotheke nur als Notfallmaßnahme bei kleinen Problemen und ersetzt den Tierarztbesuch nicht.

Beschwerden und Symptome	Wahrscheinliche Ursachen und Diagnose	Selbsthilfe
 **Bakterielle Aufbrüche** Der Koi bekommt am Körper kraterförmige Hautdefekte. Die Körperstellen sind meist gerötet, zum Teil auch schon matschig.	▶ Bakterieller Befall, ▶ meist rasch fortschreitend. ▶ Neue Fische ohne ausreichend lange Quarantäne eingesetzt?	▶ Schnellstmöglich Tierarzttermin vereinbaren. ▶ Tupferprobennahme für bakterielle Untersuchung veranlassen. Bakterien und gegen sie wirksames Antibiotikum muss ermittelt werden! ▶ Wasserwerte kritisch überprüfen. ▶ Keine verletzten Koi kaufen! ▶ Betroffenes Tier in Quarantänebecken überführen und langsam auf Vorzugstemperatur bringen (> 20° C)
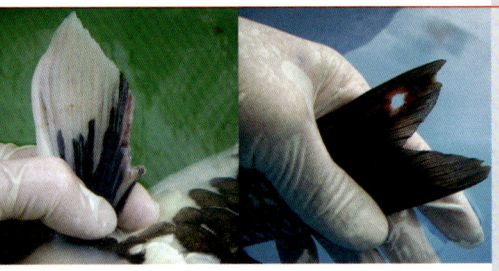 **Flossenfäule** Die Flossen wirken ausgefranst, eingerissen und unvollständig. Sie weisen plötzlich Löcher auf („Durchschuss") oder werden immer kleiner.	▶ Bakterieller Befall nach Schädigung durch hohe Ammoniakwerte. ▶ Neue Fische ohne ausreichend lange Quarantäne eingesetzt? ▶ Spätfolgen vom Transport. ▶ Anzeichen allgemein schlechter Haltungs- bzw. Hälterungsbedingungen.	▶ Wasserwerte kritisch überprüfen. ▶ Teilwasserwechsel ▶ faulende Flossenränder abschneiden (lassen); ▶ bei „Durchschüssen" empfiehlt es sich meist, den ganzen Bereich der Flosse mitsamt dem Loch wegzuschneiden. Danach ist die Schnittstelle zu desinfizieren. Der Koi regeneriert Flossen sehr gut. Meist wachsen sie nach. ▶ Wenn mehrere Koi betroffen sind, unbedingt ein Flossenstück im Labor auf Bakterien untersuchen lassen (Tierarzt).
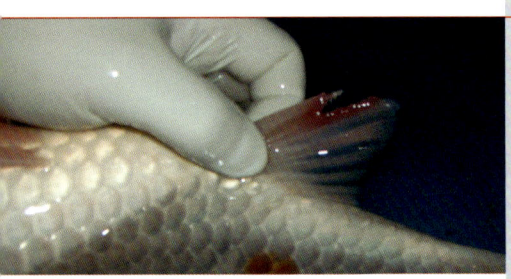 **Fangverletzung** An der Afterflosse (ebenso an der Rückenflosse möglich) liegen knöcherne Flossenstrahlen frei, die Umgebung ist schon gerötet.	▶ Es liegt eine typische Verletzung vor, wie sie beim Fangen eines Koi mit einem Netz vorkommen kann. ▶ Häufig bei neu gekauften Koi, die schon öfters gefangen und transportiert wurden. ▶ Karpfen haben an den ersten knöchernen Flossenstrahlen Widerhaken, die sich leicht in Netzmaschen verfangen können. Dann reißen weiche Flossenanteile ein.	▶ Nur spezielle Koikescher verwenden. ▶ Wenn ein Koi im Netz festhängt, nicht losreißen, sondern aus dem Netz mit einer Schere losschneiden. ▶ Beim Kauf sollte ein Koi auch von unten begutachtet werden. In transparenten Transportbeuteln ist das leicht möglich. Keine verletzten Koi kaufen! ▶ Infektion entsprechend behandeln, je nach Schweregrad lokal oder systemisch!

Beschwerden und Symptome	Wahrscheinliche Ursachen und Diagnose	Selbsthilfe
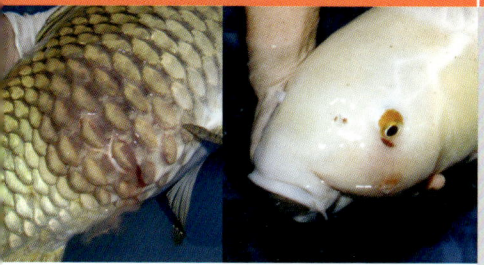 **Abszess** Der Koi hat innerhalb von wenigen Tagen eine eindrückbare Ausbeulung am Körper bekommen; evtl. gerötet, evtl. läuft wie auf dem Foto schon Eiter aus. Orte sind die Flanke, der Brust- oder Bauchbereich oder das Maul des Koi. Abszess seitlich am Maul des Koi: Deutlich ist die Schwellung und eine beginnende Rötung zu erkennen.	▶ In den Körper gelangte Bakterien können zwischen Haut und Muskulatur zu einem Abszess führen. ▶ Bei Abszessen im Maulbereich ist oft ein im Gewebe versteckter Fremdkörper die Ursache. Der kann ein eingespießtes Steinchen oder Ähnliches sein. Solange der Fremdkörper nicht abgeht oder gefunden wird, bleibt die Schwellung.	▶ Sofort den Tierarzt aufsuchen. Er wird den Abszess öffnen und/oder spülen und vor allem eine Probe nehmen, um wirksame Antibiotika vom Labor bestimmen zu lassen. ▶ Antibiose, d.h. für 1 bis 2 Wochen wird der Koi ein Antibiotikum bekommen, das die Bakterien abtötet oder im Wachstum hemmt.
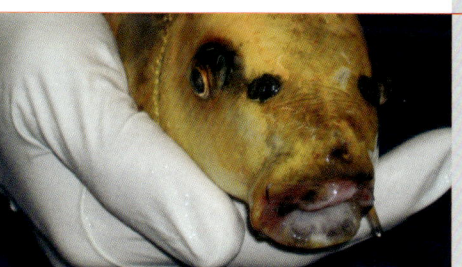 **Zerfressenes Maul** Es fehlen Teile des Maules (Lippen, Kieferleiste, Barteln). Das Maul ist gerötet und der Fisch frisst meist nicht mehr.	▶ Bakterieller Befall. ▶ Meist rasch fortschreitend. ▶ Oft Folge von schreckhaftem Schwimmen gegen die Beckenwand bei/nach Transporten. ▶ Neue Fische ohne ausreichend lange Quarantäne eingesetzt? ▶ Behandlungen am Maul sind langwierig.	▶ Schnellstmöglich Tierarzttermin vereinbaren. ▶ Tupferprobennahme für bakterielle Untersuchung veranlassen. ▶ Desinfektion der Wunde, Salbe auftragen. ▶ Bei schreckhaften Tieren Quarantänebecken abhängen und Stress möglichst vermeiden.
 **Schiefes Maul** Das Maul wirkt deformiert. Es ist aber komplett vorhanden, d.h. es fehlen keine Teile. Keine Rötung. Der Koi frisst oder versucht es zumindest. Die Deformation kann eine Seite betreffen oder beidseitig sein.	▶ Bakterieller Befall. ▶ Vitaminmangel durch Transport, Stress und Hunger. ▶ Angeborener Fehler (eher selten, da Koi dann nicht für den Verkauf aufgezogen werden würde).	▶ Künftig abwechslungsreiches frisches Futter geben. ▶ Vitamine zugeben ▶ Kiefer kann u.U. vom Tierarzt wieder eingerichtet werden. ▶ Je schneller eine Kieferregulierung erfolgt, desto größer die Erfolgsaussichten. ▶ Eventuell auf Futter umstellen, das der Fisch besser aufnehmen kann und gut beobachten, ob die Nahrungsaufnahme ausreichend ist. Dazu evtl. separieren.

Beschwerden und Symptome	Wahrscheinliche Ursachen und Diagnose	Selbsthilfe
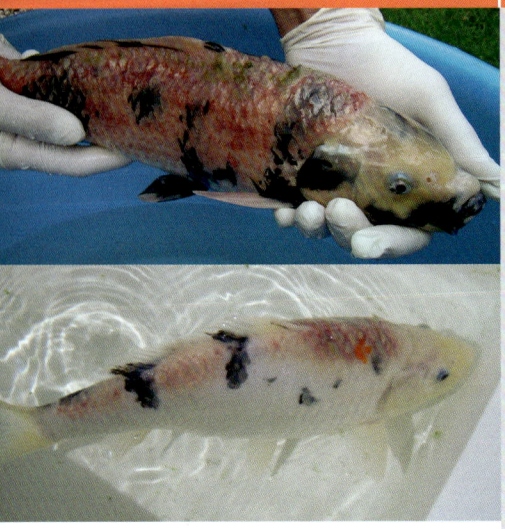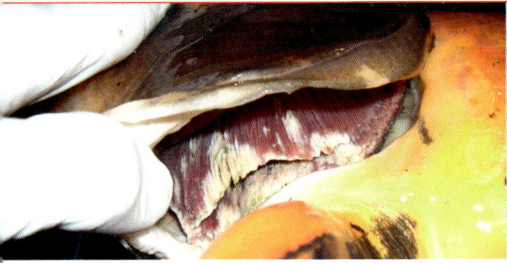**Sonnenbrand** Der Koi hat an seinem Rücken deutlich rote Partien, z.T. aufgeraut oder mit grünem Aufwuchs. Dagegen ist etwa ab der Seitenlinie bauchwärts die Haut unauffällig und glatt. Der Koi verhält sich lange normal.	▶ Bakterieller Befall nach Schädigung durch zuviel UV-Licht. ▶ Koi mit weißen Hautbereichen am Rücken sind betroffen. ▶ Auch schlimm aussehende Wunden heilen meist wieder.	▶ Behandlung: beschädigte Schuppen und faulige Hautfetzen müssen entfernt werden, ▶ danach Desinfektion und gegebenenfalls Antibiose nach Anweisung des Tierarztes. ▶ Vorsorge: vor allem im Juni und Juli für ausreichende Beschattung des Teiches sorgen. ▶ Empfindliche Koi bei ersten Anzeichen in eine Innenhälterung geben. ▶ Im Quarantänebecken auf strenge Hygiene achten, um den Keimdruck so gering wie möglich zu halten.
Kiemennekrosen Anstatt gleichmäßig kirschroter Kiemenlamellen zeigen sich helle Bereiche. Die hellen Bereiche sind die abgestorbenen (nekrotischen) Kiemenbereiche.	▶ Schlechte Wasserwerte. ▶ Überfütterung. ▶ Neue Koi ohne Quarantäne eingesetzt? KHV-Infektion (Cyprinides Herpesvirus III, sog. Koiseuche) oder bakterielle Infektion von vorgeschädigten Kiemen ▶ Branchiomykose (Branchiomyces spp.): Ein Pilz erobert geschädigte Kiemen vom Rand her. ▶ Erfahrungsgemäß liegt in der überwiegenden Mehrheit der Fälle eine Schädigung der Kiemen durch falsche Haltung und Fütterung zugrunde und seltener eine eingeschleppte Viruserkrankung!	▶ Teich gut belüften. ▶ Wasserwerte, vor allem pH und Ammonium / Ammoniak umgehend überprüfen ▶ Teilwasserwechsel (mindestens 20 %) ▶ Fütterung vorübergehend einstellen. ▶ Tierarzt rufen zur genauen Diagnose. ▶ Sichtlich schwache Koi nach Bestätigung der Viruserkrankung (Labor) vom Tierarzt einschläfern lassen ▶ Chloramin-T-Bäder (Achtung: Chloramin-T ist in Deutschland zur Zeit kein zugelassenes Arzneimittel!) ▶ Änderung des Teichmanagements, wenn die Wasserqualität als Ursache feststeht.

Beschwerden und Symptome	Wahrscheinliche Ursachen und Diagnose	Selbsthilfe

Verschleimte Kiemen Über den Kiemen erkennt man einen Schleimüberzug, der den Gasaustausch behindert.

► Koi schleimen stark ab, wenn ihr Kiemengewebe gereizt wurde. Dies kann durch eine chemische Wasserbelastung, einen Parasitenbefall oder eine hohe Keimzahl im Wasser geschehen.

► Da der Schleim die Kiemenblättchen umhüllt und verklebt, wird der Gasaustausch behindert und die Funktionsfähigkeit der Kiemen geht verloren.

► Keime können den Schleim als Substrat nutzen und sich stark vermehren.

► Es muss schnell gehandelt werden, da die Kiemen bedroht sind (Schwellung, Nekrose).

► Als Sofortmaßnahme empfiehlt sich ein Teilwasserwechsel, auch wenn die Wasserwerte scheinbar in Ordnung sind.

► Die mikroskopische Untersuchung des Schleimes kann Parasiten sichtbar machen. Eine anschließende Parasitenbehandlung bei guter Belüftung beseitigt diese Bürde.

► Sind alle Wasserwerte unauffällig und wurden auch keine Außenparasiten im Schleim entdeckt, so empfiehlt sich bei besonders betroffenen Fischen ein Kurzbad zur Kiemendesinfektion. Kaliumpermanganat- oder Chloramin-T-Bäder eignen sich hierfür. (Achtung: Chloramin-T ist in Deutschland zur Zeit kein zugelassenes Arzneimittel!) Wegen der Giftigkeit aller Chemikalien sollte die Durchführung dem spezialisierten Tierarzt überlassen werden.

Verschleimter Körper, Scheuern
Verschleimte Koi tragen auf dem Körper einen weißlichen Schleier. Durch Scheuern versuchen sie etwas abzustreifen. Der Bestand macht einen unruhigen Eindruck.

► Befall mit Außenparasiten wie Einzellern (vor allem mit Costia oder Chilodonella) und Hauthakensaugwürmern (Gyrodactylus).

► Erhöhte Schleimproduktion durch schlechte Wasserwerte.

► Bakterien können in seltenen Fällen den Koi besiedeln und einen hellen Überzug bilden.

► Wasserwerte überprüfen (insbesondere pH-Wert)

► Mikroskopische Untersuchung des Fischschleims durchführen (lassen), denn nur dann kann eine gezielte und so letztlich wirksame Behandlung erfolgen.

► Teich gut durchlüften

► Wenn Parasiten gefunden wurden, mit einem Spezialmittel behandeln (und nicht mit irgendeinem Mittel „gegen alles").

Beschwerden und Symptome	Wahrscheinliche Ursachen und Diagnose	Selbsthilfe

Trübes Auge Die Hornhaut wird von einem weißlichen Schleier überzogen und getrübt.

▶ Wenn nur ein Auge betroffen ist, kann es sich um eine Hornhautverletzung handeln.

▶ Sind beide Augen etwa gleich betroffen, dann ist ein Befall mit Parasiten denkbar: Trichodinen

▶ Ursache für die Trübung kann auch eine Besiedelung der Hornhaut mit Bakterien sein.

▶ Wenn das Auge aus dem Inneren heraus erkrankt ist, kann man kaum etwas tun.

▶ Einflüsse von außen können gemildert werden: keine hervorstehenden Schrauben, Schellen, etc. im Teich, Behandlung gegen Parasiten: z.B. Kaliumpermanganatkurzbad gegen Trichodinen

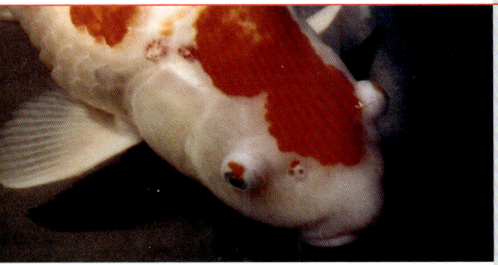

Glubschaugen (= Glotzaugen, = Exophthalmus) Der Koi hat beidseitig stark hervorstehende Augen (seltener kann auch ein einzelnes Auge hervorstehen).

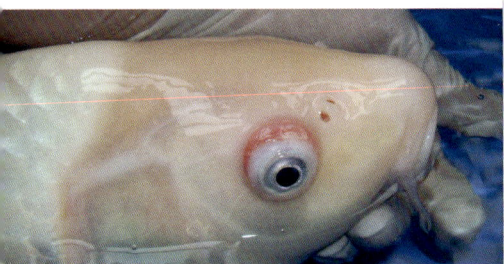

Glubschauge einseitig Das rechte Auge des Koi ist hervorgequollen. Eine deutliche Rötung umgibt den Augapfel: Infektion

▶ Sind die Augen schon immer so gewesen, so ist das die Eigenart dieses Individuums und somit „normal"

▶ Ist das Hervorquellen erst kürzlich erfolgt, dann kann sich eine bakterielle Infektion dahinter verbergen. Die Osmoregulation ist dann evtl. gestört, was für das Tier bedeutet, dass in den Körper einströmendes Wasser nicht mehr ausreichend nach draußen befördert werden kann und der Druck im Körper ansteigt. Als Folge dieses Überdruckes wandern die Augen etwas nach außen.

▶ Wenn nur ein Auge hervortritt, kann ein Tumor hinter dem Auge die Ursache sein oder das Auge ist durch eine bakterielle Infektion nach einer Verletzung z.B. an spitzen Gegenständen im Teich angeschwollen und tritt hervor, da es nun nicht mehr in die Augenhöhle passt.

▶ Sind die Glubschaugen plötzlich aufgetreten, dann ist der Koi herauszufangen und auf weitere Hinweise einer Erkrankung (z.B. Wunden, Blutergüsse/Rötungen) zu untersuchen.

▶ Es müssen jetzt unbedingt die Wasserparameter (Ammonium / Ammoniak, Nitrit. pH-Wert, Temperatur, Sauerstoffgehalt kontrolliert werden.

▶ Ein größerer Teilwasserwechsel ist vorteilhaft um die Keimzahl im Teich zu verringern. Vorher kann noch eine Probe zur Untersuchung auf Bakterien für das Labor genommen werden.

▶ Grundsätzlich sind plötzlich hervorquellende Augen ein Zeichen einer schwerwiegenden Veränderung im Innern des Koi. Ein Tierarzt sollte konsultiert werden.

Beschwerden und Symptome	Wahrscheinliche Ursachen und Diagnose	Selbsthilfe
 **eingefallene, tiefliegende Augen**	▶ Anzeichen schwerer Abmagerung und/oder schwerer chronischer Erkrankung. ▶ Der Koi hat wahrscheinlich seit längerem die Nahrungsaufnahme verweigert. ▶ Evtl. ist der Koi zu schwach oder sehr zurückhaltend und kam bei der Fütterung seit langem zu kurz.	▶ Tierarzt aufsuchen, da eine schwere Erkrankung vorliegt (Parasitose, Tumor, u.v.a.). ▶ Bei Tieren, die nicht mehr fressen können, ist ein Einschläfern durch den Tierarzt sinnvoll, um dem Koi weitere Leiden zu ersparen. Ein Einschläfern erfolgt bei Fischen in einem Narkosebad, in dem der Koi ein verabreichtes Medikament über die Kiemen aufnimmt und dann in tiefer Narkose sanft verstirbt.
 **Atemnot, Kollabieren** Der Koi hängt an der Oberfläche oder liegt in Ufernähe. Er atmet schnell oder kaum mehr.	▶ Zeigen mehrere Koi diese Symptome, dann ist mit dem Wasser etwas nicht in Ordnung: Sauerstoff fehlt und/oder die Wassertemperatur ist zu hoch. Evtl. hat vorher ein Stromausfall stattgefunden. ▶ Wurde bei Teicharbeiten Schlamm aufgewühlt? Der kann Sauerstoff zehren und die Kiemenfilamente bedecken. In dichtem Schlamm befindet sich Schwefelwasserstoff, ein starkes Gift. Auch an angewehte Spritzmittel aus dem Nachbargarten muss gedacht werden. ▶ Ist nur ein Koi kollabiert, dann liegt eine Einzeltiererkrankung vor, deren Ursache vielfältig sein kann.	▶ Sofort frisches Wasser in den Teich spritzen (= Notfallmaßnahme!). Keine Zeit verlieren! ▶ Während frisches Wasser zuläuft, hat man Zeit, die Temperatur, den pH-Wert und den Sauerstoffgehalt im Teich zu messen. Die Ergebnisse bestimmen dann das weitere Vorgehen. ▶ Sind Teicharbeiten vorangegangen und besteht der Verdacht, dass Giftstoffe (Schwefelwasserstoff, Zement, Kleber, etc.) im Teichwasser freigesetzt wurden, so müssen die Koi aus dem Teich entfernt und in sauberes Wasser umgesetzt werden.
 **seitliches Liegen am Teichgrund**	▶ Die normale Funktion der Schwimmblase ist nicht mehr gegeben. ▶ Schwimmblase (eine Kammer oder beide Kammern) sind ganz oder teilweise mit Flüssigkeit angefüllt.	▶ Den Koi herausfangen und zur Beobachtung in ein eigenes Becken überführen ▶ Röntgenaufnahme ▶ Schwimmhilfe anbringen (lassen), damit der Koi keine Wunden durch das Aufliegen bekommt. ▶ Fütterung mit Sinkfutter solange der Fisch am Boden steht.

Beschwerden und Symptome	Wahrscheinliche Ursachen und Diagnose	Selbsthilfe

Karpfenepitheliome sind auf der Schwanzflosse gehäuft anzutreffen. Sie wirken wachsartig fest und können durch darunterliegende Blutgefäße zuweilen auch eine rosa Farbe annehmen.

Karpfenepitheliom Auf der Oberfläche des Koi zeigen sich weißlich-glasige, derbe Erhebungen. Sie können sich auch flächig ausbreiten.

rechts: Flache, sich in die Fläche ausbreitende Epitheliome am Kopf des Koi.

▶ Karpfenepitheliome, die sog. Karpfenpocken, werden von einem Herpesvirus verursacht, gegen das bestimmte Zuchtstämme (z.B. Hi Utsuri) oder geschwächte Koi unter bestimmten Bedingungen machtlos sind.

▶ Da die Herpesviren lebenslang im Koi verbleiben, ist die Erkrankung chronisch.

▶ Epitheliome entstehen an anfälligen Koi vor allem ab etwa Oktober, weil es dann kälter wird und das Immunsystem des Fisches immer weniger aktiv ist. Das Virus bekommt seine Chance.

▶ Bei Koi die stärker befallen sind (und schon immer befallen waren), bestehen die Pocken das ganze Jahr über und gehen auch im Sommer kaum mehr zurück. Zusätzlich besteht bei diesen Koi die Gefahr, dass sich ein größerer Tumor bilden wird. Die Erkrankung ist aber nicht tödlich.

▶ Grundsätzlich sollte man gar keine Koi kaufen, die schon beim Händler im beheizten Becken Karpfenpocken am Körper tragen.

▶ Treten an sonst unauffälligen Koi Epitheliome auf, so kann man diese unter Narkose meist leicht durch Abkratzen mit dem Fingernagel entfernen (lassen).

▶ Größere Epitheliome müssen vom Tierarzt operativ entfernt werden.

▶ Das Auftreten von Pocken lässt sich durch Wärme, Versorgung mit Mineralien und frischem, vitaminreichem Futter verringern.

▶ Unter Umständen verschwinden die Pocken bei Umsetzen des Koi in einen anderen Teich von selbst.

▶ Bei dieser Erkrankung zeigt sich deutlich, dass der Koi eben ein Warmwasserfisch ist und mit der Kälte in Mitteleuropa zuweilen Probleme hat. Eine Heizung hilft dem Koi, sich aktiv gegen die Viren zu wehren.

Schimmelpilze Einen weißlich-hellgrünen wattigen Befall mit Schimmelpilzen (Saprolegnia) kann auch ein Laie sicher diagnostizieren.

▶ Pilzbefall kommt bei Koi selten vor. Wenn man ihn feststellt, ist es immer ein Anzeichen für schlechte Haltungsbedingungen (Kälte, verdorbenes Wasser z.B. durch Fischleichen, Futterreste, etc., mangelhafte Durchlüftung)

▶ Um die Diagnose abzusichern, kann eine Probe vom Belag mikroskopisch untersucht werden.

▶ Wasserwerte kritisch überprüfen.

▶ Der Schimmelbelag kann mit einem Wattestäbchen vorsichtig abgeschabt werden. Das geht meist ganz leicht, wenn nicht: vom Tierarzt helfen lassen.

▶ Ein malachitgrünhaltiges Mittel sollte in den Teich gegeben werden.

▶ Vorher ist ein Teilwasserwechsel ratsam.

▶ Auf gute Belüftung ist nicht nur während der Behandlung zu achten.

KAPITEL 7
SERVICE

In diesem Kapitel finden Sie weiterführende Literatur
und Quellen, nützliche Adressen und Homepages sowie
das Register zur schnellen Orientierung.

Quellen und zum Weiterlesen

Alles über Koihaltung

Hilble, Robert und Gabriele Langfeldt-Feldmann: Faszinierende Koi. Kosmos 2002

Hilble, Robert und Gabriele Langfeldt-Feldmann: Koi. Kosmos 2002

Alles über Koivarietäten

Bachmann, Harald: Koi 1 und 2. Rhein-Main-Vertriebs GmbH 2007

Alles rund ums Wasser

Baur, Werner H.: Gewässergüte bestimmen und beurteilen. VGF 2003

Engelghardt, Wolfgang: Was lebt in Tümpel, Bach und Weiher. Kosmos 2003

Kremer, Bruno P.: Das große Buch der Mikroskopie. Kosmos 2002

Streble, Heinz und Dieter Krauter: Das Leben im Wassertropfen. Kosmos 2006

Alles rund um Koigesundheit

Baur, Werner H. und Jörg Rapp: Gesunde Fische. Parey 2002

Hoffmann, Rudolf: Fischkrankheiten. Ulmer 2005

Kölle, Petra: Fischkrankheiten. Kosmos 2001

Lammens: Der Koi Doktor. A-Publishing/Kindai bvba

Lechleiter, Sandra und Dirk Willem Kleingeld: Krankheiten der Koi. Ulmer 2005

Pitham, Tony: Gesunde Koi. Ulmer 2004

Ter Höfte, Baron B. und Peter Arend: Gesund wie ein Fisch im Wasser. Tetra 2005

Untergasser, Dieter: Krankheiten der Aquarienfische. Kosmos 2006

Fischzucht und -haltung mit wissenschaftlichem Background

Bohl, Martin: Zucht und Produktion von Süßwasserfischen. Verlag Union Agrar 1999

Schäperclaus, Wilhelm und Mathias von Lukowicz: Lehrbuch der Teichwirtschaft. Ulmer 1998

Schreckenbach, Kurt: Einfluss von Umwelt und Ernährung bei der Aufzucht und beim Besatz von Fischen. Institut für Binnenfischerei, Potsdam 2001

Nützliche Adressen

Deutschland

Institut für Binnenfischerei e.V. Potsdam-Sacrow Jägerhof am Sacrower See 14476 Potsdam, OT Groß-Glienicke Tel.: 03 32 01/4 06-0 Fax: 03 32 01/4 06-40 institut.fischerei.potsdam @ifb-potsdam.de

Nationales Referenzlabor für Fischkrankheiten Friedrich-Loeffler-Institut Insel Riems Bundesforschungsintitut für Tiergesundheit Boddenblick 5a 17498 Insel Riems Tel.: 03 83 51/7-0 Fax: 03 83 51/7219 fichtner@rie.bfav.de, bergmann@rie.bfav.de

Tierärztliche Hochschule Hannover Fachgebiet Fischkrankheiten und Fischhaltung Bünteweg 17 30559 Hannover Tel.: 05 11/9 53-88 89 Fax: 05 11/9 53-85 87 patricia.lowles@tiho-hannover.de

Universität München Tierärztliche Fakultät Institut für Zoologie, Fischereibiologie und Fischkrankheiten Kaulbachstr. 37 80539 München Tel.: 089/21 80-22 83 Fax: 089/2 80-51 75 Office@zoofisch.vetmed. uni-muenchen.de

Österreich

Veterinärmedizinische Universität Wien Institut für Hydrobiologie, Fisch- und Bienenkunde Veterinärplatz 1 A-1210 Wien Tel.: 01/2 50 77-47 00 Fax: 01/2 50 77-47 90 elisabeth.licek@vu-wien.ac.at

Bundesamt für Wasserwirtschaft Institut für Gewässerökologie, Fischereiwirtschaft und Seenkunde Scharfling 18 A-5310 Mondsee Tel.: 06232/38 47-0 Fax: 06232/38 47-33 edv@igf.bmlf.gv.at

Schweiz

Untersuchungsstelle für Fischkrankheiten Zentrum für Fisch- und Wildtiermedizin Institut für Tierpathologie der Universität Bern Längass-Str. 122 Postfach 8466 CH-3001 Bern Tel.: 031/63 12-465 Fax: 031/63 12-611 nafus@vetmed.unibe.ch

Homepages

www.exoten-tieraerzte.de
www.koi-consult.de
www.koi-hobby.de
www.koiklan.de
www.rhein-main-koi.de

Register

Bildnachweis

116 Farbfotos wurden von Horst Streitferdt/Kosmos extra für dieses Buch aufgenommen. Weitere Fotos von Harald Bachmann (19; S. 35, 82, 83, 87 o., 90 beide, 91 beide, 92 beide, 93, 94, 96 beide, 97 o.l. u. o.r., 102, 103 beide); Peter Beck (4; S. 41, 80, 125, 127); Dr. Werner Hoedt (66; S. 143 r., 144 beide, 147 l., 148 beide, 150 beide, 151, 152 beide, 153 beide, 154 alle 3, 155 beide, 156 beide, 157 o., 158 beide, 159, 160, 164 beide, 165, 166 beide, 167 beide, 168, 169 beide, 170 r., 171 beide, 173, 176, 177 beide, 178 alle 4, 179 alle 4, 180 alle 3, 181 alle 3, 182 alle 3, 183 alle 3); Juniors Bildarchiv (1; S. 18); Rudi Keitel (2; S.107, 124); Christof Salata/Kosmos (23; 12 m., 14, 27 u.r., 42, 61, 73 l., 78, 79 m., 81, 97 u.r., 99 beide, 100, 101 beide, 111, 116 beide, 117, 130 u.r., 132, 134, 137, 149, 157 u.); www.aberle-automatio.de (1; S. 74); www.genesis.de (1; S. 59); www.uniquekoi.de (1; S. 62 l.).

Die Grafiken und Illustrationen wurden nach Vorlagen des Autors angefertigt von Berthold Buchheiser (6; S. 22, 24, 25, 26, 33, 146); Wolfgang Lang (17; S. 29, 34, 37, 47, 49 alle 3, 51, 52, 53, 56, 57, 62, 63, 66, 70, 139); Milada Krautmann (4; S. 85 alle 3, 95)

Umschlaggestaltung von eStudio Calamar unter Verwendung eines Farbfotos von Harald Bachmann (Umschlagvorderseite) sowie weiterer Farbfotos von Horst Streitferdt/Kosmos.

Mit 235 Farbfotos und 27 Illustrationen

Unser gesamtes lieferbares Programm und viele weitere Informationen zu unseren Büchern, Spielen, Experimentierkästen, DVDs, Autoren und Aktivitäten finden Sie unter **kosmos.de**

Gedruckt auf chlorfrei gebleichtem Papier

© 2008, Franckh-Kosmos Verlags-GmbH & Co. KG, Stuttgart
Alle Rechte vorbehalten
ISBN 978-3-440-10632-7
Redaktion: Alice Rieger
Gestaltungskonzept: Berthold Buchheiser, Atelier Reichert
Gestaltung & Satz: Berthold Buchheiser, Atelier Reichert
Produktion: Eva Schmidt
Printed in Germany/Imprimé en Allemagne

水鯉池